装备科技译著出版基金

深度学习的多传感器融合理论与应用

Multisensor Fusion and Integration in the Wake of
Big Data, Deep Learning and Cyber Physical System

[韩] 李素涵(Sukhan Lee)
高韩石(Hanseok Ko) 主编
奥松葵(Songhwai Oh)

周春花 刘亚奇 尹洁珺 等译

国防工业出版社

·北京·

著作权合同登记　图字:军-2021-032号

图书在版编目(CIP)数据

深度学习的多传感器融合理论与应用/(韩)李素涵,
(韩)高韩石,(韩)奥松葵主编;周春花等译.—北京:
国防工业出版社,2024.1
书名原文:Multisensor Fusion and Integration
in the Wake of Big Data, Deep Learning and Cyber
Physical System
ISBN 978-7-118-12745-4

Ⅰ.①深… Ⅱ.①李… ②高… ③奥… ④周… Ⅲ.
①智能传感器-研究　Ⅳ.①TP212.6

中国国家版本馆 CIP 数据核字(2023)第 025652 号

First published in English under the title
Multisensor Fusion and Integration in the Wake of Big Data, Deep Learning and Cyber Physical System: An Edition of the Selected Papers from the 2017 IEEE International Conference on Multisensor Fusion and Integration for Intelligent Systems (MFI 2017) edited by Sukhan Lee, Hanseok Ko and Songhwai Oh
Copyright © Springer International Publishing AG, part of Springer Nature, 2018 This edition has been translated and published under licence from
Springer Nature Switzerland AG.
本书简体中文版由 Springer 出版社授权国防工业出版社独家出版发行。
版权所有,侵权必究。

※

国防工业出版社出版发行
(北京市海淀区紫竹院南路23号　邮政编码100048)
雅迪云印(天津)科技有限公司印刷
新华书店经售

开本710×1000　1/16　插页8　印张17½　字数308千字
2024年1月第1版第1次印刷　印数1—1500册　定价138.00元

(本书如有印装错误,我社负责调换)

国防书店:(010)88540777　　书店传真:(010)88540776
发行业务:(010)88540717　　发行传真:(010)88540762

译者序

在多智能体协同参与作业的分布式物联网应用系统中，多源异构的多传感器感知和协同认知融合决策的重要性已日趋凸显。经过几十年的研究，已初步建立了多传感器融合的基本理论体系，但在实际应用中仍有许多技术难点亟待攻克，如异构感知数据之间的一致性、互补性、冗余性，以及不一致性的准确量化表达问题等。

本书由韩国工程院院士 Sukhan Lee、Hanseok Ko 教授、Songhwai Oh 教授从 2017 年第 13 届 IEEE 多传感器集成与融合国际会议（IEEE MFI）录用的 112 篇论文中，摘选 17 篇扩展延伸后编入。本书系统介绍了协方差映射处理异常数据的通用融合框架，网络控制系统中的传输延迟与损耗状态估计，以及椭圆运动约束条件下的融合状态估计与性能等基础理论，船舶监控系统中使用多个紧凑型高频表面波雷达的贝叶斯目标定位，基于同步定位与构图（SLAM）的无人飞行系统（UAS）返回起飞点，现实情况下的水下地形导航等具体应用实例。本书是从事多智能体协同参与作业的分布式物联网应用系统研究的相关人员夯实理论基础，洞悉国际前沿，强化理论联系实际，活学活用，提高专业素养和水平的一本经典著作。

本书主要译者周春花是从事多传感器多智能体协同集成和自主智能融合研究多年的资深研究员，在策划翻译原著时就反复研读，从基础理论到不同的应用实例中凝练精华，举一反三，借用到多模态雷达图像数据自主认知学习的工作实践中。相关研究获得装备预研等多个专项资助，并积极带动项目组成员刘亚奇、尹洁珺、高亮、夏慧婷、王洁、金文、沙作金、赵一丰，在紧张的科研工作之余，加班加点分工协作，以期保证本书细节等表达一致。翻译中结合专业常识反复推敲、反复交叉校对修改,精益求精,尽可能简单准确地传递更多更好的专业知识,以便更高效快捷地分享本书关于多传感器集成与融合理论的坚实推理和广泛的应用实践策略。

如何将感兴趣的被观测目标状态,与传感器的感知模型之间可能存在的各种约束关系恰如其分地体现到数据融合中,既要保证融合的质量又要关注融合应用相关的可行性约束条件,是从事该方向的众多深入研究工作者一致的提升目标和应用实践的基本指导原则。本书以此为切入点梳理多传感器融合的理论模型与多个具体应用领域的紧密联系,深入浅出地解析了科研理论指导实际应用工作的奥秘。本书主要译者周春花受益于此书,在多模态智能雷达应用系统的研究工作中,以本书基础知识为起点,申请了多个支撑项目,又在项目具体实施过程中,查阅和研究一些关键问题和关键技术途径,从而由无到有,从小到大,再到在这个方向做深、做精和做强,并发表了8篇高质量论文,其中SCI 检索论文 3 篇,EI 检索 4 篇,力争走向国际前沿。每次碰到棘手问题,百思不得其解时,翻阅此书,总能找到一丝灵感,助力拨云见日,但前面的路依然艰难,有如此书香相伴,书友互助,遍地温暖如春。

译者

2023 年 9 月

前言

随着第四次工业革命浪潮的到来,多传感器集成与融合技术的应用,发挥着越来越重要的作用。随着互联网、物联网和机器人在分布式环境中的快速应用,如何在大量可采集可计算的具体应用环境中,实现自适应信息处理与知识积累,是与多传感器融合理论与应用专业委员会提升环境感知人工智能目标一致的。常用传感器和执行器网络监测周围环境的健康、保密与安保情况,典型如能提供服务的机器人,智能交通工具,以及具有高度自主性和可靠性,能集成异构传感器和执行器的全自动化系统等。目前,通过相关的基础理论发展和相应的应用工具的改进,基于大数据深度学习解决多传感器集成与融合问题,将使人工智能的应用转型升级更加容易,并能回馈更多的惊喜。

本书摘选自 2017 年 11 月 16 日至 22 日,在韩国大邱举行的 2017 年第 13 届 IEEE 多传感器集成与融合国际会议(IEEE MFI)的论文集。在 IEEE MFI 2017 年的 112 篇论文中,只有 17 篇被选中,并按照编制要求进行修订和延伸扩展后编入。本书又把这 17 篇论文划分为两个部分:第一部分分布式环境下的数据和信息融合理论,第二部分机器人技术中的多传感器融合应用。为了帮助读者更好地理解本书重点,每一章都有一个小结强调要点。

编者希望读者能从中获益,同时感谢 Springer – Verlag 的出版。

韩国工程院院士 Sukhan Lee
Hanseok Ko 教授
Songhwai Oh 教授

目录 | CONTENTS

第一部分　多传感器融合理论与应用 ………………………………………… 001

第 1 章　采用协方差映射处理异常的通用融合框架 ……………………… 003

1.1　引言 ……………………………………………………………………… 003
1.2　问题描述 ………………………………………………………………… 004
1.3　解决方法 ………………………………………………………………… 005
1.4　数据源的置信度度量 …………………………………………………… 007
　　1.4.1　不一致性检测与排除 …………………………………………… 008
　　1.4.2　相关对置信度度量的影响 ……………………………………… 009
1.5　仿真结果 ………………………………………………………………… 011
1.6　小结 ……………………………………………………………………… 012
附录 A ………………………………………………………………………… 013
附录 B ………………………………………………………………………… 013
参考文献 ……………………………………………………………………… 014

第 2 章　网络控制系统中的传输延迟与损耗状态估计 …………………… 016

2.1　引言 ……………………………………………………………………… 016
2.2　数学模型 ………………………………………………………………… 018
2.3　估计器的理论推导 ……………………………………………………… 019
　　2.3.1　将 NCS 建模为马尔可夫线性跳变系统 ………………………… 020
　　2.3.2　估计器设计 ……………………………………………………… 022
2.4　性能评估 ………………………………………………………………… 024
2.5　小结 ……………………………………………………………………… 027
参考文献 ……………………………………………………………………… 028

第 3 章　椭圆运动约束条件下的融合状态估计 …………………………… 031

3.1　引言 ……………………………………………………………………… 031
3.2　系统模型 ………………………………………………………………… 032

3.2.1 转弯机动模型 ·········· 032
　　3.2.2 椭圆约束 ·········· 033
　　3.2.3 生成约束状态 ·········· 033
3.3 基于映射的约束估计 ·········· 034
　　3.3.1 与椭圆中心的直接连接 ·········· 035
　　3.3.2 无约束估计的最短距离 ·········· 035
3.4 约束融合估计 ·········· 036
　　3.4.1 融合规则 ·········· 036
　　3.4.2 约束融合的估计规则 ·········· 038
3.5 信息丢失约束融合 ·········· 038
　　3.5.1 仿真设置 ·········· 038
　　3.5.2 性能 ·········· 038
3.6 小结 ·········· 041
参考文献 ·········· 042

第4章 人员生理特征自主融合感知中的相关与冗余选择 ·········· 043

4.1 引言 ·········· 043
4.2 发展现状 ·········· 044
4.3 数学模型 ·········· 045
　　4.3.1 基本概念 ·········· 045
　　4.3.2 相关性 ·········· 047
　　4.3.3 冗余 ·········· 050
　　4.3.4 特定融合算法的相关性和冗余性 ·········· 052
4.4 实证检验 ·········· 056
　　4.4.1 冗余 ·········· 057
　　4.4.2 相关性 ·········· 059
4.5 冗余与相关性 ·········· 061
4.6 小结 ·········· 061
参考文献 ·········· 062

第5章 利用辐射感知网络概率序列测试实现反应堆设施运行状态分类 ·········· 064

5.1 引言 ·········· 064
5.2 检测问题 ·········· 066
　　5.2.1 概率序列测试 ·········· 067
　　5.2.2 堆反应强度估计 ·········· 069

5.3 智能辐射感知系统实验结果 ·· 070
    5.3.1 智能辐射感知系统(IRSS)数据集 ··························· 070
    5.3.2 概率序列测试实验 ··· 072
    5.3.3 性能对比 ··· 073
5.4 高通量同位素反应堆(HFIR)实验结果 ···························· 075
    5.4.1 高通量同位素反应堆数据集和SPRT实验 ················· 076
    5.4.2 性能对比 ··· 078
5.5 基于强度估计概率序列测试(SPRT)性能 ························ 079
    5.5.1 单一位置传感器的测量值 ······································ 080
    5.5.2 辐射感知网络测量值 ·· 081
5.6 小结 ·· 082
参考文献 ·· 082

第6章 多传感器组网改进自主车道检测 ·························· 084

6.1 引言 ·· 084
6.2 相关工作 ·· 086
    6.2.1 用于自主车道检测的多源融合 ································ 086
    6.2.2 融合可靠性 ·· 086
6.3 可靠感知车道检测 ·· 087
6.4 自主检测车道的稳定性 ·· 088
    6.4.1 要求 ·· 089
    6.4.2 单一传感器性能测量 ·· 089
6.5 自主车道估计的学习可靠性 ······································ 092
    6.5.1 使用分类器的学习可靠性 ······································ 092
    6.5.2 分类器的训练数据 ··· 092
    6.5.3 特征选择 ··· 093
    6.5.4 将分类器应用于学习可靠性 ··································· 095
6.6 可靠自主车道融合 ·· 095
    6.6.1 Dempster-Shafer理论 ··· 095
    6.6.2 其他融合方法 ··· 096
6.7 实验评价 ·· 096
    6.7.1 可靠性评估 ·· 096
    6.7.2 信息融合评估 ··· 098
    6.7.3 典型结果 ··· 099
6.8 小结 ·· 100
参考文献 ·· 100

第7章 监视与侦察中的知识信息融合推理应用 104

7.1 引言 104
7.2 系统介绍 105
7.2.1 系统概述 105
7.2.2 信息融合 106
7.3 知识建模 106
7.3.1 知识类型 106
7.3.2 知识模型构建 107
7.4 信息融合模组的架构 107
7.5 信息提取 108
7.5.1 前景和背景信息 109
7.5.2 传感器数据 109
7.6 信息整合与管理 110
7.6.1 面向对象的物理模型 110
7.6.2 面向对象的物理模型中的概率信息推理 111
7.6.3 面向对象的物理模型的外部接口 111
7.7 逻辑推理 111
7.7.1 输入输出 112
7.7.2 逻辑选择 112
7.7.3 工具支持 112
7.7.4 模型转换 113
7.7.5 思考与建议 113
7.8 概率推理 113
7.8.1 概率模型 114
7.8.2 概率关系模型 114
7.8.3 模型扩展 115
7.8.4 转换工具链 115
7.8.5 实例定性结果 116
7.9 基于代理的框架实现 116
7.9.1 软件代理对信息融合的适用性 117
7.9.2 基于代理的信息提取 117
7.9.3 代理的扩展 118
7.10 小结 118
参考文献 118

第8章 基于测试样本对的多分类器融合 ·········· 121

- 8.1 引言 ·········· 121
- 8.2 多分类器概述 ·········· 122
  - 8.2.1 多分类器 ·········· 122
  - 8.2.2 成员分类器的生成方法 ·········· 123
- 8.3 基于测试样本对的多邻域分类设计 ·········· 123
  - 8.3.1 基于测试样本对的邻域分类器 ·········· 123
  - 8.3.2 基于证据推理OWA的多分类系统 ·········· 125
- 8.4 实验 ·········· 127
  - 8.4.1 基于人工数据集的分类实验 ·········· 128
  - 8.4.2 基于UCI数据集的分类实验 ·········· 130
- 8.5 小结 ·········· 131
- 参考文献 ·········· 131

第二部分 机器人技术中的多传感器融合应用 ·········· 133

第9章 多个紧凑型高频表面波雷达的舰船监测中贝叶斯定位估计 ·········· 134

- 9.1 引言 ·········· 134
- 9.2 贝叶斯估计 ·········· 136
- 9.3 方法提出 ·········· 136
  - 9.3.1 船舶检测 ·········· 137
  - 9.3.2 目标区域建模 ·········· 137
  - 9.3.3 模型关联 ·········· 138
  - 9.3.4 最终位置估计 ·········· 138
- 9.4 实验 ·········· 139
  - 9.4.1 模拟试验 ·········· 139
  - 9.4.2 真实数据检验 ·········· 141
- 9.5 小结 ·········· 142
- 参考文献 ·········· 142

第10章 基于同步定位与构图返回起飞点的无人机系统 ·········· 144

- 10.1 引言 ·········· 144
- 10.2 相关工作 ·········· 145
- 10.3 问题描述 ·········· 146

10.4 使用捷径进行路径规划 ················· 147
   10.4.1 问题定义 ························· 147
   10.4.2 算法描述 ························· 147
   10.4.3 算法收敛性 ······················· 149
10.5 评价 ·································· 151
   10.5.1 数值建模 ························· 151
   10.5.2 仿真 ····························· 153
   10.5.3 真实环境试验 ····················· 155
10.6 小结 ·································· 157
参考文献 ···································· 158

第 11 章 真实场景下的水下地形导航 ············· 160

11.1 引言 ·································· 160
11.2 相关工作 ······························ 161
   11.2.1 粒子滤波中的深度数据 ············· 162
   11.2.2 粒子滤波中的磁性数据 ············· 162
   11.2.3 使用粒子滤波中的其他数据 ········· 162
11.3 当前研究的局限性 ····················· 163
11.4 结合深度和磁场数据 ··················· 163
   11.4.1 用于提高性能的卡尔曼滤波 ········· 164
   11.4.2 改进算法 ························· 164
11.5 算法的评估和调整 ····················· 168
   11.5.1 测试设置 ························· 169
   11.5.2 运行程序的示例图像 ··············· 170
   11.5.3 测试 1 – 比较子集方法 ············· 170
   11.5.4 测试 2 – 比较子集组合方法 ········· 172
   11.5.5 测试 3 – 比较高精度 INS 子集的组合方法 ······· 173
   11.5.6 测试 4 – 性能分析 ················· 175
   11.5.7 测试 5 – 进一步的性能分析 ········· 176
   11.5.8 测试 6 – 不使用底线深度时的性能比较 ········ 177
   11.5.9 算法的进一步开发和测试 ··········· 179
11.6 小结 ·································· 179
参考文献 ···································· 180

第 12 章 激光雷达激光束增强对比度和强度的监督校准方法 ······ 182

12.1 引言 ·································· 182

12.2 绘图系统	183
12.3 定位系统	184
12.4 校正系统	185
12.4.1 问题说明	185
12.4.2 方法提出	186
12.5 实验结果与讨论	187
12.6 小结	189
参考文献	190

第13章 非聚集空间扩展测量中的多层粒子滤波的多目标跟踪应用 … 191

13.1 引言	191
13.2 相关工作	192
13.3 用于跟踪应用的多层粒子滤波	193
13.3.1 SIR粒子滤波的基本原理	193
13.3.2 使用多层粒子滤波进行跟踪	193
13.4 粒子聚类	195
13.4.1 期望最大化聚类	196
13.4.2 当前聚类数量的估计	197
13.4.3 聚类预测	199
13.5 实验研究	201
13.6 小结与展望	205
13.6.1 小结	205
13.6.2 展望	206
参考文献	206

第14章 集成卡尔曼滤波在多目标跟踪中的应用 … 208

14.1 引言	208
14.2 集成卡尔曼滤波	209
14.3 用于多目标跟踪集成卡尔曼滤波	210
14.3.1 问题描述	210
14.3.2 集成最优子模式分配度量的卡尔曼滤波	210
14.3.3 集成数据概率分布卡尔曼滤波	214
14.4 评价	215
14.5 小结	219
参考文献	219

第 15 章　基于非侵入式红外阵列传感器的摔倒检测系统 ············ 221
- 15.1　引言 ············ 221
- 15.2　发展现状 ············ 222
- 15.3　摔倒检测分类 ············ 223
- 15.4　性能评估 ············ 227
- 15.5　小结 ············ 232
- 参考文献 ············ 232

第 16 章　基于惯性传感器的精细手部动作识别 ············ 236
- 16.1　引言 ············ 237
- 16.2　发展现状 ············ 238
- 16.3　基本组成 ············ 240
  - 16.3.1　硬件说明 ············ 240
  - 16.3.2　软件结构 ············ 241
- 16.4　数据分割 ············ 241
  - 16.4.1　数据采集 ············ 241
  - 16.4.2　手部动作分割 ············ 242
- 16.5　分类器的功能和描述 ············ 243
- 16.6　实验 ············ 245
- 16.7　小结 ············ 247
- 参考文献 ············ 247

第 17 章　上肢外骨骼康复机器人的运动学、动力学和控制研究 ············ 251
- 17.1　引言 ············ 251
- 17.2　外骨骼硬件 ············ 252
- 17.3　外骨骼运动学 ············ 254
- 17.4　外骨骼动力学 ············ 258
- 17.5　导纳控制策略 ············ 261
- 17.6　小结 ············ 263
- 参考文献 ············ 263

第一部分
多传感器融合理论与应用

Sukhan Lee and Hanseok Ko

随着物联网(IoT)和互联网(CPS)的日益普及,分布式环境下的多传感器集成与信息融合显得越发重要。经过几十年的研究,已初步建立了多传感器信息融合相关的基本理论体系,但在实际应用中仍然需要解决与具体应用相关的一些技术难题。例如,分布式环境下多传感器融合信息的表达,也就是信息融合所采用的多个数据源之间相互关系的表达,可简化处理,如采用 Bar – Shalom Campo 和广义 Millman 公式。然而,这种近似模型并不能很好地适应情况较复杂的分布式应用场景,在应用中仍然存在一些遗留问题,具体包括:

(1)实测的多源异构数据,与已有的先验信息或数据之间的物理关系模型不明确,准确的相关性没有量化表达。

(2)如何处理多源异构的数据源中存在的一些异常值,以保证融合质量。另外,这些数据源之间不一致性关系的表达。

(3)传输延迟及偶发性的数据丢失问题。

归纳起来,就是如何将感兴趣的被观测目标状态与传感器的感知模型之间可能存在的各种约束关系恰如其分地体现到数据融合中,既要保证融合的质量又要关注融合应用相关的可行性约束条件。

Sukhan Lee 和 Muhammad Abu Bakr 提出可解决分布式感知网络中的数据冗余与不一致性问题的通用融合框架。Florian Rosenthal、Benjamin Noack 和 Uwe D. Hanebeck 考虑网络控制系统的输入控制,引入传播损耗与随机传输延迟,由执行端确认接收应答包后估计状态。Qiang Liu 和 Nageswara Rao 研究被跟踪目标在椭圆非线性运动约束条件下,感知数据经过长距离的有损传输发送到远程融合中心的融合状态估计。Justin David Brody, Anna Marie Rogers Dixon, Daniel Donavanik, Ryan M. Robinson 和 William D. Nothwang 针对自主融合感知系统中传感器动态变化特性难以具体模型化的问题,基于信息理论实例化的思想,研究多传感器与多目标分类之间的相关性,支撑被分类目标的显著感知特征之间的冗余性等作为融合的重要评判标准。Nageswara Rao 和 Camila Ramirez 采用感知网络推理辐射源位置与强度等物理参数变化特征属性,解决辐射感知网络中反应堆设施运行状态分类问题。Wilmuth Muller、Achim Kuwertz、Dirk Muhlenberg 和 Jennifer Sander 采用信息统计处理与逻辑推理相结合的方法,以协助决策人员进行态势感知,提高决策效率。Gaochao Feng、Deqiang Han、Yi Yang 和 Jiankun Ding 基于测试样本对采用模糊证据推理实现多分类器融合。Tran Tuan Nguyen、Jens Spehr、JianXiong、Marcus Baum、Sebastian Zug 和 Rudolf Kruse 提出了一个有效的多层自主路况检测模型,以及具体应用分析。

第1章
采用协方差映射处理异常的通用融合框架

Sukhan Lee[✉] and Muhammad Abu Bakr
Intelligent Systems Research Institute, Sungkyunkwan University,
Gyeonggi – do, Suwon 440 – 746, South Korea
{lsh1, abubakr}@ skku. edu

摘要:在分布式感知网络中,受物理环境条件影响常出现不一致的观测结果,这种不一致的异常处理很难预测与建模,就逐步演变成融合感知的一个难题。处理这种异常是保证融合感知质量的基石,至关重要,由此提出可应对分布式感知网络中的数据冗余与不一致性问题的通用融合模型。在此通用框架中,基于线性约束条件采用协方差映射(CP)融合多个相关数据源,无须先验信息就可检测并删除异常值。将所有的状态向量聚集成扩展空间中的单个向量,将聚合的状态向量的均值和协方差映射到约束条件上,该约束条件表示状态向量之间必须满足的约束,包括等式约束。该方法基于约束条件,识别数据源之间的相对差异,并给出置信度量。在分布式融合体系结构中,基于最小均方误差(MMSE),提供无偏最优解,能够处理多传感器观测得到的局部估计之间的相关性和不确定性。仿真结果表明了该方法在分布式感知系统中能有效识别不一致性。

关键词:协方差映射;约束条件;数据融合;分布式感知网络;数据不一致性

1.1 引言

多传感器数据融合是通过多源数据来获得物理意义更明确、更准确的状态估计量。多传感器数据融合的一个固有问题是传感器测量引入的不确定性,这种不确定性可能是由随机电子噪声引入的,也可能来自局部感知环境中存在的干扰因素的不一致性。质量有保证的融合方法应当能够对这种不确定性进行建模,并结合实测数据提供一致和准确的融合解决方案。

近年来,由于分布式数据融合[1-2]在通信应用等基础设施中的灵活性、鲁棒性和成本效益均优于集中式,在控制工程的各个领域也得到了广泛应用。分布式体系结构需要处理从多个节点接收,用于融合的局部估计之间的统计相关性。单个节点上的局部状态估计共享相同的数据源[4]可能受到相同的噪声[3]和重复计数的影响。忽略节点统计相关性,会导致融合分歧和错误的决策[5]。

现有融合方法假设传感器的测量只受高斯噪声的影响,协方差估计能很好地近似传感器测量的扰动。然而,在实际应用中,传感器的测量不仅受噪声的影响,还可能受到短时间尖峰扰动、传感器瞬时故障、永久性故障或传感器元件[6]的缓慢失效故障等意外情况的影响。这些类型的不确定性与固有噪声不同,很难建模。由于这些不确定性,分布式网络中传感器节点提供的估计可能是虚假的、不一致的。将这些不准确与准确的估计混在一起,可能会导致不准确的结果[7]。因此,需要一种数据验证方案来识别和消除融合池中的异常。

检测这些不一致性,通常需要与特定故障模式相关的一些先验信息或数据冗余[1]。基于模型的方法[1,8]使用模型输出和实际测量之间的残差来检测和消除故障。例如,在文献[9]中,使用 Nadaraya – Watson 估计器和先验观测来验证传感器的测量值。类似地,参考先验模型信息检测滤波估计[10]故障。使用基于神经网络[12]的模糊逻辑[11]传感器验证方法。基于模型的方法需要显式的数学模型,对数据验证进行调优和预先训练。该方法无法应对未获得先验信息或未建模故障的情况。由此提出一种基于贝叶斯框架的伪数据检测方法,当多个传感器测量不一致时,在贝叶斯公式中增加后验分布[13]。然而,该方法假设传感器估计在其分析中是独立的,并且可能导致对真实估计的不正确拒绝或错误保留错误估计。

本章基于协方差映射(CP)提出一种通用的数据融合框架,用于寻找多个相关数据源的一致、最优融合。该方法为分布式感知网络中识别和去除异常提供了一个通用模型,以此保证分布式感知网络在融合中心获得正确的状态感知。

1.2 问题描述

在分布式体系结构中[1-2],每个传感器通常配备一个跟踪处理系统,以均值和协方差的形式对一些感兴趣的量进行局部估计。假设每个局部测量使用下面的状态方程:

$$x_k = A_k X_{k-1} + B_k u_{k-1} + w_{k-1} \tag{1.1}$$

式中:A_k 是作用在 X_{k-1} 上的状态变换矩阵;B_k 是作用在控制向量 u_{k-1} 上的输入控制矩阵;传感器状态方程受零均值高斯噪声 w_{k-1} 的协方差矩阵 Q 的影响:

$$z_{k_i} = H_i x_k + v_{k_i} + e_{k_i}, \quad i = 1, 2, \cdots, n \tag{1.2}$$

式中:v_{k_i} 为高斯噪声;R_i 为协方差矩阵,$(i = 1, 2, \cdots, n)$;传感器的测量也受到未建模故障e_{k_i}的影响。每个局部测量的状态预测由其自身的传感器测量更新,计算局部状态估计为$(\hat{x}_k, P_k)$,将局部估计在传感器节点之间通信或发送到中心节点以获得全局估计。受常见的噪声[3]或重复计数[4]影响,局部估计是相关的。受未建模的传感器故障,由局部提供的估计可能是假的和不一致的。如引言所述,常常需要特定失效模型相关的先验信息来检测传感器故障[9-10]。而在分布式体系结构中,融合节点只能访问数据源估计的均值和协方差。此外,现有的数据验证方案忽略了数据源之间的相互关系,异常值的处理大多简单直接[13]。

1.3 解决方法

考虑真实状态 x 的无偏估计 $\hat{x}_1$ 和 $\hat{x}_2$,协方差为 P_1 和 P_2,交叉协方差矩阵为 P_{12}。将 $\mathbb{R}^N$ 中各个传感器的统计分布,即均值和协方差进行聚合,将其转化为一个扩展的 $\mathbb{R}^{2N}$ 空间,同时加上两个数据源之间的等式约束,即

$$\hat{x} = \begin{bmatrix} \hat{x}_1 \\ \hat{x}_2 \end{bmatrix}, P = \begin{bmatrix} P_1 & P_{12} \\ P_{12}^T & P_2 \end{bmatrix}, \hat{x}_1 = \hat{x}_2 \tag{1.3}$$

图 1.1(a)中将扩展的空间表示为两个单独的一维高斯估计的二维椭球体及约束条件。约束条件是两个传感器数据之间关联关系的一种表现形式。等式约束的子空间可以写成 $M = [1:1]^T$。定义白化变换(W)为线性变换,$W = D^{-1/2} E^T$,D 和 E 是特征值和特征向量。矩阵 P 应用白化变换得到

$$\hat{x}^W = W\hat{x}, P^W = WPW^T = I, M^W = WM \tag{1.4}$$

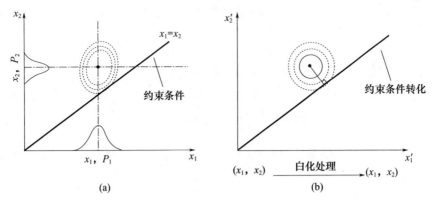

图 1.1 (a)两个数据源的扩展空间和约束条件表示;(b)基于协方差扩展[14]的白化变换

图 1.1(b)为白化后椭球体到单位圆的变换,将均值和协方差投影到约束条件 M^W 上,得到变换后空间的融合结果。采用逆白化变换得到原始空间的最优融合均值和协方差:

$$\tilde{x} = W^{-1} P_r W \hat{x} \tag{1.5}$$

$$\tilde{P} = W^{-1} P_r P_r^{\mathrm{T}} W^{-\mathrm{T}} \tag{1.6}$$

式中：P_r 为投影矩阵，$P_r = M^W (M^{W\mathrm{T}} M^W) M^{W\mathrm{T}}$。

需要注意的是，CP 方法的框架不需要任何额外的处理就包含数据源之间的线性约束。利用式(1.5)和式(1.6)中各分量的定义，得到 CP 方法的融合均值和协方差的简化式为

$$\tilde{x} = (M^{\mathrm{T}} P^{-1} M)^{-1} M^{\mathrm{T}} P^{-1} \hat{x} \tag{1.7}$$

$$\tilde{P} = (M^{\mathrm{T}} P^{-1} M)^{-1} \tag{1.8}$$

简化细节见附录 A。使用式(1.3)、式(1.7)和式(1.8)中的 M、$\hat{x}$、P，得到两个传感器估计值的 CP 融合均值和协方差为

$$\tilde{x} = (P_2 - P_{21})(P_1 + P_2 - P_{12} - P_{21})^{-1} \hat{x}_1 + (P_1 - P_{21})(P_1 + P_2 - P_{12} - P_{21})^{-1} \hat{x}_2 \tag{1.9}$$

$$\tilde{P} = P_1 - (P_1 - P_{12})(P_1 + P_2 - P_{12} - P_{21})^{-1}(P_1 - P_{21}) \tag{1.10}$$

给定 n 个传感器估计 $(\hat{x}_1, P_1), (\hat{x}_2, P_2), \cdots, (\hat{x}_n, P_n)$ 的真实状态 $x \in \mathbb{R}^N$ 与已知的交叉协方差 $P_{ij}(i, j = 1, 2, \cdots, n)$，采用式(1.7)和式(1.8)可提供最优融合均值和协方差 $M = [I_{N1}, I_{N2}, \cdots, I_{Nn}]^{\mathrm{T}}$。其中 I_N 为单位矩阵，N 为单个数据源的维数。针对任意冗余度的多传感器融合，提出了一种基于最小均方误差(MMSE)的无偏最优融合算法。

定理 1 式(1.5)中 CP 方法给出的融合估计 $\tilde{x}$ 是对 x 的无偏估计，即

$$E(\tilde{x}) = E(x) \tag{1.11}$$

证明 由式(1.5)可得

$$x - \tilde{x} = W^{-1} P_r W (x - \hat{x}) \tag{1.12}$$

对式(1.12)两边同时取期望，得到

$$E(x - \tilde{x}) = (W^{-1} P_r W) E(x - \hat{x})$$

$$E(x - \tilde{x}) = 0$$

$$E(x) = E(\tilde{x}) \tag{1.13}$$

当 $E(\tilde{x}) = E(x)$ 使用无偏假设时，这一结论表明融合状态估计 $\tilde{x}$ 是 x 的无偏估计。

定理 2 CP 方法的融合协方差 $\tilde{P}$ 小于个体协方差，即 $\tilde{P} \leq P_i (i = 1, 2, \cdots, n)$。

证明 由式(1.8)可得

$$\tilde{P} = (M^{\mathrm{T}} P^{-1} M)^{-1} \tag{1.14}$$

通过 Schwartz 矩阵不等式得到

$$\tilde{P} = [(P^{-\frac{1}{2}} M)^{\mathrm{T}} (P^{\frac{1}{2}} M_i)]^{\mathrm{T}} \times [(P^{-\frac{1}{2}} M)^{\mathrm{T}} (P^{-\frac{1}{2}} M)]^{-1} \times [(P^{-\frac{1}{2}} M)^{\mathrm{T}} (P^{\frac{1}{2}} M_i)]$$

$$\leq [(P^{\frac{1}{2}} M_i)^{\mathrm{T}} (P^{\frac{1}{2}} M_i)] = P_i$$

$$\tag{1.15}$$

式中：M 为数据源之间的约束，$M_i = [I_{Ni}, 0, \cdots, 0]^T$ 为 P_i 的约束矩阵。式(1.15)对 $P_i = P_{ij}$ 成立；即当 $P_i = P_{ij}(j = 1, 2, \cdots, n)$，$\tilde{P} = P_i$。

分布式结构中传感器提供的状态估计是相互关联的，计算交叉协方差 P_{ij} 需要计算融合的均值公式(1.7)和协方差公式(1.8)，传感器估计值之间的交叉协方差可以计算为[15]

$$P_{ij} = [I - K_i H_i][A P_{ij}^{k-1} A^T + BQB^T][I - K_j H_j]^T \quad (1.16)$$

式中：K_i 和 K_j 分别为 i 和 j 对 $i, j = 1, 2, \cdots, n$ 的卡尔曼增益；P_{ij}^{k-1} 为 i 和 j 前一个周期的交叉协方差。

1.4 数据源的置信度度量

融合的前提是假设输入传感器估计是一致的，在估计不一致的情况下会失效，需要一个数据验证方案来识别和消除融合前的异常值。该方法利用数据源之间的关系来识别多源感知数据的相对视差和置信测度。假设该数据源可以联合表示为多元正态分布，则可以通过计算与约束条件的距离来测量数据源的置信度，如图1.2所示。假设有 n 个高斯分布的数据源，对应的联合均值和协方差矩阵为

$$\hat{x} = \begin{bmatrix} \hat{x}_{N1} \\ \hat{x}_{N2} \\ \vdots \\ \hat{x}_{Nn} \end{bmatrix}, P = \begin{bmatrix} P_{11} & P_{12} & \cdots & P_{1n} \\ P_{21}^T & P_{22} & \cdots & \vdots \\ \vdots & \vdots & & \vdots \\ P_M^T & \cdots & \cdots & P_n \end{bmatrix} \quad (1.17)$$

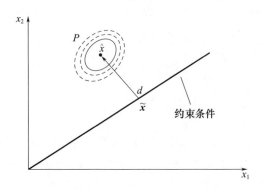

图1.2 多变量分布与约束条件的距离

置信测度距离 d 可表示为

$$d = (\hat{x} - \tilde{x})^T P^{-1} (\hat{x} - \tilde{x}) \quad (1.18)$$

式中：$\tilde{x}$ 为约束条件上的点，可由式(1.7)求得。

例如,给定两个数据源,均值分别为 $\hat{x}_1, \hat{x}_2 \in \mathbb{R}^N$,各自的协方差矩阵 P_1 和 $P_2 \in \mathbb{R}^{N \times N}$。距离为

$$d = [(\hat{x}_1 - \tilde{x})^T (\hat{x}_2 - \tilde{x})^T] \begin{bmatrix} P_1 & 0 \\ 0 & P_2 \end{bmatrix}^{-1} \begin{bmatrix} \hat{x}_1 - \tilde{x} \\ \hat{x}_2 - \tilde{x} \end{bmatrix} \tag{1.19}$$

约束条件上的点可表示为

$$\tilde{x} = P_2 (P_1 + P_2)^{-1} \hat{x}_1 + P_1 (P_1 + P_2)^{-1} \hat{x}_2 \tag{1.20}$$

式(1.19)可化简为

$$d = [\hat{x}_1 - \hat{x}_2]^T (P_1 + P_2)^{-1} [\hat{x}_1 - \hat{x}_2] \tag{1.21}$$

简化的细节参见附录 B。从式(1.21)可以看出,距离 d 是两个数据源之间的加权距离,可以提供两个数据源之间的远近程度的度量。较大的 d 表示较大的分离,较小的 d 表示数据源的紧密程度。换句话说,到约束条件的距离表明了数据源之间的相对差异。

定理3 N 维度数据源,式(1.18)距离 d 服从 nN 自由度(DOF)分布,也就是说,$d \sim \chi^2(Nn)$。

证明 式(1.18)可以写为

$$d = [\hat{x} - \tilde{x}]^T P^{-1} [\hat{x} - \tilde{x}] \tag{1.22}$$

应用白化变换,可得

$$[\hat{x} - \tilde{x}]^T P^{-1} [\hat{x} - \tilde{x}] = (\hat{x}^W - \tilde{x}^W)^T (\hat{x}^W - \tilde{x}^W)$$
$$\Rightarrow (W(\hat{x} - \tilde{x}))^T (W(\hat{x} - \tilde{x})) = y^T y \tag{1.23}$$

式中:$y = W(\hat{x} - \tilde{x}) \sim N(0,1)$ 是一个独立的标准正态分布。

对于 N 维的向量,式(1.23)右侧为 $\sum_{i=1}^{N} y_i^2$,距离 d 服从 N 卡方分布,即 $d \sim \chi^2(N)$。对于具有 n 种状态的 n 个数据源,$d \sim \chi^2(nN)$,nN 自由度分布。置信度 $\alpha \in (0,1)$;定义 $\chi_\alpha^2(nN)$ 的概率,$P\{d \geq \chi_\alpha^2(nN)\} = \alpha$。

置信度使 d 小于临界值。

1.4.1 不一致性检测与排除

为了获得可靠和一致的融合结果,在融合之前识别和排除多传感器分布式系统中的不一致估计是很重要的。当融合中心接收到来自传感器节点的估计值时,在每个时间步长上计算距离 d。一方面,计算出的距离 d 小于临界值意味着传感器估计值的接近度高,融合在一起来提供对潜在状态的更好估计值;大于或等于临界值的距离 d 表明传感器估计是假的。至少一个传感器估计值与其他传感器估计值有显著差异。为了排除异常值,每次估计都要计算到约束条件的距离,并与各自的临界值进行比较。对于 n 个传感器估计,其假设和决策规则总结

如下：

$$\begin{cases} 假设: \begin{matrix} H_0: \hat{x}_1 = \hat{x}_2 = \cdots = \hat{x}_n \\ H_1: \hat{x}_1 \neq \hat{x}_2 \neq \cdots \neq \hat{x}_n \end{matrix} \\ 判决规则: \begin{matrix} 接受\ H_0, d < \chi_\alpha^2(nN) \\ 拒绝\ H_0, d \geqslant \chi_\alpha^2(nN) \end{matrix} \end{cases} \quad (1.24)$$

如果假设 H_0 被接受，则使用式(1.7)和式(1.8)对估计值进行最优融合。另外，拒绝原假设意味着至少有一个传感器估计值与其他传感器估计值存在显著差异。下一步是识别不一致的传感器估计。每个估计值与约束条件的距离计算如下：

$$d_i = (\hat{x}_i - \widetilde{x})^{\mathrm{T}} P_i^{-1} (\hat{x}_i - \widetilde{x}), i = 1, 2, \cdots, n \quad (1.25)$$

根据各自的临界值识别和消除离群值，即如果 $d_i \geqslant \chi_\alpha^2(N)$ 被拒绝。其中 N 为单个数据源的维数。

1.4.2 相关对置信度度量的影响

分布式融合结构中传感器节点提供的估计是相关的，在计算置信距离时考虑互相关的影响是很重要的。一对多元高斯估计的 d 距离 $(\hat{x}_1, \sigma_1^2)$ 和 $(\hat{x}_2, \sigma_2^2)$，互相关 σ_{12}^2 可表示为

$$d = \frac{[\hat{x}_1 - \hat{x}_2]^2}{\sigma_1^2 + \sigma_2^2 - \sigma_{12}^2 - \sigma_{21}^2} \quad (1.26)$$

很明显，平均值之间的距离受到数据源之间相关性的影响。图 1.3 说明了置信距离 d 与相关系数的关系。图 1.3(a) 显示了一个具有变化的平均值和不变的

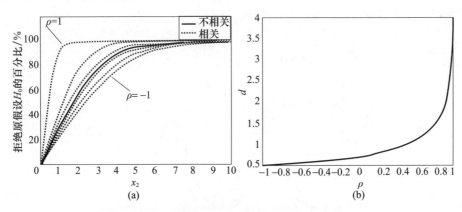

图 1.3 距离与相关系数对检测下的影响
(a)检测值与检测结果关系；(b)相关系数与检测距离的关系

方差数据源,从另一个具有不变的平均值和不变的方差数据源转移的场景。y 轴表示拒绝原假设 H_0 的百分比。图 1.3(b) 为相关系数由 -1 变为 1 的距离 d。可以注意到,忽略距离 d 中的相关会导致对置信度的低估或高估,并可能导致对真零假设的错误拒绝或对假零假设的错误保留。该框架在计算距离 d 时,考虑了多个数据源之间的相关。

例如,考虑一个恒定状态下的数值模拟,有

$$x_k = 10 \tag{1.27}$$

3 个传感器用于估计状态 x_k,其中传感器的测量值被方差 R_1、R_2 和 R_3 破坏。仿真中假设的参数值为

$$Q = 2, R_1 = 0.5, R_2 = 1, R_3 = 0.9 \tag{1.28}$$

假设传感器的测量值是互相关联的,传感器 1、传感器 2 和传感器 3 的测量值分别受到未建模的随机噪声的影响,分别有 33%、33% 和 34% 的时间产生不一致的数据。传感器计算出局部状态的估计并将其发送到融合中心。融合局部传感器 3 种策略估计比较:①CP 使用式(1.7)和式(1.8)排除异常值融合 3 个传感器估计;②CP WO-d 使用式(1.26)识别异常忽略相关计算,$\sigma_{12}^2 = 0$;③CP WO-dC 使用式(1.26)基于互相关拒绝离群值。当传感器 2 提供的估计值与传感器 1 和传感器 3 不一致时,3 个传感器的融合解如图 1.4 所示。从图 1.4 可以看出,忽略 CP WO-d 中的互相关,会导致错误,即 3 个估计值都是融合在一起的,尽管估计值 2 是不一致的。在融合过程之前,CP WO-dC 能够正确地识别和消除错误的估计。图 1.5 显示了 3 个传感器融合后估计的 100 个样本的状态,由图可知,异常值的存在极大地影响了多传感器数据融合的结果。如图 1.5 所示,在融合前剔除异常值可以提高估计性能。CP WO-d 和 CP WO-dC 的融合估计更接近于实际状态。图 1.5 还显示了使用或不使用互相关来识别离群值时的融合性能。可以看出,不考虑相关性会影响估计质量,出现错误。

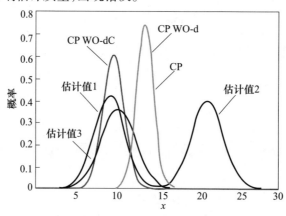

图 1.4　3 个传感器融合时传感器 2 的估计不一致且忽略互相关会导致错误

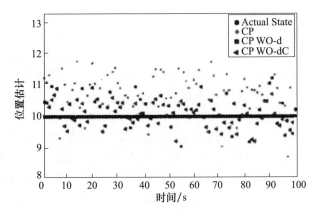

图 1.5 （见彩图）3 种传感器融合后的状态估计存在不一致的估计
Actual State 为实际状态；CP 为协方差映射；CP WO – d 为基于置信测度距离的
协方差映射；CP WO – dC 为基于置信测度与相关性距离的协方差映射。

1.5 仿真结果

仿真结果验证了该方法的有效性。通过计算得到仿真时间的均方根误差（RMSE）来评估性能，即

$$S_{\mathrm{RMSE}} = \frac{1}{V} \sum_{i=1}^{1} \sqrt{\frac{(x_{\mathrm{Actual}}(i) - x_{\mathrm{Estimated}}(i))^2}{L}} \tag{1.29}$$

式中：L 为仿真长度；V 为蒙特卡罗运行次数；x_{Actual} 为实际测量值；$x_{\mathrm{Estimated}}$ 为估计值。

考虑一个具有以下动态系统模型的目标跟踪场景，即

$$\boldsymbol{x}_k = \begin{bmatrix} 1 & T \\ 0 & 1 \end{bmatrix} \boldsymbol{x}_{k-1} + \begin{bmatrix} T^2/2 \\ T \end{bmatrix} \boldsymbol{u}_k + \boldsymbol{w}_k \tag{1.30}$$

式中：状态向量 $\boldsymbol{x}_{k-1} = \begin{bmatrix} s_{k-1} & v_{k-1} \end{bmatrix}^{\mathrm{T}}$，其中 s_{k-1} 和 v_{k-1} 分别为目标在 $k-1$ 时刻的位置和速度；T 为采样周期，假设为 3s。系统过程受协方差矩阵 $\boldsymbol{Q}$ 的零均值高斯噪声 $\boldsymbol{w}_{k-1}$ 的影响。采用 3 个传感器跟踪目标的运动，其中传感器的测量值近似为

$$\boldsymbol{Z}_{ki} = \begin{bmatrix} 1 & 0 \\ 0 & 1 \end{bmatrix} \boldsymbol{x}_k + \boldsymbol{v}_{k_i} + \boldsymbol{e}_{k_i}, \quad i = 1,2,3 \tag{1.31}$$

传感器的测量值被噪声 v_{k_i} 破坏，其协方差分别为 $R_i(i=1,2,3)$。假设过程噪声协方差 $Q=10$，传感器测量噪声为

$$R_1 = \mathrm{diag}(50,30), R_2 = \mathrm{diag}(70,20), R_3 = \mathrm{diag}(10,60) \tag{1.32}$$

当 $v<30$ 时，控制输入 $u_{k-1}=1$；当 $v<5$ 时，$u_{k-1}=-1$。传感器 1、传感器 2 和传感器 3 在 33%、33% 和 34% 的时间受非随机噪声 e_{k_i} 模型的影响，传感器提供的估计有时是虚假的。

每个传感器从一个初始值开始,在每个时间步长中使用局部状态预测,即式(1.30)预测目标的状态,然后通过式(1.31)获得传感器测量值来更新状态预测。假定局部估计是相关的,并使用式(1.16)来计算轨迹间的互相关。每个传感器的估计状态和协方差被发送到融合中心,在那里 CP 方法融合,CP 方法处理估计之间的相互关系。根据实际状态值与 1000 次蒙特卡罗运行的融合估计 RMSE,比较了不去除离群值的融合、不考虑互相关的离群值去除和考虑互相关的离群值去除 3 种融合策略。图 1.6(a)和(b)分别展示了目标位置和速度相对于时间的 RMSE。表 1.1 总结了 1000 次蒙特卡罗运行的平均 RMSE。

图 1.6 和表 1.1 显示了该方法在识别和去除异常值方面的有效性。可以看出,异常值的存在严重影响了多传感器数据融合的性能。消除融合前的异常值大大提高了估计质量。图 1.6 和表 1.1 还展示了在距离 d 中,考虑互相关和没有考虑互相关的情况下识别离群点时的融合性能。

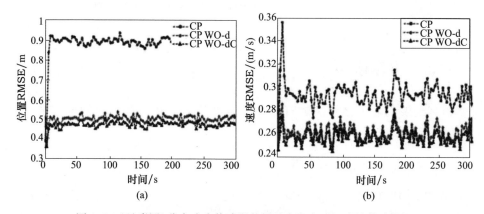

图 1.6 (见彩图)分布式多传感器数据融合存在不一致的估计情况
(a)位置误差;(b)速度误差。

表 1.1 1000 次蒙特卡罗运行的平均 RMSE

平均 RMSE	CP	CP WO – d	CP WO – dC
位置/m	88.3793	50.7565	47.0373
速度/(m/s)	29.5435	26.9081	25.0586

1.6 小结

传感器经常产生不一致和虚假的数据。在融合之前检测和消除这种不一致性对于准确的状态估计是至关重要的。本章提出了一种通用的方法来融合相关不确定的数据源。该方法为分布式传感器体系结构中的任意传感器提供了一种无偏的最优融合规则。该方法通过分配统计置信度来自动检测和删除多个数据源中的不一致估计。仿真结果验证了该方法对分布式传感器数据中伪信号识别的有效性。结果表明,该方法通过有效地识别和去除不正确的传感器数据,提高了估计质量。还可以观察到,在检测离群值时考虑互相关会降低 RMSE。

附录 A

协方差投影方法的融合平均和协方差如下:

$$\tilde{x} = W^{-1} P_r W \hat{x} \tag{A1}$$

$$\tilde{P} = W^{-1} P_r W P W^T P_r^T W^{-T} \tag{A2}$$

代入 $W = D^{-1/2} E^T$, $P_r = M^W (M^{W^T} M^W)^{-1} M^{W^T}$,并且在式(A2)中 $M^W = WM$,可得

$$\tilde{P} = W^{-1} [WM (M^T W^T WM)^{-1} M^T W^T] \times [WM (M^T W^T WM)^{-1} M^T W^T]^T W^{-T}$$

令 $\alpha = M^T W^T WM$,则

$$\tilde{P} = W^{-1} WM \alpha^{-1} M^T W^T WM \alpha^{-T} M^T W^T W^{-T}$$

$$\tilde{P} = M \alpha^{-T} M^T \tag{A3}$$

将 α 代入式(A3)并化简,可得

$$\tilde{P} = M (M^T E D^{-1} E^T M)^{-1} M^T \tag{A4}$$

$$\tilde{P} = M (M^T P^{-1} M)^{-1} M^T \tag{A5}$$

$\tilde{P}$ 是椭球在等式约束上的投影。将其投影到单个数据源的子空间将导致融合协方差为

$$\tilde{P} = (M^T P^{-1} M)^{-1} \tag{A6}$$

同样,利用融合平均数[式(A1)]中各分量的定义,可得

$$\tilde{x} = M (M^T W^T WM)^{-1} M^T W^T W \hat{x} \tag{A7}$$

$$\tilde{x} = M (M^T P^{-1} M)^{-1} M^T P^{-1} \hat{x} \tag{A8}$$

每个数据源的子空间上的融合平均值可以作为

$$x = (M^T P^{-1} M)^{-1} M^T P^{-1} \hat{x} \tag{A9}$$

附录 B

从联合两组数据源到约束条件上的点均值中得到的加权距离可以由下式计算得到

$$d = (\hat{x}_1 - \tilde{x})^T P_1^{-1} (\hat{x}_1 - \tilde{x}) + (\hat{x}_2 - \tilde{x}) P_2^{-1} (\hat{x}_2 - \tilde{x})$$

$$\hat{x}_1 - \tilde{x} = \hat{x}_1 - P_2(P_1 + P_2)^{-1}\hat{x}_1 + P_1(P_1 + P_2)^{-1}\hat{x}_2$$
$$\hat{x}_1 - \tilde{x} = [I - P_2(P_1 + P_2)^{-1}]\hat{x}_1 - [P_1(P_1 + P_2)^{-1}]\hat{x}_2 \quad (B1)$$

由于 $P_1(P_1 + P_2)^{-1} + P_2(P_1 + P_2)^{-1} = I$,则

$$\hat{x}_1 - \tilde{x} = P_1(P_1 + P_2)^{-1}[\hat{x}_1 - \hat{x}_2] \quad (B2)$$

类似地,有

$$\hat{x}_2 - \tilde{x} = [I - P_1(P_1 + P_2)^{-1}]\hat{x}_2 - [P_2(P_1 + P_2)^{-1}]\hat{x}_1$$
$$\hat{x}_2 - \tilde{x} = -P_2(P_1 + P_2)^{-1}[\hat{x}_1 - \hat{x}_2] \quad (B3)$$

将式(B2)与式(B3)代入式(B1)并化简,可以得到

$$d = ([\hat{x}_1 - \hat{x}_2]^T (P_1 + P_2)^{-1} P_1) P_1^{-1} (P_1(P_1 + P_2)^{-1}[\hat{x}_1 - \hat{x}_2])$$
$$+ ([\hat{x}_1 - \hat{x}_2]^T (P_1 + P_2)^{-1} P_2) P_2^{-1} (P_2(P_1 + P_2)^{-1}[\hat{x}_1 - \hat{x}_2])$$
$$d = [\hat{x}_1 - \hat{x}_2]^T [(P_1 + P_2)^{-1} (P_1 + P_2)(P_1 + P_2)^{-1}][\hat{x}_1 - \hat{x}_2]$$
$$d = [\hat{x}_1 - \hat{x}_2]^T (P_1 + P_2)^{-1} [\hat{x}_1 - \hat{x}_2] \quad (B4)$$

参考文献

[1] Bakr, M. A., Lee, S.: Distributed multisensor data fusion under unknown correlation and data inconsistency. Sensors 17, 2472 (2017)

[2] Liggins II, M., Hall, D., Llinas, J.: Handbook of Multisensor Data Fusion: Theory and Practice. CRC Press, Boca Raton(2017)

[3] Bar-Shalom, Y.: On the track-to-track correlation problem. IEEE Trans. Automat. Contr. 26, 571-572(1981)

[4] Smith, D., Singh, S.: Approaches to multisensor data fusion in target tracking: a survey. IEEE Trans. Knowl. Data Eng. 18, 1696-1710(2006)

[5] Maybeck, P.: Stochastic Models, Estimation, and Control. Academic Press, New York(1982)

[6] Khaleghi, B., Khamis, A., Karray, F., Razavi, S.: Multisensor data fusion: a review of the state-of-the-art. Inf. Fusion 14, 28-44(2013)

[7] Abdulhafiz, W., Khamis, A.: Handling data uncertainty and inconsistency using multisensory data fusion. Adv. Artif. Intell. 2013, 1-11(2013)

[8] Hwang, I., Kim, S., Kim, Y., Seah, C. E.: A survey of fault detection, isolation, and reconfiguration methods. IEEE Trans. Control Syst. Technol. 18, 636-653(2010)

[9] Wellington, S., Atkinson, J.: Sensor validation and fusion using the Nadaraya-Watson statistical estimator. In: Information Fusion 2002(2002)

[10] Doraiswami, R., Cheded, L.: A unified approach to detection and isolation of parametric faults using a Kalman filter residual-based approach. J. Franklin Inst. 350, 938-965(2013)

[11] Jeyanthi, R., Anwamsha, K.: Fuzzy-based sensor validation for a nonlinear bench-mark boiler under MPC. In: 2016 10th International Conference on Intelligent Systems and Control(ISCO),

pp. 1 – 6. IEEE(2016)
[12] Abbaspour, A. , Aboutalebi, P. , Yen, K. K. , Sargolzaei, A. : Neural adaptive observer – based sensor and actuator fault detection in nonlinear systems: application in UAV. ISA Trans. 67, 317 – 329 (2017)
[13] Kumar, M. , Garg, D. , Zachery, R. : A method for judicious fusion of inconsistent multiple sensor data. IEEE Sens. J. 7, 723 – 733(2007)
[14] Lee, S. , Bakr, M. A. : An optimal data fusion for distributed multisensor systems. In: Proceedings of the 11th International Conference on Ubiquitous Information Management and Communication – IMCOM 2017, pp. 1 – 6. ACM Press, New York(2017)
[15] Shin, V. , Lee, Y. , Choi, T. : Generalized Millman's formula and its application for estimation problems. Signal Process. 86, 257 – 266(2006)
[16] Walpole, R. , Myers, R. , Myers, S. , Ye, K. : Probability and Statistics for Engineers and Scientists. Prentice Hall, Upper Saddle River(1993)

第2章
网络控制系统中的传输延迟与损耗状态估计

Florian Rosenthal[✉],Benjamin Noack,and Uwe D. Hanebeck
Intelligent Sensor – Actuator – Systems Laboratory(ISAS),
Institute for Anthropomatics and Robotics,
Karlsruhe Institute of Technology(KIT),Karlsruhe,Germany
{florian. rosenthal,noack}@ kit. edu,uwe. hanebeck@ ieee. org

摘要: 本章针对网络控制系统中的输入控制量和输出测量值,估计在传输过程中引入的延迟与损耗,其中涵盖了执行器接收控制输入与发送输出确认的双重链路影响。该策略不同于默认无延迟与损耗的传输控制协议(transmission control protocol,TCP),致力于解决实际应用中网络控制链路引入的信息延迟与损耗的不确定性。通过拓展用户数据协议(user datagram protocol,UDP),添加控制输入的估计单元模块。并采用蒙特卡罗仿真,比较该方法与现有方法,说明该方法能应对底层网络传输链路引入的信息不完全问题,具有更强的鲁棒性。

关键词: 状态估计;网络控制系统;延迟丢包;马尔可夫线性跳变系统;多模交互滤波器

2.1 引言

如图2.1所示的网络控制系统(networked control systems,NCS),是由执行器、传感器和控制器3部分组成,这3部分通常通过Wi-Fi或以太网进行互联通信。

与传统点对点控制回路相比,此类系统安装维护灵活、可靠[1],费用少,但需要解决网络引入的约束条件影响,如随机分组丢失、延迟和带宽有限等。这些约束条件影响整个系统的性能稳定,应该综合考虑通信和控制状态的耦合[2-4]。

近年来提出了几种涉及底层网络的控制方法,广受关注的是基于序列的方法[5-9]。其基本思想是计算下一个同步时间单元间隔对应的n个控制输入序列,

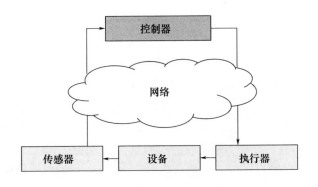

图 2.1 网络控制系统示意图

以及当前时间点的控制输入,并通过单独的数据包发送该控制序列,执行器接收时分发该数据包,以缓解延迟或控制输入丢失的问题,通常这种控制器称为预测控制器,也称为基于数据模型的预测控制方法[6-7],或自适应网络的通用控制器[10-11]。此外,还提出了基于控制序列最小化代价函数的控制[8-9]。大多数控制算法要么明确输入控制状态估计要求,要么假设一个完全已知的状态或无噪声观测对象,通常需要在网络控制系统中进行状态估计。本章是文献[12]的延伸和扩展,介绍了一种基于最小均方误差准则的估计器,用于 NCS 中给定输入控制状态。由于网络的存在,估计器面临输入控制状态可能延迟到达也可能随机丢失的情况,从而出现无序和突发到达的问题。特别是在实际应用中,由此产生的控制输入的不确定性构成了一个重大挑战。

例如,在文献[13-15]中提出了能够处理延迟或丢包的估计器,而在文献[16-17]中研究了控制输入缺失的估计问题。Moayedi 等[18]提出一种基于滤波估计的网络控制系统,可处理延迟和控制丢包问题,前提条件是需要假定事先知道某个特定输入的实际应用概率。在文献[19]中开发的滤波器,在做类似考虑时,使用当前有效控制序列进行状态估计。对于控制器成功发送控制序列的状态,执行器通常存在能够确认和不提供确认两种情况[19]。此外,执行器发送给控制器的确认数据包也会随机延迟和丢失。在本章中考虑文献[19]中提到的约束条件,执行器可提供确认也可能丢失确认。

内容概要:2.2 节针对上面所描述的物理问题建立数学模型;2.3 节基于该问题的数据模型导出估计量;2.4 节评估该估计器的性能;2.5 节结论。

符号说明:字母下划线 x 为向量,加粗字母下划线 $\underline{x}$ 为随机向量。大写字母加粗 A 为矩阵。I_n 为 n 维单位矩阵,0 为任意维零矩阵,下标 k,如 x_k 为时间步数。$\underline{x}^T$ 和 A^T 分别为向量或矩阵的转置。$\delta_{i,j}$ 表示克罗内克函数,即 $i=j,\delta_{i,j}=1$;否则,$\delta_{i,j}=0$。该符号说明本章通用。

2.2 数学模型

假设 NCS 中传感器等部件均为线性模型,则有

$$\underline{x}_{k+1} = \boldsymbol{A}_k \underline{x}_k + \boldsymbol{B}_k \underline{u}_k + \underline{w}_k$$
$$\underline{y}_k = \boldsymbol{C}_k \underline{x}_k + \underline{v}_k \tag{2.1}$$

式中:$\underline{x}_k \in \mathbb{R}^n$、$\underline{y}_k \in \mathbb{R}^m$ 分别为输入状态与测量值;$\underline{u}_k \in \mathbb{R}^l$ 为控制器的控制输入。

零均值白噪声序列 $\underline{w}_k$ 和 $\underline{v}_k$ 是独立的高斯变量,协方差矩阵为 $\boldsymbol{W}_k$ 与 $\boldsymbol{V}_k$。初始状态向量 $\underline{x}_0$ 为高斯变量,均值为 $\hat{\underline{x}}_0$,协方差矩阵 $\boldsymbol{\Sigma}_0$ 与 $\underline{w}_i$、$\underline{v}_i$ 独立。若网络传输时间正好为数据包分发时间,则可认为所有部件同步。

执行器与设备并置,通过有损网络(CA – network)连接到控制器,通过网络传输的数据包可能会延迟或丢失。通常将损失解释为有限延迟,通过随机变量 $\tau_k^{CA} \in \mathbb{N}_0$ 对在 k 时刻从控制器发送到执行器的数据包延迟进行建模。假设 τ_k^{CA} 概率分布函数(probability mass function,PMF)f^{CA} 独立同分布(independent and identically distributed,IID)。为了解决网络延迟问题,控制器不仅在 k 时刻发送电流控制输入 $\underline{u}_k$,而且在之后 N 步预测控制输入,则发送到执行器中的数据包控制序列为

$$\underline{U}_k = \begin{bmatrix} \underline{u}_{k|k}^T & \underline{u}_{k+1|k}^T & \cdots & \underline{u}_{k+N|k}^T \end{bmatrix}^T \in \mathbb{R}^{(N+1)l}$$

式中:$\underline{u}_{k+i|k}^T$,i 为 k 时刻计算所得的控制输入,$i = 0,1,\cdots,N$,N 为 k 时刻计算所得的控制输入,并在 $k+i$ 时刻使用。

执行器侧的缓冲器采用拒绝过去逻辑包[1]:从所有接收到的控制序列集合中,按照时间索引只保持最近的序列,丢弃其他序列。随后在相应的时间间隔里连续应用该序列提供的控制输入,直到新序列到达执行器。分组丢失或延迟较大时,控制序列到达太晚,使得所提供序列的控制输入不再适用,此时可默认输入 $\underline{u}_k^{df} = \underline{0}$。

零输入策略默认控制输入 $\underline{u}_k^{df} = \underline{0}$,也可保持之前的控制输入即 $\underline{u}_k^{df} = \underline{u}_{k-1}$,称为输入保持策略。上述两种策略简单方便,但不是处理丢包的最优方法[20]。更新缓存的控制序列时,执行器都会返回一个应答确认(ACK),以指示相应序列的成功传输。必须强调的是,这些确认是应用层确认,不是每个接收到的数据包都需执行器确认,只有包含实际使用的控制序列的数据包才需要确认。从底层网络的角度来看,只是些常规负载。应答也会受延迟影响,由独立同分布随机变量 τ_k^{AC} 和概率分布函数 f^{AC} 建模。在收到执行器的确认后,控制器能推断后续应用的控制输入。

执行器确认时,控制网络使用的传输层协议可在成功接收数据包时发送确认包,如 TCP,而 UDP 则无须确认。与 UDP 相比,TCP 在确认数据包被延迟或丢失的

情况下,重新发送数据包以增强通信的可靠性,但这种处理方式通常恶化短延迟问题[21-22]。此外,网络控制系统中通常不需要将数据丢失等同于长时间延迟[3]。在 NCS 中,UDP 类网络协议无须确认,而 TCP 类瞬间确认无丢失成功传输[17],由此提出需要应用层确认的 UDP 类网络。

在每个时间步,通过控制网络(SC - network)将传感器监测设备或执行器状态发送给控制器上的估计器。在给定概率分布函数 f^{sc} 的情况下,用独立同分布(IID)随机变量 τ_k^{SC} 表示网络延迟,于是在每一时刻都能得到不同的测量值,其中与原有控制网络不同之处如下:

(1)由估计器处理能提供关于过去状态有价值信息的延迟包。

(2)延迟包分发时间已知,网络对于估计器来说是确定的。估计器的缓冲区是有限的,只能同时存储多达 $M \in \mathbb{N}$ 的测量值。如 2.3 节所述,处理非连续到达的突发测量的适当方法是保持固定的测量记录,并假设估计器可丢弃延迟大于 $M-1$ 时间步的测量。根据上述假设丢弃部分测量值会导致次优估计。测量分组可能以 $M-1$ 时间步延迟到达,也可能根本没有到达,文献[14]提出了不必丢弃测量的最优估计。

如图 2.2 所示,设计一个估计器,该估计器在每个时间步骤 k,基于 MMSE 准则向控制器提供设备状态的估计 $\hat{x}_k^e$。对于 UDP 类网络,采用 Fischer 等[19]提出的滤波器来实现状态估计。控制器计算的控制序列 U_k 发送到执行器中并缓存,从这些序列中挑选出最近的控制序列作为当前时刻的控制输入 u_k。

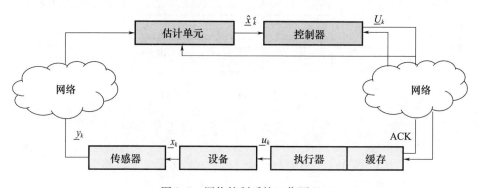

图 2.2 网络控制系统工作原理

2.3 估计器的理论推导

文献[19]中的估计器依赖于一个随机模型,该模型将控制执行网络描述为动态系统。利用该模型进行适当的推广,将网络控制系统(NCS)表示为马尔可夫线性跳变系统(MJLS)[23]。在这个估计器的基础上在2.3.1节中建立了简明扼要的模型结论,更详细的推导见文献[8,19];在2.3.2节中给出了上文所述的估计器。

2.3.1 将NCS建模为马尔可夫线性跳变系统

网络执行器模型的主要组成部分是向量η_k,在时刻k或以后仍然适用的控制输入序列$\underline{U}_{k-N},\cdots,\underline{U}_{k-1}$,以及一个离散随机变量$\theta_k$。

一般地,η_k由下式给出:

$$\eta_k = \begin{bmatrix} [\underline{u}^T_{k|k-1} & \underline{u}^T_{k+1|k-1} & \cdots & \underline{u}^T_{k+N-1|k-1}]^T \\ [\underline{u}^T_{k|k-2} & \underline{u}^T_{k+1|k-2} & \cdots & \underline{u}^T_{k+N-2|k-2}]^T \\ & \vdots & \\ [\underline{u}^T_{k|k-N+1} & \underline{u}^T_{k+1|k-N+1}]^T \\ & \underline{u}_{k|k-N} & \end{bmatrix} \in \mathbb{R}^{\frac{lN(N+1)}{2}} \quad (2.2)$$

当$N=2$时,如图2.3所示。η_k的动态变化可以表示为

$$\eta_{k+1} = F\eta_k + G\underline{U}_k \quad (2.3)$$

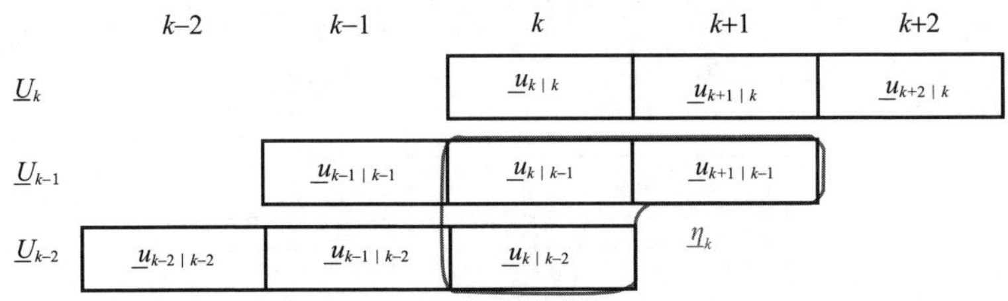

	$k-2$	$k-1$	k	$k+1$	$k+2$
$\underline{U}_k$			$\underline{u}_{k\|k}$	$\underline{u}_{k+1\|k}$	$\underline{u}_{k+2\|k}$
$\underline{U}_{k-1}$		$\underline{u}_{k-1\|k-1}$	$\underline{u}_{k\|k-1}$	$\underline{u}_{k+1\|k-1}$	
$\underline{U}_{k-2}$	$\underline{u}_{k-2\|k-2}$	$\underline{u}_{k-1\|k-2}$	$\underline{u}_{k\|k-2}$		

图2.3 当$N=2$时,元素η_k可视化为框线圈出部分

当$N=2$时,η_{k+1}、η_k和$\underline{U}_k$三者之间的关系可视化说明如图2.4所示。F可以表示为

$$F = \begin{bmatrix} 0 & 0 & 0 & 0 & \cdots & 0 & 0 \\ 0 & I_{(N-1)l} & 0 & 0 & \cdots & 0 & 0 \\ 0 & 0 & I_{(N-2)l} & \cdots & 0 & 0 \\ \vdots & \vdots & \vdots & \vdots & & \vdots & \vdots \\ 0 & 0 & 0 & 0 & \cdots & I_l & 0 \end{bmatrix} \in \mathbb{R}^{\frac{lN(N+1)}{2} \times \frac{lN(N+1)}{2}}$$

$$G = \begin{bmatrix} 0 & I_{Nl} \\ 0 & 0 \end{bmatrix} \in \mathbb{R}^{\frac{lN(N+1)}{2} \times (N+1)l}$$

同一时间步的适用控制输入在下方标记。通过定义

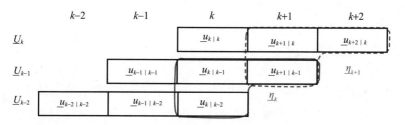

图 2.4 当 $N=2$ 时，η_{k+1}（虚线）、η_k（实线）和 U_k 三者之间的关系说明

$$\theta_k = \begin{cases} k-t, & \text{当前缓冲控制序列为 } \underline{U}_t \\ N+1, & \text{其他} \end{cases} \quad (2.4)$$

式中：$k-N \leq t \leq k$，则 $\theta_k \in \{0,1,\cdots,N+1\}$ 且 $\theta_k = N+1$ 对应于缓冲区为空的情况以及默认输入采用 $\underline{u}_k^{df} = \underline{0}$。

在文献[19]中，证明了 θ_k 为具有转移矩阵 T 的马尔可夫链，T 可表示为

$$T = \begin{bmatrix} p_0 & q_0 & 0 & 0 & 0 & 0 & \cdots & 0 \\ p_0 & p_1 & q_1 & 0 & 0 & 0 & \cdots & 0 \\ p_0 & p_1 & p_2 & q_2 & 0 & 0 & \cdots & \vdots \\ p_0 & p_1 & p_2 & p_3 & q_3 & 0 & \cdots & 0 \\ \vdots & \vdots & \vdots & \vdots & & \vdots & & \vdots \\ p_0 & p_1 & p_2 & p_3 & \cdots & p_{N-1} & q_{N-1} & 0 \\ p_0 & p_1 & p_2 & p_3 & \cdots & p_{N-1} & p_N & q_N \\ p_0 & p_1 & p_2 & p_3 & \cdots & p_{N-1} & p_N & q_N \end{bmatrix} \in \mathbb{R}^{(N+2)\times(N+2)} \quad (2.5)$$

式中：$p_j = f^{CA}(j)$ 表示时间步长延迟为 j 的控制序列到达的概率，并且 $q_j = 1 - \sum_{i=0}^{j} p_i$。

通过 η_k 和 θ_k，实际的控制输入为

$$\underline{u}_k = H_k \eta_k + J_k \underline{U}_k \quad (2.6)$$

其中

$$H_k = [\delta_{\theta_k,1} I_l \; \mathbf{0} \; \delta_{\theta_k,2} I_l \; \mathbf{0} \; \cdots \delta_{\theta_k,N} I_l] \in \mathbb{R}^{l \times \frac{lN(N+1)}{2}}$$
$$J_k = [\delta_{\theta_k,0} I_l \; \mathbf{0}] \in \mathbb{R}^{l \times (N+1)l}$$

最后，定义增广状态 $\underline{\xi}_k = [\underline{x}_k^T \; \eta_k^T]^T$，并结合式(2.1)、式(2.3)、式(2.6)推导出：

$$\underline{\xi}_{k+1} = \begin{bmatrix} A_k & B_k H_k \\ \mathbf{0} & F \end{bmatrix} \underline{\xi}_k + \begin{bmatrix} B_k J_k \\ G \end{bmatrix} \underline{U}_k + \begin{bmatrix} \underline{w}_k \\ \underline{0} \end{bmatrix}$$
$$\underline{y}_k = [C_k \; \mathbf{0}] \underline{\xi}_k + \begin{bmatrix} \underline{v}_k \\ \underline{0} \end{bmatrix} \quad (2.7)$$

这是一个带参数 θ_k 的 MJLS，θ_k 通常称为系统模式。由式(2.4)中 $\theta_k \in \{0$，

$1,\cdots,N+1\}$,增广系统拥有 $N+2$ 个模式。

2.3.2 估计器设计

式(2.7)设计的估计器的一个主要问题是,该估计器只能使用模式历史 $S_k = \{\theta_0,\theta_1,\cdots,\theta_k\}$ 的子集 $\mathcal{T}_k$。更准确地说,$\mathcal{T}_k$ 仅包含在时刻 k 从控制器接收到的模式。时变卡尔曼滤波器是用 $\mathcal{T}_k = S_k$ 的 MJLS 的最小均方根估计最优,即完整的模式历史。通常对于另一个极端情况 $\mathcal{T}_k = \varnothing$,即历史模式完全未知的情况,很难处理非线性的最优估计量[24-25]。若要处理须假设数量呈指数增长的真模态轨迹,导致在时间上的计算复杂性也呈指数增长。提出最优解的近似方法,采用线性最小均方误差估计,在每个时刻仅保持固定数量的历史模式[29]。文献[24]由于在估计质量和复杂度之间做了良好的折中,受到广泛关注。在文献[19]中引入了一种类似于 UDP 的 NCS 的多模交互滤波器的变体,它对应于极端情况 $\mathcal{T}_k = \varnothing$,基于这个估计器,将其推广到 $\mathcal{T}_k \subset S_k$ 中。

多模交互(IMM)滤波器可广泛应用于多目标跟踪中,与网络控制系统一样,传感器数据会延迟后无序到达,做了大量的工作来处理这些问题,产生了多模交互滤波器,其中使用了回溯技术来合并随机测量延迟引入的无序到达[30]。需要注意的是,不同于 MJLS 类估计器,是为了处理丢失或测量延迟而开发的。例如,在文献[31-32]中提出的估计器仅考虑分组丢失,而在文献[33]中提出的 MMSE 估计器假定测量延迟固定。应用追溯意味着式(2.1)中的系统矩阵 A_k 是可逆的。Fischer 等[19]建议采用文献[34]中的方法,保留过去估计的历史,在接收到延迟测量时更新。该方法除了简单之外,它的优点是适合处理测量的突发到达,如可以逐个处理。此外,易于扩展到处理延迟模式的观测。接下来具体介绍该方法。

实际上,IMM 滤波器由一组卡尔曼滤波器组成,在每个时间步骤每种模式单个重新初始化[29],这些滤波器通过混合来自上一个时间步骤的所有模式进行条件估计。对于具有 $N+2$ 个不同模式的系统依据式(2.7),IMM 滤波器需要 $N+2$ 个滤波器,以便状态估计保持为具有 $N+2$ 个分量的高斯混合分布。根据估计的模态概率分布 π_k 对各分量进行加权。在每次测量更新结束时,根据测量似然性更新模式分布。控制器点估计值 $\hat{x}_k^e$ 就是混合体的平均值。假设在 k 时刻估计器可以推断接收到应答确认 ACK 的实现模式 $\theta_t = L(t \leq k), L \in \{0,1,\cdots,N\}$,该扩展利用了 θ_t 的分布,有

$$\underline{\pi}_t = e_{L+1} \tag{2.8}$$

式中:e_{L+1} 为 $N+2$ 维单位向量,在 $L+1$ 位置为 1,其他位置为零。

注意,实现模式 $\theta_t = N+1$ 不可用于滤波,因为这表示在 t 时刻应用默认输入。

在这种情况下,执行器不会及时收到任何适用的控制序列,也不会发送 ACK。还要注意,由于式(2.7)中的测量方程与模式无关,因此 θ_t 仅影响 $t+1$ 处的预测步骤。结合上述假设,这意味着丢弃延迟大于 M 个时间步数的所有 ACK 是合理的。在时间上对延迟模式观测进行积分,最终包括根据式(2.8)进行更新 $\underline{\pi}_t$,然后重新计算从 $t+1$ 到 k 的估计值。此过程也非常适合处理 ACK 的突发到达,这意味着可以同时推断多个模式。从最老的一个开始,被简单地集成到一个接一个的状态估计的重新计算中。算法 1 总结了一个时间周期的估计量。有关第 5、9、13、14 和 16 行中 IMM 的特定步骤的详细说明,参见文献[24,29]。从该算法中可知,计算复杂度和所需内存会随缓冲区长度的增加而增加。具体来说,需要存储观测模式 $\theta_{k-M},\cdots,\theta_{k-1}$,控制序列 $\underline{U}_{k-M},\cdots,\underline{U}_{k-1}$,测量值 $\underline{y}_{k-M+1},\cdots,\underline{y}_k$ 和表示从 $k-M$ 时间上估计的高斯混合。为了表示后者,必须存储 $N+2$ 模式条件均值和协方差矩阵以及估计的模式分布 $\underline{\pi}_{k-M}$。

作为 CoCPN-Sim 仿真框架的一部分,github 上提供了该算法的参考实现[35]。

算法 1 基于 IMM 的循环估计步骤

输入:时间 $k-M$ 的估计,即高斯混合体
输出:点估计 $\hat{\underline{x}}_k^e$

1: **for** $i = M-1$ **to** 0 **do**
2:     **if** 模式 θ_{k-i-1} 有效 **then**
3:         根据式(2.8)更新 $\underline{\pi}_{k-i-1}$
4:     **end if**
5:     重新初始化 Kalman 滤波参数
6:     根据式(2.2)预测生成 η_{k-i-1}
         //预测步骤
7:     **for all** 滤波模式 **do**
8:         采用 η_{k-i-1}、$\underline{U}_{k-i-1}$ 和式(2.6)计算滤波参数
9:         采用更新后的滤波参数执行预测
10:    **end for**
         //测量更新
11:    **if** 测量 $\underline{y}_{k-i}$ 有效 **then**
12:        **for all** 条件滤波模式 **do**
13:            用 $\underline{y}_{k-i}$ 执行测量更新
14:            估计更新后的似然度
15:        **end for**
16:        采用单个的测量似然度更新 $\underline{\pi}_{k-i}$
17: **end if**

18: **end for**
19: 计算混合均值 $\hat{x}_k^e$
20: 返回 $\hat{x}_k^e$

用 $\boldsymbol{\theta}_k$ 描述遍历平稳分布的马尔可夫链[9]。作为该算法的替代,文献[18]中的卡尔曼滤波方法也可用于给定的设置中,该方法具有平稳分布。然而,使用这种平稳分布显然是一种近似,并且在文献[19]中表明,这种方法不如基于IMM的滤波器。

2.4 性能评估

本节将评估所提出的估计器在特定应用场景中的性能,类似于文献[19]中使用的方法,即控制小车上的倒立摆,小车在瞬态下运行。所提出的估计器与文献[19]中不具有历史模式 I_k 的原始方法进行了比较,以量化评估该滤波器的性能改进(表2.1)。

表2.1 评估中用到的倒立摆参数

参数	值
推车质量/kg	0.5
摆锤质量/kg	0.5
小车摩擦系数/(N·s/m)	0.1
摆锤质心长度/m	0.3
摆锤惯性矩/(kg·m^2)	0.006
重力加速度/(m/s^2)	9.81

为此,考虑由 $\underline{x}_k = [s_k \ \dot{s}_k \ \varphi_k \ \dot{\varphi}_k]^T$ 给出的摆锤状态。这里 s_k 表示小车的位置(单位为m),ϕ_k 是摆锤向上平衡的偏差(单位为rad)。将文献[36]非线性摆动力学与表2.1中给出的向上平衡的参数线性化,并在采样时间 $t_A = 0.01\text{s}$ 的情况下进行随后的离散化处理,得到线性模型为

$$\boldsymbol{A}_k = \begin{bmatrix} 1 & 0.0099911 & 0.0003871 & 0.0000013 \\ 0 & 0.9982114 & 0.0774447 & 0.0003872 \\ 0 & -0.0000263 & 1.0025820 & 0.0100086 \\ 0 & -0.0052630 & 0.5165563 & 1.0025820 \end{bmatrix}, \boldsymbol{B}_k = \begin{bmatrix} 0.0000894 \\ 0.0178855 \\ 0.0002631 \\ 0.0526298 \end{bmatrix}$$

$$\boldsymbol{C}_k = \begin{bmatrix} 1 & 0 & 0 & 0 \\ 0 & 0 & 1 & 0 \end{bmatrix}$$

状态变量 s_k 和 φ_k 可直接测量得到,而 $\dot{s}_k$ 和 $\dot{\varphi}_k$ 是间接推导出来的。$\underline{w}_k$ 和 $\underline{v}_k$ 的协方差为 $W_k = 0.01 I_4$ 和 $V_k = 0.2 I_2$。如文献[19]中所述,采用二次反馈调节线性状态的标称预测器[36],并基于对象的真实状态计算控制序列 $\underline{U}_k$。调节器增益状态和输入加权矩阵计算由下式给出:

$$Q = \begin{bmatrix} 5000 & 0 & 0 & 0 \\ 0 & 0 & 0 & 0 \\ 0 & 0 & 100 & 0 \\ 0 & 0 & 0 & 0 \end{bmatrix}, R = 100$$

进行两遍蒙特卡罗模拟,每遍运行 2000 次,每次运行包含 250 个时间步。在每一次运行中,初始的状态都是从高斯分布中随机抽取的,该分布的均值和协方差矩阵为

$$x_0 = [0 \ 0.2 \ 0.2 \ 0]^T, \Sigma_0 = 0.5 I_4$$

图 2.5 描绘了模拟网络概率分布函数 f^{CA}, f^{AC}, f^{SC}。在每次模拟运行中,每个包的实际延迟是根据相应的 PMF 独立绘制的。在 SC 链路中,大于 5 个时间步的延迟被估计器视为分组丢失的无限延迟。

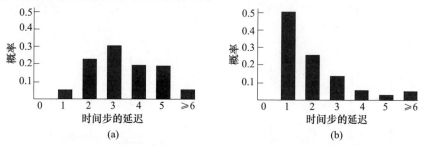

图 2.5 延迟包的 PMF
(a) f^{CA} 和 f^{SC};(b) f^{AC}。

将测量历史的长度 M 设置为 6,丢弃延迟大于 5 个时间步的测量和延迟大于 6 个时间步的 ACK。对于图 2.5(a)所示的 SC 网络 PMF,测量损耗率为 4。对于从执行器发送到控制器的 ACK 分布如图 2.5(b)所示,根据该分布,延迟不太可能大于 3 个时间步。如上所述,设定值瞬态运行会发生变化。在每次模拟运行中摆锤的初始设定点为 $[2\ 0\ 0\ 0]^T$,在 100 个时间步后变为 $[-2\ 0\ 0\ 0]^T$,然后在另一个 100 个时间步后变回。控制器计算出的控制序列长度为 $N + 1 = 7$,从而得到 8 个模式的 MJLS。在每次运行中,两个估计器的条件模式卡尔曼滤波器都用均值为 $\hat{x}_0$、协方差矩阵为 Σ_0 的高斯函数初始化,初始模式分布为 $\pi_0 = e_8 \in \mathbb{R}^8$。注意,两个估计器都不影响控制序列的计算,控制输入是基于真实状态计算的。

在第一次模拟中,使用图 2.5(a)中的真实概率分布函数 f^{CA} 来计算马尔可夫链 θ_k 的转移矩阵 T,而在第二次模拟中,假设滤波器完全不知道 CA 链路的行为。

在式(2.5)中使用统一的 PMF 替代来获得 T。这一决定的动机是真实网络的时变特性,在实际应用中很可能发生模型失配。

图 2.6 显示了直接可测得状态 s_k 和 φ_k 下的均方根误差,图 2.7 显示了推导出 $\dot{s}_k$ 和 $\dot{\varphi}_k$,由此可知,大多数情况下两种滤波器的性能差异不大。特别是关于 s_k 和 φ_k,在上述两个仿真场景中,文中所述滤波器仅在单个时间步($k=190$)处性能稍好。在该时间步上,文献[19]的滤波器的估计误差急剧增加,而本章所述滤波器,保持在相同的水平。有趣的是,两个滤波器的估计质量均不受第二次仿真中引入的模型失配的影响。

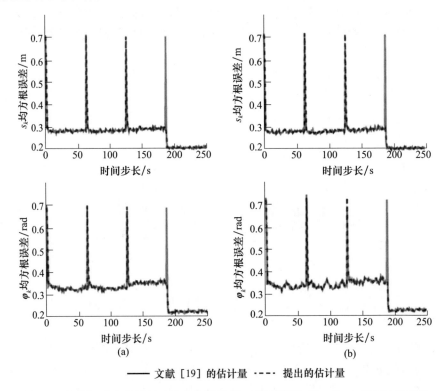

—— 文献[19]的估计量 ---- 提出的估计量

图 2.6 文献[19]中估计量和该方法的结果:直接可测状态 s_k 和 φ_k 的 RMSE 比较
(a)随机变量的真实概率分布函数;(b)随机变量的均匀概率分布函数。

与此相反,间接状态 $\dot{s}_k$ 和 $\dot{\varphi}_k$ 的 RMSE 曲线表明,两个滤波器的总体估计质量都被错误的 PMF 估计 τ_k^{CA} 所破坏。然而,尽管这两种滤波器在大多数情况下都能达到几乎相同的性能,但是与文献[19]中的方法相比,即使在模型失配的情况下,所提出的方法也能产生较低的估计误差。特别是对于角速度分量状态的估计,所提出的方法获得相当大的改进时,原始方法无法改进其估计值。

总而言之,根据部分历史模式,附加的可用信息可以提高估计质量,并有助于提高滤波器对网络建模误差的鲁棒性。值得注意的是,与文献[19]中所报告的情况相比,设定值的变化不会导致估计误差的增加。

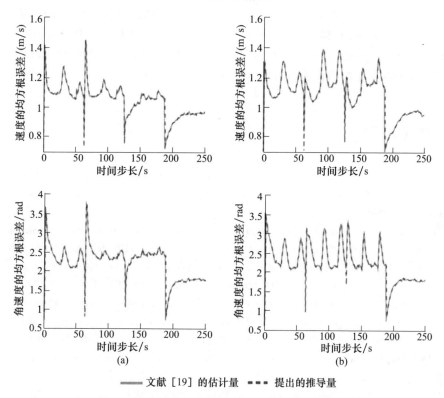

图2.7 文献[19]中估计量与原方法的结果比较:对于隐状态 $\hat{s}_k$ 和 $\dot{\varphi}_k$ 的 RMSE 对比
(a)随机变量的真实概率分布函数;(b)随机变量的均匀概率分布函数。

2.5 小结

本章针对网络控制系统中的状态估计问题,特别是受随机延迟影响网络,这与涉及类似 TCP 和 UDP 通信的文献中所述的大部分相关概念不同。要强调的是,与类似 TCP 通信协议相比,估计器只对实际应用的带有延迟的部分控制输入进行处理。并且,本章所考虑的场景包含类似 UDP 通信的情况。在已有的 IMM 方法的基础上,推导了一种状态估计器,该估计器能够将之前应用于控制输入的信息返回到当前状态的估计中。

评估结果表明,对于网络信息不完全的情况下,特别是对于不可直接测量的隐状态分量,这种延迟信息的集成可使滤波器更加稳定。

在此背景下的前瞻性研究将解决时变分组延迟和丢失问题。对于越来越多由多个控制回路共享一个网络物理系统来说非常有意义。将重点研究无须先验知识或特定假设的网络延迟分布的估计器的推导,可联合估计设备状态。同样,可以使用鲁棒估计的方法,如利用过渡矩阵的结构进行估计。今后的工作还应注意将保持输入策略纳入所提出的估计量。最后推荐值得研究的是,传感器和估计器等状态增强是可用作推导估计器参数的。

参考文献

[1] Zhang, L., Gao, H., Kaynak, O.: Network - induced constraints in networked control systems a survey. IEEE Trans. Ind. Inform. 9(1), 403 - 416(2013). https://doi.org/ 10. 1109/TII. 2012. 2219540

[2] Hespanha, J. P., Naghshtabrizi, P., Xu, Y.: A survey of recent results in networked control systems. Proc. IEEE 95(1), 138 - 162(2007). https://doi.org/10. 1109/JPROC. 2006. 887288

[3] Baillieul, J., Antsaklis, P. J.: Control and communication challenges in networked real - time systems. Proc. IEEE 95(1), 9 - 28(2007). https://doi.org/10. 1109/JPROC. 2006. 887290

[4] Heemels, W. M. H., Teel, A. R., Van de Wouw, N., Nesic, D.: Networked control systems with communication constraints: tradeoffs between transmission intervals, delays and performance. IEEE Trans. Autom. Control 55(8), 1781 - 1796(2010). https://doi.org/10. 1109/TAC. 2010. 2042352

[5] Bemporad, A.: Predictive control of teleoperated constrained systems with unbounded communication delays. In: Proceedings of the 37th IEEE Conference on Decision and Control, vol. 2, pp. 2133 - 2138. IEEE(1998). https://doi.org/10. 1109/CDC. 1998. 758651

[6] Gupta, V., Sinopoli, B., Adlakha, S., Goldsmith, A., Murray, R.: Receding horizon networked control. In: Proceedings of the Allerton Conference on Communication Control, and Computing (2006)

[7] Quevedo, D. E., Nesic, D.: Input - to - state stability of packetized predictive control over unreliable networks affected by packet - dropouts. IEEE Trans. Autom. Control 56(2), 370 - 375 (2011). https://doi.org/10. 1109/TAC. 2010. 2095950

[8] Fischer, J., Hekler, A., Dolgov, M., Hanebeck, U. D.: Optimal sequence - based LQG control over TCP - like networks subject to random transmission delays and packet losses. In: 2013 American Control Conference, Washington, D. C., USA, pp. 1543 -1549(2013). https://doi. org/ 10. 1109/ACC. 2013. 6580055

[9] Dolgov, M., Fischer, J., Hanebeck, U. D.: Infinite - horizon sequence - based networked control without acknowledgments. In: 2015 American Control Conference(ACC), Chicago, Illinois, USA, pp. 402 - 408(2015). https://doi.org/10. 1109/ACC. 2015. 7170769

[10] Liu, G. P., Xia, Y., Chen, J., Rees, D., Hu, W.: Networked predictive control of systems with random network delays in both forward and feedback channels. IEEE Trans. Ind. Electron. 54 (3), 1282 - 1297(2007). https://doi.org/10. 1109/TIE. 2007. 893073

[11] Liu, G. : Predictive controller design of networked systems with communication delays and data loss. IEEE Trans. Circuits Syst. II Express Briefs 57(6), 481 – 485(2010). https://doi.org/10.1109/TCSII.2010.2048377

[12] Rosenthal, F., Noack, B., Hanebeck, U. D. : State estimation in networked control systems with delayed and lossy acknowledgments. In: 2017 IEEE International Conference on Multisensor Fusion and Integration for Intelligent Systems(MFI), Daegu, Korea, pp. 435 – 441(2017). https://doi.org/10.1109/MFI.2017.8170359

[13] Sinopoli, B., Schenato, L., Franceschetti, M., Poolla, K., Jordan, M. I., Sastry, S. S. : Kalman filtering with intermittent observations. IEEE Trans. Autom. Control 49(9), 1453 – 1464(2004). https://doi.org/10.1109/TAC.2004.834121

[14] Schenato, L. : Optimal estimation in networked control systems subject to random delay and packet drop. IEEE Trans. Autom. Control 53(5), 1311 – 1317(2008). https://doi.org/10.1109/TAC.2008.921012

[15] Thapliyal, O., Nandiganahalli, J. S., Hwang, I. : Optimal state estimation for LTI systems with imperfect observations. In: 2017 IEEE 56th Annual Conference on Decision and Control(CDC), pp. 2795 – 2800. IEEE(2017). https://doi.org/10.1109/CDC.2017.8264065

[16] Epstein, M., Shi, L., Murray, R. M. : An estimation algorithm for a class of networked control systems using UDP – like communication schemes. In: Proceedings of the 45th IEEE Conference on Decision and Control, pp. 5597 – 5603. IEEE(2006). https://doi.org/10.1109/CDC.2006.377481

[17] Schenato, L., Sinopoli, B., Franceschetti, M., Poolla, K., Sastry, S. S. : Foundations of control and estimation over lossy networks. Proc. IEEE 95(1), 163 – 187(2007). https://doi.org/10.1109/JPROC.2006.887306

[18] Moayedi, M., Foo, Y. K., Soh, Y. C. : Filtering for networked control systems with single/multiple measurement packets subject to multiple – step measurement delays and multiple packet dropouts. Int. J. Syst. Sci. 42(3), 335 – 348(2011). https://doi.org/10.1080/00207720903513335

[19] Fischer, J., Hekler, A., Hanebeck, U. D. : State estimation in networked control systems. In: 2012 15th International Conference on Information Fusion, Singapore, pp. 1947 – 1954(2012)

[20] Schenato, L. : To zero or to hold control inputs with lossy links? IEEE Trans. Autom. Control 54(5), 1093 – 1099(2009). https://doi.org/10.1109/TAC.2008.2010999

[21] Kim, D., Yoo, H. : TCP performance improvement considering ACK loss in ad hoc networks. J. Commun. Netw. 10(1), 98 – 107(2008). https://doi.org/10.1109/JCN.2008.6388333

[22] Cardwell, N., Savage, S., Anderson, T. : Modeling TCP latency. In: Proceedings of IEEE INFOCOM 2000, Nineteenth Annual Joint Conference of the IEEE Computer and Communications Societies, vol. 3, pp. 1742 – 1751. IEEE(2000). https://doi.org/10.1109/INFCOM.2000.832574

[23] Costa, O. L. V., Fragoso, M. D., Marques, R. P. : Discrete – Time Markov Jump Linear Systems. Springer Science & Business Media, New York(2006)

[24] Blom, H., Bar – Shalom, Y. : The interacting multiple model algorithm for systems with markovian switching coefficients. IEEE Trans. Autom. Control 33(8), 780 – 783(1988). https://doi.org/10.1109/9.1299

[25] Ackerson, G., Fu, K. : On state estimation in switching environments. IEEE Trans. Autom. Control

15(1),10 – 17(1970). https://doi. org/10. 1109/TAC. 1970. 1099359

[26] Costa,O. :Linear minimum mean square error estimation for discrete – time markovian jump linear systems. IEEE Trans. Autom. Control 39 (8), 1685 – 1689 (1994). https://doi. org/10. 1109/9. 310052

[27] Costa,O. L. V. ,Guerra,S. :Stationary filter for linear minimum mean square error estimator of discrete – time markovian jump systems. IEEE Trans. Autom. Control 47 (8), 1351 – 1356 (2002). https://doi. org/10. 1109/TAC. 2002. 800745

[28] Terra,M. H. ,Ishihara,J. Y. ,Jesus,G. :Information filtering and array algorithms for discrete – time markovian jump linear systems. IEEE Trans. Autom. Control 54 (1), 158 – 162 (2009). https://doi. org/10. 1109/TAC. 2008. 2007181

[29] Li, X. R. , Jilkov, V. P. : Survey of maneuvering target tracking. Part V: multiplemodel methods. IEEE Trans. Aerosp. Electron. Syst. 41(4),1255 – 1321(2005). https://doi. org/10. 1109/TAES. 2005. 1561886

[30] Bar – Shalom, Y. , Chen, H. : IMM estimator with out – of – sequence measurements. IEEE Trans. Aerosp. Electron. Syst. 41(1),90 – 98(2005). https://doi. org/10. 1109/ TAES. 2005. 1413749

[31] Fioravanti,A. R. ,Goncalves,A. P. ,Geromel,J. C. :Filtering of discrete – time markov jump linear systems with cluster observation:an approach to Gilbert – Elliot's network channel. In:Control Conference(ECC),2009 European,pp. 2283 – 2288. IEEE(2009)

[32] Goncalves, A. P. , Fioravanti, A. R. , Geromel, J. C. : Markov jump linear systems and filtering through network transmitted measurements. Signal Process. 90(10),2842 – 2850(2010). https://doi. org/10. 1016/j. sigpro. 2010. 04. 007

[33] Matei,I. ,Baras,J. S. :Optimal state estimation for discrete – time markovian jump linear systems,in the presence of delayed output observations. IEEE Trans. Autom. Control 56(9),2235 – 2240(2011). https://doi. org/10. 1109/TAC. 2011. 2160027

[34] Larsen,T. D. ,Andersen, N. A. , Ravn, O. , Poulsen, N. K. :Incorporation of time delayed measurements in a discrete – time kalman filter. In:Proceedings of the 37th IEEE Conference on Decision and Control,vol. 4,pp. 3972 – 3977. IEEE(1998). https://doi. org/10. 1109/CDC. 1998. 761918

[35] Jung,M. ,Rosenthal,F. :CoCPN – Sim(2018). https://github. com/spp1914 – cocpn/ cocpn – sim

[36] Kwakernaak,H. ,Sivan,R. :Linear Optimal Control Systems, vol. 1. Wiley – Interscience,New York(1972)

第3章
椭圆运动约束条件下的融合状态估计

Qiang Liu and Nageswara S. V. Rao
Computational Sciences and Engineering Division,
Oak Ridge National Laboratory,
Oak Ridge, TN 37831, USA
{liuq1, raons}@ornl.gov

摘要：研究椭圆非线性约束目标的运动动力学跟踪问题,通过传感器测量获得状态估计,并通过长距离链路发送到远程融合中心进行融合。椭圆约束可以通过映射,融合到估计过程中。具体讨论了基于与中心直接连接和椭圆最短距离连接两种映射方法。通过一个跟踪实例,说明了在有损长距离跟踪环境下,采用映射性能优于现有跟踪方法。

关键词：远程感知网络;状态融合估计;误差协方差矩阵;非线性约束;椭圆轨迹约束;均方根误差;映射

3.1 引言

在军民两用的多个具体应用领域中,涉及陆地、空中和水下等具体应用场景,均有感知网络部署需求[1,3],同时要求该系统具备环境感知、数据处理和通信能力,以应对特定目标跟踪或监测任务。通常,由感知网络完成目标状态估计和协方差误差计算,并发送到远程融合中心,该中心按照指定的时间间隔周期性地融合局部数据以获得全局估计。远程感知网络通常可跨越较大的空间地理区域,传感器与远程融合中心之间的连接可以是光纤、卫星或水声链路。这种连接上的长传播时间和损耗会减少融合中心可用的有用数据量,导致融合性能下降,甚至无法满足系统对融合估计总体质量的要求。

在许多地面目标跟踪应用中,目标的动力学特性受某些约束条件的限制,如道路定义的约束条件。近年来,约束条件下的融合估计技术受到了越来越多的关注。

文献[14]中提出了一种基于距离优化准则的均衡约束动态系统统一建模框架。文献[5-6]分别研究了直线航迹和圆形航迹约束的目标状态空间建模。在文献[7]中，约束融合是在已知线性约束集中分布的情况下进行研究的。文献[9-10]中，考虑了信息丢失背景下的线性约束融合，而在文献[11]中研究了基于规划方法的圆形约束融合估计。

本章继续研究具有信息丢失可能的非线性约束融合问题，作为文献[11]的延伸拓展，重点研究椭圆约束。具体考虑两种映射解决方案：一种是直接连接到已知的椭圆中心；另一种是通过求解椭圆上最短的距离点。总之，我们关注的重点是：①带有约束条件的感知融合映射方法；②融合规则；③融合中心对丢失的传感器估计值进行插值的方式。一个简单跟踪实例的仿真结果证明了椭圆约束下基于映射的融合估计的有效性，同时也分析了在长距离跟踪环境中不同映射方法之间的差异。

本章的其余部分安排如下：3.2节回顾了约束条件下的状态估计模型；3.3节讨论了两种生成约束状态估计的映射方法；3.4节简要讨论了几种封闭式融合器，以及如何将椭圆约束整合到这些融合中；3.5节给出了一个仿真实例用以论证变量信息丢失、映射方式和融合器类型对跟踪性能的综合影响；3.6节给出结论。

3.2 系统模型

本节给出基本的非线性状态模型，即转弯机动（CT）模型后，讨论如何将已知的椭圆约束整合到系统模型中以生成约束状态。

3.2.1 转弯机动模型

转弯机动模式的特征是在两个坐标方向上都有接近恒定的转弯速度。考虑一个正交坐标为 ξ 和 η 的二维跟踪场景，状态估计 x 由沿两个轴的位置和速度分量以及转动率分量 Ω：$x = [\xi\ \dot{\xi}\ \eta\ \dot{\eta}\ \Omega]^T$ 组成。状态向量 x 的演化过程由以下离散 CT 模型描述[2]：

$$x_{k+1} = F_k x_k + u_k$$

$$= \begin{bmatrix} 1 & \dfrac{\sin\Omega_k T}{\Omega_k} & 0 & \dfrac{1-\cos\Omega_k T}{\Omega_k} & 0 \\ 0 & \cos\Omega_k T & 0 & -\sin\Omega_k T & 0 \\ 0 & \dfrac{1-\cos\Omega_k T}{\Omega_k} & 1 & \dfrac{\sin\Omega_k T}{\Omega_k} & 0 \\ 0 & \sin\Omega_k T & 0 & \cos\Omega_k T & 0 \\ 0 & 0 & 0 & 0 & 1 \end{bmatrix} x_k + u_k \quad (3.1)$$

式中:F 为状态转移矩阵;T 为采样周期;下标 k 为离散时间指数;u_k 为过程噪声,其协方差矩阵为

$$Q_k = \begin{bmatrix} \tilde{q}_\xi \begin{bmatrix} T^3/3 & T^2/2 \\ T^2/2 & T \end{bmatrix} & \mathbf{0}_{2\times 2} & \begin{matrix} 0 \\ 0 \end{matrix} \\ \mathbf{0}_{2\times 2} & \tilde{q}_\xi \begin{bmatrix} T^3/3 & T^2/2 \\ T^2/2 & T \end{bmatrix} & \begin{matrix} 0 \\ 0 \end{matrix} \\ \begin{matrix} 0 & 0 \end{matrix} & \begin{matrix} 0 & 0 \end{matrix} & \tilde{q}_\Omega T \end{bmatrix} \tag{3.2}$$

式中:$\tilde{q}_\xi$ 和 $\tilde{q}_\eta$(通常假定为随时间恒定)为沿坐标轴连续时间白噪声的功率谱密度(PSD);$\tilde{q}_\Omega$ 为转动率分量噪声的 PSD。

3.2.2 椭圆约束

假设目标轨迹满足以下椭圆约束:

$$\frac{(\xi_k - \xi_c)^2}{a^2} + \frac{(\eta_k - \eta_c)^2}{b^2} = 1 \tag{3.3}$$

式中:(ξ_c, η_c) 为椭圆的中心;a 和 b 分别为沿着 ξ 和 η 轴的半径。

为简单起见,椭圆的长轴和短轴平行于 ξ 和 η 轴。取位置约束的导数,对速度的约束为

$$\frac{\xi_k - \xi_c}{a^2} \dot{\xi}_k + \frac{\eta_k - \eta_c}{b^2} \dot{\eta}_k = 0 \tag{3.4}$$

3.2.3 生成约束状态

生成约束目标状态的步骤:①生成单位圆 $\xi^2 + \eta^2 = 1$ 约束的状态;②通过平移和非均匀缩放将这些状态转换为对应状态的椭圆约束。

1. 单位圆上的约束状态

为了在无约束 CT 模型中引入圆形约束,在文献[6]中提出了一种利用沿圆形航迹的运动距离 s_k^c 及其变化率 $\dot{s}_k^c$ 的方法。更具体地说,状态过渡为

$$\begin{bmatrix} \xi_{k+1}^c - \xi_c^c \\ \dot{\xi}_{k+1}^c \\ \eta_{k+1}^c - \eta_c^c \\ \dot{\eta}_{k+1}^c \end{bmatrix} = F^c(\Omega_k T + w_k^{s,c}) \begin{bmatrix} \xi_k^c - \xi_c^c \\ \dot{\xi}_k^c - w_k^{\dot{s},c}(\eta_k^c - \eta_c^c) \\ \eta_k^c - \eta_c^c \\ \dot{\eta}_k^c + w_k^{\dot{s},c}(\xi_k^c - \xi_c^c) \end{bmatrix} \tag{3.5}$$

式中：上标"c"表示这些变量对应于单位圆；$w_k^{s,c}$ 和 $w_k^{\dot{s},c}$ 分别为 s_k^c 和 $\dot{s}_k^c$ 的过程噪声，矩阵 $\boldsymbol{F}^c$ 可表示为

$$\boldsymbol{F}^c(\Omega_k T + w_k^{s,c}) = \begin{bmatrix} \cos(\Omega_k T + w_k^{s,c})\boldsymbol{I}_{2\times 2} & -\sin(\Omega_k T + w_k^{s,c})\boldsymbol{I}_{2\times 2} \\ \sin(\Omega_k T + w_k^{s,c})\boldsymbol{I}_{2\times 2} & \cos(\Omega_k T + w_k^{s,c})\boldsymbol{I}_{2\times 2} \end{bmatrix} \quad (3.6)$$

包含使用旋转角度 $\Omega_k T + w_k^{s,c}$ 的旋转元素。由式（3.5）可知，$k+1$ 时刻的位置分量和速度分量都是 k 时刻被噪声破坏的分量的简单旋转。此外，转速可以更新为

$$\Omega_{k+1} = \frac{\dot{\eta}_{k+1}^c}{\xi_{k+1}^c - \xi_c} \quad (3.7)$$

对于椭圆航迹，经过如下所述的变换后将保持不变。

使用适当的预转换过程噪声 ω_k^s 生成这些约束状态是非常重要的，这样椭圆约束状态中的整体噪声才能反映实际过程噪声水平。

2. 转换到椭圆约束状态

通过矩阵形式描述的简单线性变换：

$$\begin{bmatrix} \xi_{k+1} \\ \dot{\xi}_{k+1} \\ \eta_{k+1} \\ \dot{\eta}_{k+1} \end{bmatrix} = \begin{bmatrix} a\boldsymbol{I}_{2\times 2} & \boldsymbol{0}_{2\times 2} \\ \boldsymbol{0}_{2\times 2} & b\boldsymbol{I}_{2\times 2} \end{bmatrix} \begin{bmatrix} \xi_{k+1}^c \\ \dot{\xi}_{k+1}^c \\ \eta_{k+1}^c \\ \dot{\eta}_{k+1}^c \end{bmatrix} + \begin{bmatrix} \xi_c \\ 0 \\ \eta_c \\ 0 \end{bmatrix} \quad (3.8)$$

式中：右边的第一个矩阵表示沿坐标轴的非均匀缩放；最后一个列向量表示将中心平移到 (ξ_c, η_c)。

3.3 基于映射的约束估计

假设已经生成一个无约束状态估计，运行一个扩展卡尔曼滤波器（EKF）。本节考虑两种方法将此估计映射到椭圆上。文献[11]中已经表明，一阶和二阶解都可以用于将无约束估计映射到一个圆上，而后者可以产生较好的跟踪性能，同时降低计算成本。二阶映射通过在圆上找到与之最短距离的点来"规范化"无约束估计，该点可通过绘制一条连接圆心和与圆相交的点（无约束估计附近）的线来等效地找到映射位置估计。但是，由于偏心率的影响，这两种方法对于椭圆航迹是不等价的，本节将分别讨论这两种方法。值得注意的是，仍然可以线性化椭圆约束并运行分段一阶映射，这里主要关注二阶解。

3.3.1 与椭圆中心的直接连接

画一条线连接中心(ξ_c, η_c)和无约束估计:

$$\eta - \eta_c = \frac{\hat{\eta} - \eta_c}{\hat{\xi} - \xi_c}(\xi - \xi_c) \tag{3.9}$$

它与式(3.3)椭圆的交点——最近估计值就是映射位置。通过求解方程组，得到映射位置估计:

$$(\hat{\xi}^{\text{proj}}, \hat{\eta}^{\text{proj}}) = \begin{cases} [\xi_c, \eta_c + b\,\text{sgn}(\hat{\eta} - \eta_c)], \hat{\xi} = \xi_c \\ \left[\xi_c + \dfrac{1}{\sqrt{\dfrac{1}{a^2} + \dfrac{1}{b^2}\left(\dfrac{\hat{\eta} - \eta_c}{\hat{\xi} - \xi_c}\right)^2}} \cdot \text{sgn}(\hat{\xi} - \xi_c), \eta_c + \dfrac{\hat{\eta} - \eta_c}{\hat{\xi} - \xi_c}(\xi - \xi_c)\right], \text{其他} \end{cases} \tag{3.10}$$

一旦找到了这个受约束的位置估计，可以利用文献[11]中相同的方法，其中映射位置分量用于约束速度分量。更具体地说，如式(3.4)所示的速度约束可以用矩阵形式表示为

$$\left[\frac{\hat{\xi}_k^{\text{proj}} - \xi_c}{a^2} \quad \frac{\hat{\eta}_k^{\text{proj}} - \eta_c}{b^2}\right]\begin{bmatrix} \dot{\xi}_k \\ \dot{\eta}_k \end{bmatrix} = 0 \tag{3.11}$$

这可以看作是一个线性约束，并且按照文献[11]中的线性映射规则，很容易将其归为无约束估计。如果在线性映射中使用单位矩阵作为加权矩阵，则约束速度可以推导为

$$\begin{bmatrix} \dot{\hat{\xi}}_k^{\text{proj}} \\ \dot{\hat{\eta}}_k^{\text{proj}} \end{bmatrix} = \frac{1}{\left(\dfrac{\hat{\xi}_k^{\text{proj}} - \xi_c}{a^2}\right)^2 + \left(\dfrac{\hat{\eta}_k^{\text{proj}} - \eta_c}{b^2}\right)^2} \cdot \begin{bmatrix} \left(\dfrac{\hat{\eta}_k^{\text{proj}} - \eta_c}{b^2}\right)^2 & \left(\dfrac{\hat{\xi}_k^{\text{proj}} - \xi_c}{a^2}\right) \times \left(\dfrac{\hat{\eta}_k^{\text{proj}} - \eta_c}{b^2}\right) \\ \left(\dfrac{\hat{\xi}_k^{\text{proj}} - \xi_c}{a^2}\right) \times \left(\dfrac{\hat{\eta}_k^{\text{proj}} - \eta_c}{b^2}\right) & \left(\dfrac{\hat{\xi}_k^{\text{proj}} - \xi_c}{a^2}\right)^2 \end{bmatrix}\begin{bmatrix} \dot{\hat{\xi}}_k^{\text{proj}} \\ \dot{\hat{\eta}}_k^{\text{proj}} \end{bmatrix} \tag{3.12}$$

3.3.2 无约束估计的最短距离

上面的闭式解虽然简单，但本质上并不是真正的"映射"方法，原因是为映射调用某些优化准则，如无约束估计与椭圆上的映射点之间的最小欧几里得距离(当权重矩阵为单位矩阵时)。

式(3.3)椭圆上最接近无约束点$(\hat{\xi}_k,\hat{\eta}_k)$的点为[4]

$$(\hat{\xi}_k^{proj},\hat{\eta}_k^{proj}) = \left(\xi_c + \frac{a^2(\hat{\xi}_k-\xi_c)}{a^2-t}, \eta_c + \frac{b^2(\hat{\eta}_k-\eta_c)}{b^2-t}\right) \quad (3.13)$$

其中

$$\frac{a^2(\hat{\xi}_k-\xi_c)^2}{(a^2-t)^2} + \frac{b^2(\hat{\eta}_k-\eta_c)^2}{(b^2-t)^2} = 1 \quad (3.14)$$

式中:t为方程的解。

为了求解t,可以将式(3.14)的两边乘以$(a^2-t)^2(b^2-t)^2$,然后展开并重新排列方程。最终,可以得到四次方程:

$$c_4 t^4 + c_3 t^3 + c_2 t^2 + c_1 t + c_0 = 0 \quad (3.15)$$

其中,

$$c_4 = 1$$
$$c_3 = -2(a^2+b^2)$$
$$c_2 = a^4 + 4a^2b^2 + b^4 - a^2(\hat{\xi}_k-\xi_c)^2 - b^2(\hat{\eta}_k-\eta_c)^2$$
$$c_1 = 2a^2b^2[a^2b^2 - b^2(\hat{\xi}_k-\xi_c)^2 - a^2(\hat{\eta}_k-\eta_c)^2]$$
$$c_0 = a^2b^2[a^2b^2 - b^2(\hat{\xi}_k-\xi_c)^2 - a^2(\hat{\eta}_k-\eta_c)^2] \quad (3.16)$$

式(3.16)存在许多闭式解[12],如法拉利和笛卡儿解,也可以用数值方法来求近似解。在实际跟踪中,测量和过程噪声与椭圆的尺寸相比很小,使得无约束估计在位置上接近椭圆本身。多项式判别式是负的,这意味着上述四次方程的解由两个实根组成,分别表示椭圆上离给定点最近和最远的两点,以及一对复共轭根。将绝对值最小的实根t代入到式(3.13)中,可以很容易地找到映射位置估计,并利用式(3.12)推导出映射速度分量。作为一种特殊情况,当无约束位置估计恰好在椭圆上时,人们期望解$t=0$,因为映射位置恰好是原始无约束位置估计。

3.4 约束融合估计

本节回顾了一些常规的封闭式融合规则(无约束的估计值),然后讨论如何将受约束的估算值合并到这些规则中。在不失一般性的情况下,这里考虑使用两个传感器的情况,因为结果可以很容易地扩展到涉及更多传感器的情况。

3.4.1 融合规则

1. 平均融合器

最简单的平均融合器将传感器估算值的平均值计算为融合器输出:

$$P_k^G = \frac{1}{2}(P_k^1 + P_k^2) \tag{3.17}$$

$$\hat{x}_k^G = \frac{1}{2}(\hat{x}_k^1 + \hat{x}_k^2) \tag{3.18}$$

式中：P_k^i 为航迹 $\hat{x}_k^i$ 误差的协方差矩阵（$i=1,2$）；上标"G"表示融合中心的全局估计。

2. 基于互协方差的航迹融合器

简单的基于互协方差的航迹融合器（T2TF）是传感器估算值的凸组合，表示如下[2]：

$$(P_k^G)^{-1} = (P_k^1)^{-1} + (P_k^2)^{-1} \tag{3.19}$$

$$\hat{x}_k^G = P_k^G[(P_k^1)^{-1}\hat{x}_k^1 + (P_k^2)^{-1}\hat{x}_k^2] \tag{3.20}$$

众所周知，常见的过程噪声会导致传感器估计之间的互协方差误差相关。但是，通常很难得出随时间变化的互协方差的确切值。当假定互协方差忽略不计时，结果不理想。

3. 未知协方差交叉时采用协方差交集算法

协方差交集（CI）算法可直接用几何解释。如果要绘制 P_F 的协方差椭圆（不要与物理椭圆约束相混淆，定义为点 $\{y:y^T P_F^{-1} y = c\}$ 的轨迹，其中 c 是某个常数），则 P_F 的椭圆被发现总是包含所有 P_1 和 P_2 的椭圆的交集 P_{12} 的可能选择[8]。该方法的特点是加权凸传感器协方差的组合：

$$(P_k^G)^{-1} = \omega_1 (P_k^1)^{-1} + \omega_2 (P_k^2)^{-1} \tag{3.21}$$

$$\hat{x}_k^G = P_k^G[\omega_1 (P_k^1)^{-1}\hat{x}_k^1 + \omega_2 (P_k^2)^{-1}\hat{x}_k^2] \tag{3.22}$$

式中：$\omega_1,\omega_2 > 0$（$\omega_1 + \omega_2 = 1$）为要确定的权重（如通过最小化 P_k^G 的行列式）。

文献[13]中提出一种快速 CI 算法，该算法基于过去 6 年的信息来确定权重，从而可以通过以下方法求解 ω_1 和 ω_2：

$$\omega_1 = \frac{D(p_1,p_2)}{D(p_1,p_2) + D(p_2,p_1)} \tag{3.23}$$

$$\omega_2 = 1 - \omega_1 \tag{3.24}$$

式中：$D(p_1,p_2)$ 为从 $p_A(\cdot)$ 到 $p_B(\cdot)$ 的 Kullback–Leibler（KL）散度。

当基础估计是高斯时，时间 k 的 KL 散度为

$$D_k(p_i,p_j) = \frac{1}{2}\left[\ln\frac{|P_k^j|}{|P_k^i|} + d_{k,i\to j}^T (P_k^j)^{-1} d_{k,i\to j} + \mathrm{tr}(P_k^i (P_k^j)^{-1}) - n\right] \tag{3.25}$$

式中：$d_{k,i\to j} = \hat{x}_k^i - \hat{x}_k^j$；$n$ 为状态的维数；$|\cdot|$ 表示行列式。

3.4.2 约束融合的估计规则

当传感器自身不执行映射时，即融合器输入为所有不受约束的估算，融合器可简单地执行融合，然后使用上述两种映射方法之一进行校正，可将其视为"集中式"映射。如果一个或多个传感器像"分布式"映射一样，将估计值发送到融合中心，非奇异协方差矩阵可以用作T2TF，快速CI或任何需要误差协方差逆的融合器的输入，传感器仍然可以将其不受约束的协方差以及受约束的估计值发送到融合中心。这些方案的实现将在下面提供的跟踪示例中进行详细讨论。

3.5 信息丢失约束融合

使用带有椭圆约束的简单跟踪示例，研究了3.4节中描述的约束融合估计方法估计位置信息的RMSE。考虑映射方法、映射融合实现、映射类型和信息丢失对约束融合性能的影响。

3.5.1 仿真设置

椭圆航迹中心为$(\xi_c, \eta_c) = (2000, 1000)$m，半径$a = 1500$m 和 $b = 800$m。对每种测试方案总共进行了5000次模拟。当$v_0 = 25$m/s时，目标的初始状态x_0为$(\xi_c + a, \eta_c, 0, v_0, v_0/a)$。也就是说，初始位置以$(\xi_c + a, \eta_c)$为中心，初始速度大小为$v_0$。使用3.2节介绍的受约束目标模型，可以在60s内生成目标状态。

两个传感器用于观测受约束的运动，位置测量结果为

$$H^{(1)} = H^{(2)} = \begin{bmatrix} 1 & 0 & 0 & 0 & 0 \\ 0 & 0 & 1 & 0 & 0 \end{bmatrix}$$

$$V^{(1)} = \text{diag}\{20^2, 20^2\} \quad V^{(2)} = \text{diag}\{15^2, 15^2\}$$

式中：H 和 V 分别为测量矩阵和协方差噪声。

每个传感器都以足够大的协方差进行初始化，并使用适当的参数CT模型，运行EKF，即反映（按比例缩放的）过程噪声PSDs $\tilde{q}_\xi$、$\tilde{q}_\eta$ 和 $\tilde{q}_\Omega$ 在式(3.6)中，后者在这里作为零均值正常随机变量生成，标准偏差为2mm。估计间隔T设置2s。

3.5.2 性能

1. 传感器性能

首先分析两个传感器的状态估计性能，根据传感器是否将椭圆约束式(3.3)

纳入其估计过程,在图3.2中绘制了无约束和受约束估计的位置RMSE。对于后者,有"直连"和"最小距离"选项代表的方法,其中,"直连"方法受约束的位置估计是中心射线和椭圆的交点,"最小距离"映射的估计值是四次函数的解,并且具有到给定点的最小距离。图3.1显示了在一次运行中传感器1生成的原始不受约束和受约束位置估值(具有最小位置映射)的示例轨迹。从图3.2中的曲线可以看出,通过合并约束,两个传感器的估计精度性能都可以得到显著改善,通过直接连接方法可以将位置RMSE降低约30%,与无约束的同类产品相比,采用最小距离方法的比例约为40%。在其他部分将重点介绍第二种方法的性能,第二种方法通常在减少跟踪误差方面提供了进一步的改进。

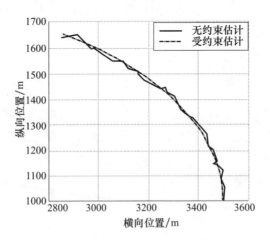

图3.1 无约束与受约束的位置估计

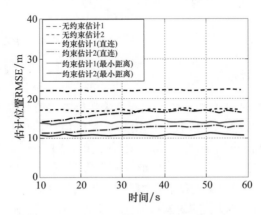

图3.2 (见彩图)每个传感器有约束与无约束估计位置的均方根误差

下面考虑在远程通信丢失的情况下采用集中式或分布式映射的融合性能,可以有效减少对融合中心估算的影响。融合中心将需要基于先前可用的传感器估计值预测新状态(使用相同的 CT 模型),然后将此类预测值用作后续融合的输入。通常,需要增加链路丢失率等更多预测步骤,以便对所有丢失的估计值进行插值,从而增加总体估计值的精度并降低融合误差。

2. 集中式映射性能

在图 3.3 中,绘制了使用无约束传感器估计的可变损耗下的融合性能。标记"-proj"表示采用无约束融合映射。从图中可以看出,这些约束的融合估计的误差低于其无约束的对应误差。例如,基于多传感器互协方差的航迹融合(T2TF),始终能获得最佳性能,其次是 CI 和平均融合,位置 RMSE 的降低通常约为 40%。随着链路丢失率的提高,融合器之间的性能差距也显著增加,这证明了 T2TF 的优势在于其更低的跟踪误差和灵敏度。

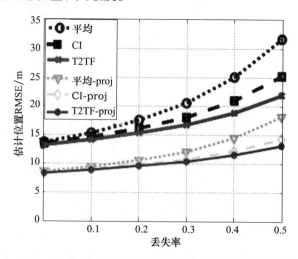

图 3.3 (见彩图)集中式映射融合估计位置的均方根误差

3. 分布式映射性能

将映射的传感器估计值和非奇异的非约束传感器协方差误差作为输入。对于非零损失的情况,融合中心可以直接使用其预测的估计值(基于以前的传感器估计值)对缺失的估计值进行插值,也可在预测步骤和融合步骤之间执行额外的映射步骤(图 3.3 中的"-proj"),以确保输入到定影器的位置估计值确实在椭圆上。从图 3.4 中可以看到,没有中间融合映射步骤,虽然融合估计的位置 RMSE 小于无约束融合估计的位置,但以前的误差可能比图 3.3 集中式映射的误差高;即使在链路损耗增加的情况下,将预测的估计值强加到约束上的额外步骤可以确保集中式和分布式映射方法之间的性能更优。

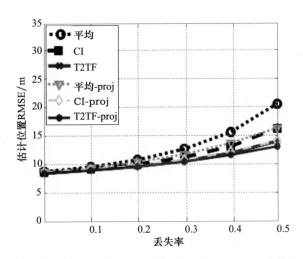

图3.4 (见彩图)分布式映射融合估计位置的均方根误差

信息丢失会导致按预期方式全面增加跟踪误差。融合中心似乎不用管各个传感器估计的约束/不受约束的性质如何,需在最终融合步骤之前或之后以增加的损耗执行映射步骤。例如,对于T2FT和CI融合器,即使损失50%,与图3.2中原始的不受约束的传感器估计值相比,融合中心在执行映射后仍可以产生更准确的位置估计值。

另外,融合中心也可以考虑从无约束估计到椭圆上映射点的确切距离。随着传感器测量噪声的增加或可能的非零偏置,无约束的估计值越靠近中心(离椭圆越远),则将其映射到椭圆上远离地面实数的点的可能性就越高,并且在短轴附近的效果更明显。特别是当椭圆偏心率变大时,最好让融合中心执行映射步骤,即集中映射,以减少传感器测量质量的总体不确定性,并减少传感器的额外计算要求,如解四次方程。

3.6 小结

在跟踪运动受椭圆轨迹约束的目标中探索了约束融合估计,还针对不同的约束建模研究了远程链路丢失的影响以及基于映射的融合估计的集中式和分布式。未来的方向包括在更复杂的运动约束条件下状态估计值的融合和具有不同偏置水平的传感器测量模型。同样令人感兴趣的是具有部分已知和随时间变化的约束参数的约束融合估计,为此可以采用更具适应性的多模型方法来解决系统不确定性增加的问题。

参考文献

[1] Akyildiz, I. F., Su, W., Sankarasubramaniam, Y., Cayirci, E.: A survey on sensornetworks. IEEE Commun. Mag. 40(8), 102 – 114 (2002)

[2] Bar – Shalom, Y., Willett, P. K., Tian, X.: Tracking and Data Fusion: A Handbookof Algorithms. YBS Publishing, Storrs (2011)

[3] Boord, W., Hoffman, J. B.: Air and Missile Defense Systems Engineering. CRCPress, Boca Raton (2016)

[4] Borwein, J. M., Vanderwerff, J. D.: Convex Functions: Constructions, Characterizationsand Counterexamples. Encyclopedia of Mathematics and its Applications. Cambridge University Press, New York (2010)

[5] Duan, Z., Li, X. R.: Constrained target motion modeling – part I: straight linetrack. In: Proceedings of the 16th International Conference on Information Fusion (FUSION), Istanbul, Turkey, pp. 2161 – 2167, July 2013

[6] Duan, Z., Li, X. R.: Constrained target motion modeling – part II: circular track. In: Proceedings of the 16th International Conference on Information Fusion (FUSION), Istanbul, Turkey, pp. 2153 – 2160, July 2013

[7] Duan, Z., Li, X. R.: Multi – sensor estimation fusion for linear equality constraineddynamic systems. In: Proceedings of the 16th International Conference on InformationFusion (FUSION), Istanbul, Turkey, pp. 93 – 100, July 2013

[8] Julier, S. J., Uhlmann, J. K.: A non – divergent estimation algorithm in the presenceof unknown correlations. In: Proceedings of the American Control Conference, Albuquerque, NM, vol. 4, pp. 2369 – 2373, June 1997

[9] Liu, Q., Rao, N. S. V.: Projection – based linear constrained estimation and fusionover long – haul links. In: Proceedings of the 12th International Conference onMultisensor Fusion and Integration for Intelligent Systems (MFI), Baden – Baden, Germany, pp. 365 – 370, September 2016

[10] Liu, Q., Rao, N. S. V.: State estimation and fusion over long – haul links under linearconstraints. In: Proceedings of the 19th International Conference on InformationFusion (FUSION), Heidelberg, Germany, pp. 1937 – 1944, July 2016

[11] Liu, Q., Rao, N. S. V.: Projection – based circular constrained state estimation andfusion over long – haul links. In: Proceedings of the 20th International Conferenceon Information Fusion (FUSION), Xi'an, China, July 2017

[12] Shmakov, S. L.: A universal method of solving quartic equations. Int. J. Pure Appl. Math. 71(2), 251 – 259 (2011)

[13] Wang, Y., Li, X. R.: Distributed estimation fusion with unavailable crosscorrelation. IEEE Trans. Aerosp. Electron. Syst. 48(1), 259 – 278 (2012)

[14] Xu, L., Li, X. R., Duan, Z., Lan, J.: Modeling and state estimation for dynamicsystems with linear equality constraints. IEEE Trans. Sig. Process. 61(11), 2927 – 2939 (2013)

第4章
人员生理特征自主融合感知中的相关与冗余选择

Justin D. Brody[1], Anna M. R. Dixon[1], Daniel Donavanik[1(✉)],
Ryan M. Robinson[2], and William D. Nothwang[1]
[1] United States Army Research Laboratory,
2800 Powder Mill Road, Adelphi, MD 20783, USA
Daniel. Donavanik. ctr@ mail. mil
[2] Dynamics and Control Group of Spaceflight Industries,
1505 Westlake Ave N, Seattle, WA 98109, USA

摘要：由于人类生理传感器模型具有动态特性并且难以量化不同的受试者以及时间之间的变异性，使用生理传感器进行的人-自主系统合作，提出了一个新的传感器融合问题。用于开发这些模型的分析技术，取决于在融合过程中对传感器进行选择和加权的客观标准。采用双重特征选择规则：①最大化感知模型和具体目标类别之间的相关性，可在给定的融合方案内提高整体性能；②最小化所选取的感知模型之间的冗余度并不破坏相关性，甚至还有可能提升相关性。基于人类自主图像分类课题的背景下分析这些规则。寻找相关假设的有力证据，冗余部分可能是相关的。在使用朴素贝叶斯(naive Bayes)融合、Dempster Shafer 理论(DST)和相关的动态信念融合的框架内，探讨了这种相关关系及其对人类自主传感器融合的意义。

4.1 引言

用于人-自主系统合作的多尺度传感器融合算法提出了一个独特的挑战，而与传感器融合相关的文献中没有可有效解决该挑战。尽管已经开发了可以从生理特征信号中，预估操作人员的认知负荷和疲劳状态的技术[1]，但对于人机回路(HiTL)控制框架而言，希望为人-自主系统建立健壮的传感器模型的单一状态表示，以便有效利用状态估计中人与机器特征之间的协方差[2]。针对"硬"

无人系统的稳健随机滤波和基于束调整的方法[3],由于其具有确定性、模块化和易于实现的特点,可为其提供有吸引力的技术。基于静态时不变的感知模型的假设条件,其性能随时间保持有效恒定。存在状态估计受传感器初始化偏差的影响,但一般可通过在线自校准解决[4-5]。带有"软"决策的人机回路系统中,由于受到长时间活动引起的疲劳以及无聊等其他生理特征变化的影响,引入了量化加权的配置,以确保更好地利用人与传感器共同感知的测量结果[2,6]。

这些量化的度量能可靠评估动态感知模型的实用性和适用性。在松散耦合状态估计中[3],由于系统状态维数减少,输入传感器组预分类信息进行后期融合时需要提供适当时间保证融合机制的实施。研究信息理论评估标准在人类自主视觉感知系统中的具体应用,以及在此类异构系统中的融合感知应用。

过去,应用信息理论来量化一组传感器与状态估计的相关性。在这种情况下,检测一组目标图像所用的"滤波方法"会尝试选择一组可以将其与给定问题的相关性最大化的传感器,而这种选择策略与使用此信息的融合算法的具体性质无关。在此,特征选择依赖于使用互信息作为代理度量来确定传感器彼此之间以及与整体状态估计之间的关系。传感器每个可能子集(功率集)的相关性计算非常困难,在实践中会采用贪婪算法来尝试最大化相关性[7],这通常会利用传感器之间的冗余性。直观看来是没有冗余的传感器将提供互补信息,从而使所选集合的相关性最大化。这种方法的另一个好处是,可使用这些准则来快速提供各感知模型的实用性和适用性权重。

本章的主要内容如下:

(1)提出了一个用于研究简化版异构系统中传感器融合问题的数学框架。在此框架内,证明了最大化传感器的相关性等同于向融合算法提供将所有输入正确分类所需的必要信息。另外,还提出了对相关性集合理论的理解,以表征融合算法所需的表达力,充分利用最大相关传感器组中的可用信息。

(2)相关文献中关于冗余的最直接定义可能会违反直观认知,证明当前冗余滤波器的某些假设不适用于朴素贝叶斯和Dempster-Shafer理论两种常用的融合算法。

(3)通过文献[8]的经验分析来强调以上几点。

4.2 发展现状

这项工作是在文献[8]的基础上延伸拓展出来的,其探索了一系列用于将人员判断与机器分类输出进行融合的融合技术。动态置信融合(DST的一种变体)在一系列任务上表现良好[8-9],于是引出了如何较好地选择一组传感器来使用这些融合方法。

使用共同相关信息进行特征选择可能起源于文献[10]，其中引入了互相关特征选择算法。在随后的几年中，许多作者扩展了Battiti的原始研究并修改该算法。其中较优秀的有文献[11-13]。大量研究(尤其是文献[7])强调了关联性和冗余性的用途。有些人也意识到使用严格冗余的局限性(如文献[13])，并尝试使用相关性准则。

从一开始，Battiti就意识到最大相关性不足以保证理想的融合性能。实际上，在文献[10]中就已经指出："虽然'信息型'输入向量是必要的，但是仅一个'信息型'输入向量不足以开发一个正确的分类器。"由此可以确定融合学习算法的输入要求。在文献[14]中，分析发现一个较弱的相关性概念(基于条件概率而不是互相关)不足以优化融合性能，于是又提出了一个基于条件概率的马尔可夫形式的冗余模型作为改进措施。相关性是根据基本概率来定义的，并且这概念被证明是有用的[15]。文献[15]还论证了相关性的若干理论性质。

任何基于互相关的传感器融合的实际实现，最终都必须要考虑如何对两个变量之间的互相关进行估计。文献[16]对该问题进行了很好的概述，而文献[17]进行了详细的比较。除了本节讨论的基于直方图的方法外，较为常见的做法有基于内核[18]或者使用贝叶斯概念[19]，将直方图拟合到数据集。

4.3 数学模型

4.3.1 基本概念

本小节基于数学推理来研究相关性和冗余性，定义一些基本术语。

定义输入空间，也就是感知模型的数学表示。例如，对于相机，就是相机感知模型的数学表示，就是在概率空间中以不同的发生概率量化表示。如文献[20]中所解释的，输入空间 $X = (S_X, E_X, P_X)$ 由3个子空间组成：样本空间 S_X 表示观测样本(相机示例中的单个感知样本)；事件空间 E_X，对应于概率分配对象(如单个包含蓝色的感知概率)；概率函数空间 P_X，它将概率赋给 S_X 中的每一个样本，并通过扩展赋给 E_X 中的每个集合。

定义4.1 输入空间 $X = (S_X, E_X, P_X)$ 是由样本空间 S_X、事件空间 E_X 和概率函数空间 P_X 组成。通常使用 X 来引用 S_X，并隐含事件集和概率函数。

如果 S_X 包含在实值向量空间中，P_X 在 S_X 上均匀分布，则 X 是均匀输入空间。

感知模型的任务是对输入空间的元素进行分类，并假设输入空间的每个元素都有感知模型想要学习的真实的类标签。

定义 4.2 对于输入空间 X，X 的标签为一对 (C,ϕ)，其中 $C=\{C_0,C_1,\cdots,C_k\}$ 是目标类的有限集合，而 ϕ 是 S_X 的映射函数。也就是说，对于每个输入 $x \in S_X$，函数 ϕ 都恰好将 x 与 C 中的一个目标类相关联。通常省略对函数 ϕ 的引用，而仅引用 $x \in X$ 的目标类别。

注意到，函数 ϕ 在 x 上映射一个随机变量。按照惯例，通常将这个随机变量称为 C。

因此，感知的目的是根据传感器与环境的相互作用来推断 $\phi(x)$，其中 $x \in X$。形式上，将每个传感器与它想要检测的特定类标签相关联。

定义 4.3 设 X 为带有标签 (C,ϕ) 的输入空间。对于 $c \in C$，将 c 类感知模型定义为函数 $\sigma_c:S_X \rightarrow \{0,1\}$。对于 $x \in S_X$，如果 $\sigma_c(x)=1$，将认为 σ_c 在 x 上激活；如果满足式(4.1)，则认为在 x 上传感器是正确的：

$$\sigma_c(x) = \begin{cases} 0, \phi(x) \neq c \\ 1, \phi(x) = c \end{cases} \quad (4.1)$$

在 X 上定义一个感知模型，以表示某个 $c \in C$ 的 c 类感知。也可在 (X,C,ϕ) 上引入一个感知模型，以强调算法对 3 类子空间的依赖性。并且任何感知模型都是 X 上的随机变量。

传感器融合是通过获取一组传感器并使用它们的集合输出进行更准确分类的过程。具体来说，S 通过一组感知模型获得不同子样本 X，融合算法将定义函数 $\Phi:2^S \rightarrow C$，其中 2^S 表示 S 的所有可能子集的集合。对于特定的 $x \in X$，令 $A_x \subseteq S$ 为 S 中激活 x 的一组传感器感知模型（$A_x = \{s:s(x)=1\}$）。然后，融合算法的工作是基于 A_x 确定 $\phi(x)$。

利用互相关信息来定义相关和冗余的基本概念。直观地说，两个变量之间的互相关信息可以用来衡量一个变量对另一个变量的了解程度。下面的定义以及一些互相关信息的进一步推理和性质见文献[21]。使用基数为 2 的对数进行推导计算，简化后面计算。

定义 4.4 随机变量 X 和 Y 之间的互相关信息由下式给出：

$$I(X;Y) := \sum_{x,y} \Pr(X=x,Y=y) \log_2 \left(\frac{\Pr(X=x,Y=y)}{\Pr(X=x)\Pr(Y=y)} \right) \quad (4.2)$$

当 x 和 y 独立时，很容易证明互信息是零，可把 $I(\cdot;\cdot)$ 看作是两个随机变量之间依赖性的度量。

文献[10,13]，定义相关和冗余的概念，将使我们的基本假设更加准确。

定义 4.5 设 X 是一个带标签 (C,ϕ) 的输入空间，X 是通过一组感知模型获取的样本。

(1) S 与 C 的相关性就是 $I(S;C)$，即 S 和 C 之间的互相关信息。

(2) 对于某些感知样本 $s \notin S$，s 与 S 的冗余度为 $I(s;S)$。

文献[11-12]中使用互相关信息进行选择的大多数算法都基于这两个概念。

具体来说,增加相关性有利于提高融合性能,减少冗余文献[13]强调冗余本身并不像相关性那样会影响融合结果。明确这些假设,并在下面对其做进一步的分析研究。

定义 4.6

(1)(强)冗余假设。当传感器的冗余度较低时,融合性能将得到最大化。

(2)(弱)冗余假设。从一组传感器感知模型中删除冗余特征,可能会影响融合性能。

(3)相关假设。当传感器 S 与目标类别 C 高度相关时,融合性能将最大化。

4.3.2 相关性

本小节中证明在当前条件下一组最大化相关性的感知模型可以为融合算法准确提供推断正确目标类别所需的信息。具体地说,任何一组传感器都会将输入空间划分为若干类,这些类别由能激活感知模型的输入来确定。我们将证明,当相关性最大时每个目标类别都是此类别输入的联合。

下面使用集合 A 和 B 近似相等的概念。这基本上意味着,对于输入空间中的任何 $x, x \in A$ 当且仅当 $x \in B$ 的概率为 1。在形式上,将使用两个概念。

定义 4.7 对于集合 $A, B \subseteq X$:

(1)如果对称差 $(A \backslash B) \cup (B \backslash A)$ 的概率为 0,则几乎可以说 $A = B$。

(2)如果 $A \backslash B$ 的概率为 0,几乎可以说 $A \subseteq B$。

这里的想法是,尽管 A 和 B 实际上可能并不相同,但通常假设它们是相同的。最熟悉的例子是连续随机变量的累积分布。例如,假设 Z 是标准正态变量。令 A 为 $Z < 1$ 的事件,B 为 $Z \leq 1$ 的事件,则 A 和 B 仅在集合 $\{1\}$ 上不同,发生概率为 0。因此,在很大程度上将 A 和 B 视为等效事件;尽管在某些情况下需要谨慎。例如,如果 A 是 $Z < 1$ 的事件,并且对任何实数 r,令 B_r 表示 $Z < 1$ 或 $Z = r$ 的事件,则 A 和 B_r 几乎相等。但是,$\bigcup_{r>1} A = A$ 并且 $\bigcup_{r>1} B_r$ 是一个概率为 1 的事件。因此,不能将确定的等价集合任意替换为数学运算。由于这里的计算操作通常是有限的,因此可以认为近似相等的集合实际上是相同的。

为了使我们对关联性的讨论准确无误,首先定义相关的术语。基本概念是支撑集,表示激活感知模型的输入空间的子集或与特定类别标签相关的子集。我们的最终目的是研究这些子集之间的关系,因为它们是相关的。

定义 4.8 设 X 为带有标签 (C, ϕ) 的输入空间,S 为 (X, C, ϕ) 上的一组传感器。

(1)对于 $s \in S$,对 s 的支撑集为 $\text{supp}(s) = \{x \in X : s(x) = 1\}$。

(2)对于 $c \in C$,对 c 的支撑集为 $\text{supp}(c) = \{x \in X : \phi(x) = c\}$。

对于单个传感器 s,$\text{supp}(s)$ 将定义输入空间的子集:具体地说,它是导致可以

触发 s 的所有输入的集合。对于有限传感器组 P，交点 $\bigcap_{s\in P}\mathrm{supp}(s)$ 将准确地表示可以触发每个 $s\in P$ 的输入集。对于另一个有限组 N，交点 $\bigcap_{s\in N} S_X\backslash\mathrm{supp}(s)$ 将准确地表示为不可以使任意 $s\in N$ 触发的输入集。如果一个有限组传感器 s 和一些 $P\subseteq S$，那么将定义 P 配置 $\tau_S(P)$ 是一组输入，可以触发每个 $s\in P$，而不触发任何 $s\in S\backslash P$。因此，P 确切地指定 S 中的哪些传感器正在被触发。

定义 4.9 令 (X,C,ϕ) 如上，S 为 (X,C,ϕ) 上的一组传感器，固定 $P\subseteq S$，将 P 配置（相对于 S）定义为集合：

$$\tau_S(P) := \bigcap_{s\in P}\mathrm{supp}(s) \cap \bigcap_{s\in (S\backslash P)}(X\backslash\mathrm{supp}(s)) \tag{4.3}$$

定义 4.10 如上所述固定 (X,C,ϕ)，并令 S 为 (X,C,ϕ) 上传感器的有限集合，则 $\{\tau_S(P):P\subseteq S\}$（相对于 S 的 P 配置）形成输入空间 S_X 的分区。

证明 对于任何 $x\in S_X$，x 是 $\tau_S(P)$ 中 P 的唯一选择。对于任何 $x\in S_X$，令 $P_x\{s\in S:s(x)=1\}$，显然有 $x\in \tau_S(P_x)$。为了证明 P_x 是独一无二的，假设对于某个 $P\subseteq S$，有 $x\in \tau_S(P)$。根据定义，对于 $s\in P$ 来说有 $s(x)=1$，对于 $s\notin P$ 来说有 $s(x)=0$。因此有 $P=P_x$。

这些配置是传感器融合算法可以访问的，所以对其进行介绍。融合算法不是在基础输入空间上进行操作，而仅仅基于哪些传感器正在触发这一基础信息。P 配置为我们提供了一种将这些触发等级与原始输入空间以及适当的类标签相关联的方法。

传感器融合的目的是通过触发等级来确定类别标签。S 中传感器可以区分的任何空间子集都是这些配置的并集。因此仅当类别标签的支持集可以写为 P 配置的并集时，传感器融合才能成功。这会导致以下情况。

定义 4.11 令 (X,C,ϕ) 如上所述，S 为 (X,C,ϕ) 上的有限传感器集合。

S 可定义集合是某些 P 配置的并集。特别地，给定集合 $P_1,P_2,\cdots,P_n$ 的所有 S 子集，由 $P_1,P_2,\cdots,P_n$ 确定的可定义集合为

$$\cup \tau_S(P_i)$$

如果对于每个 $c\in C$，则 C 是 S 可定义集合，$\mathrm{supp}(c)$ 可以近似为 S 可定义集合。

现在证明 S 可定义性与最大相关性的对应关系，这将占据本节的其余部分。

定义 4.12 令 X、C、ϕ 和 S 如上所述。如果 C 是 S 可定义集合，那么对于任意的 $P\subseteq S$，P 配置 $\tau_S(P)$ 近似是 $\mathrm{supp}(c)$ 的子集，其中 $c\in C$。

证明 $\tau_S(P)$ 近似是 $\mathrm{supp}(c)$ 的子集这一结论可等价为 $\tau_S(P)\backslash\mathrm{supp}(c)$ 的概率为 0。假设，对于某些 $P\subseteq S$，没有一个 $c\in C$ 使得 $\tau_S(P)$ 近似为 $\mathrm{supp}(c)$ 的子集。特别地，由于集合 $\{\mathrm{supp}(c)\}$ 划分了输入空间（由引理 4.10 可知），必须具有 $c_1,c_2\in C$，以便 $\tau_S(P)\cap c_1$ 和 $\tau_S(P)\cap c_2$ 都具有正概率。由于 c_1、c_2 都是（近似）可定义集合，因此这意味着存在不同的集合 $Q,R\subseteq S$，其中 $\tau_S(P)\cap \tau_S(Q)$ 和 $\tau_S(P)\cap \tau_S(R)$ 都是非空集合。但这是矛盾的，因为集合 $\{\tau_S(P):P\subseteq Q\}$ 的元素是成对不相交的（同样

由引理 4.10 可知)。

为了得到主要结论,需要信息论中的两个额外概念和引理(更多详细信息,参见文献[21])。首先通过 $H(X) = \sum_x - \Pr(X=x)\log(\Pr(X=x)) = I(X;X)$ 定义了随机变量 $H(X)$ 的熵。两个变量之间的互相关信息可衡量它们之间的依赖性,而变量的熵则可表示变量包含的信息总量。其常见概念为通过学习该变量的值可以达到的期望惊喜程度。熵的概念也是如此;对于变量 X 和 Y,给定 Y 时,X 的条件熵由 $H(X|Y) = -\sum_y \Pr(Y=y) \sum_x \Pr(X=x|Y=y)\log(\Pr(X=x|Y=y))$ 定义。一旦 Y 已知,则条件熵可衡量 X 中的信息量。

下面的引理只考虑几乎完全确定的子集。

定义 4.13 令 $A, B \subseteq X$,如果 $A \subseteq B$ 和 $B \subseteq A$ 是几乎完全确定的,则 $A = B$ 也是几乎完全确定的。

证明 假设 $\Pr(A \backslash B) = 0 = \Pr(B \backslash A)$,则 $\Pr(A \backslash B) \cup \Pr(B \backslash A) = \Pr(A \backslash B) + \Pr(B \backslash A) = 0$。由于 A 和 B 的对称差由 $\Pr(A \backslash B) \cup \Pr(B \backslash A)$ 给出,则 A 和 B 几乎可以肯定是相等。

定义 4.14 设 X 是带标签 (C, ϕ) 的输入空间,而 S 是 (X, C, ϕ) 上传感器的有限集合。S 的最大可能相关性是 $H(C)$,并且当 C 为 s 可定义集合时可精确获得 S 的最大可能相关性。

证明 S 和 C 之间的互相关信息由替代式 $I(S;C) = H(C) - H(C|S)$ 给出。这里,可以将 $H(C|S)$ 看作是每个 $s \in S$ 的触发等级确定后类别标签变化多少的度量。如果该值为 0,则类别标签不会更改。这意味着,传感器的触发等级决定了输入的类别标签。

注意 $H(C|S)$ 始终为非负数[21],因此 $H(C)$ 是 S 的最大可能相关性。根据先前的引理,如果 S 定义了 C,则 S 中的任意特定传感器配置几乎可以确定相应 C 中的目标类别。为了证明 $H(C|S) = 0$,首先介绍一个概念。令 P 为 S 的子集,S_P 表示 $s \in S$ 的事件,则

$$s = \begin{cases} 1, & s \in P \\ 0, & \text{其他} \end{cases} \quad (4.4)$$

同时,$H(C|S) = -\sum_P \Pr(S=S_P) \sum_c \Pr(C=c|S=S_P) \log(\Pr(C=c|S=S_P))$。$\Pr(C=c|S=S_P)$ 项始终为 0 或 1。因此 $H(C|S)=0$ 且 $I(S;C) = H(C)$。

假设 $I(S;C) = H(C)$。必须有 $H(C|S) = 0$。对于任何 $P \subseteq S$,都有 $c \in C$ 使得 $\Pr(C=c|S_P) = 1$。假设 $\Pr(S=S_P) > 0$,否则 P 不会影响整体相关性。注意,如果存在某些 $P \subseteq S$ 使得没有 c 有 $\Pr(C=c|S_P) = 1$,则存在 c_1, c_2 使得 $0 < \Pr(C=c_1|S_P), \Pr(C=c_1|S_P) < 1$。由于假设 $\Pr(S=S_P) > 0$,因此这些项将对包含 $H(C|S)$ 的非负项的总和做出正贡献;相反,后者为 0。

必须证明每一个类别都是可定义的。修正目标类 c 且令 $\{P_1, P_2, \cdots, P_k\}$ 为集

合 P,使得 $\Pr(C=c|S_P)=1$。可以肯定 $\underset{1\leqslant i\leqslant n}{\cup}\tau_S(P_i)=\mathrm{supp}(c)$。根据定义,几乎可以确定 $\underset{1\leqslant i\leqslant n}{\cup}\tau_S(P_i)\subseteq\mathrm{supp}(c)$(如上文所述,对于该说法,并集是有限的,这点至关重要;这由 S 的有限性保证),但仍然需要证明 $\mathrm{supp}(c)\subseteq\underset{1\leqslant i\leqslant n}{\cup}\tau_S(P_i)$。假设存在一些 $Z'\subseteq(\mathrm{supp}(c)\setminus\underset{1\leqslant i\leqslant n}{\cup}\tau_S(P_i))$,且概率为正。由于 Z' 是一个无限集(因为有限集的概率为0),因此存在一定的 $Z\subseteq Z'$ 是单一状态的,因为对于每个 $z\in Z$,来自 S 触发的传感器完全相同(根据"抽屉原理")。令 $Q\subseteq S$ 为这样的集合,由于 $H(C|S)=0$,必须使 $\Pr(C=c|S=S_Q)$ 为 0 或 1,因此 $\tau_S(Q)\supseteq Z$ 必须为 1。这与我们选择的 P_1,$P_2,\cdots,P$ 相矛盾,因为假设此集合包含所有此类可能性。

该结果的主要意义在于,提供了一种工具来分析(基于滤波器的)后期融合算法的分类能力。特别地,期望这种算法能从传感器激活模式中学习类别标签。在最大化相关性的情况下(这也是许多选择算法的明确目标),这里的从理论上描述了传感器选择的影响。尤其是许多基于上述定义的理论集的融合算法,与由互相关信息给出的量化值相比而言,更适合进行分析。

实际上我们已经有力地证实了"关联假设"。尤其是,最大相关性几乎可以肯定与传感器对应,传感器向融合算法提供准确信息,以做出正确的判断。在这种情况下,每个类别将对应于传感器支持的布尔组合。因此,最大相关性是完美融合的必要条件。

应强调的是,最大相关性不一定等同于完美融合,使用的算法可能无法完全利用这些信息。事实上,这正是我们研究的融合算法所面临的问题。

推论 4.15 令 X、C、ϕ 如上所述,融合算法能够利用任意具有最大相关性的 (X,C,ϕ) 上的传感器来正确推断出任何 $x\in X$ 的目标类别的充要条件是具有对任意的输入布尔组合进行分类的学习能力。

注意到,多层神经网络和支持向量机都具有此功能。

4.3.3 冗余

两种形式的"冗余假说"都是基于直接认知的,即非冗余传感器将会为融合算法贡献互补信息,从而最大限度地增加可用信息量。

下面将由实数 α、β 参数化。后者分别控制一对传感器 s_1 和 s_α 之间的冗余,以及"I 型错误"概率(在输入非目标时将其作为目标使用)。

下面考虑其中一种特别情况,其中有两个目标类型 C_0、C_1 且 $\Pr(C_0)=0.5=\Pr(C_1)$。传感器 s_1 和 s_α,$\frac{1}{4}\leqslant\alpha\leqslant\frac{1}{2}$,有 $\Pr(s_1)=0.25$,$\Pr(s_\alpha)=\alpha$。传感器 s_1 和 s_α 应该覆盖 C_1,因此 $\mathrm{supp}(s_1)\cup\mathrm{supp}(s_\alpha)\supseteq\mathrm{supp}(C_1)$。$s_1$、$s_\alpha$ 都有 $\mathrm{supp}(C_0)$ 中输入触发事件 β 的概率,并且事件 $\mathrm{supp}(s_1)\cap\mathrm{supp}(C_0)$ 与 $\mathrm{supp}(s_\alpha)\cap\mathrm{supp}(C_0)$ 是互斥的。

假设 $\beta=0$，则集合 $\{s_1,s_\alpha\}$ 定义了 C，并给出了最大相关性。一般来说，对于任何固定值 β，$\{s_1,s_\alpha\}$ 具有相同的总相关性而与 α 的值无关，因此变化的 α 可以使我们得出相关与冗余无关的结论(图 4.1)。

整个过程中，将使用 s_1 作为事件 $s_1=1$ 的简写，将 $\bar{s}_1$ 作为事件 $s_1=0$ 的简写，s_α 与此相同。作为符号，对于两个传感器 s 和 s'，将简单地使用 ss' 来表示事件 $\mathrm{supp}(s)\cap\mathrm{supp}(s')$，则有

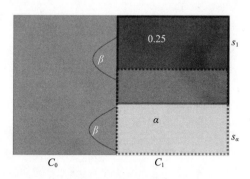

图 4.1 实例集合

$$\begin{cases}\Pr(s_1s_\alpha)=\Pr(s_1)+\Pr(s_\alpha)-\Pr(s_1\cup s_\alpha)=\dfrac{1}{4}+\alpha-\dfrac{1}{2}=\alpha-\dfrac{1}{4}\\[4pt]\Pr(s_1\bar{s}_\alpha)=\dfrac{1}{2}-\alpha+\beta\\[4pt]\Pr(\bar{s}_1s_\alpha)=\dfrac{1}{4}+\beta\\[4pt]\Pr(\bar{s}_1\bar{s}_\alpha)=\dfrac{1}{2}-2\beta\end{cases} \quad (4.5)$$

s_1 和 s_α 之间的冗余度为

$$\begin{aligned}I(s_1;s_\alpha)=&\Pr(s_1s_\alpha)\log\left[\frac{\Pr(s_1s_\alpha)}{\Pr(s_1)\Pr(s_\alpha)}\right]+\Pr(s_1\bar{s}_\alpha)\log\left[\frac{\Pr(s_1\bar{s}_\alpha)}{\Pr(s_1)\Pr(\bar{s}_\alpha)}\right]\\&+\Pr(\bar{s}_1s_\alpha)\log\left[\frac{\Pr(\bar{s}_1s_\alpha)}{\Pr(\bar{s}_1)\Pr(s_\alpha)}\right]+\Pr(\bar{s}_1\bar{s}_\alpha)\log\left[\frac{\Pr(\bar{s}_1\bar{s}_\alpha)}{\Pr(\bar{s}_1)\Pr(\bar{s}_\alpha)}\right]\\=&(\alpha-0.25)\log\left[\frac{\alpha-0.25}{(0.25+\beta)(\alpha+\beta)}\right]\\&+(0.5-\alpha+\beta)\log\left[\frac{0.5-\alpha+\beta}{(0.25+\beta)(1-\alpha-\beta)}\right]\\&+(0.25+\beta)\log\left[\frac{0.25+\beta}{(0.75-\beta)(\alpha+\beta)}\right]\\&+(0.5-2\beta)\log\left[\frac{0.5-2\beta}{(0.75-\beta)(1-\alpha-\beta)}\right]\end{aligned}\quad(4.6)$$

假设 $\beta = 0$,则当 $\alpha = \dfrac{1}{4}$ 时传感器被完全互补的输入触发,而当 $\alpha = \dfrac{1}{2}$ 时传感器实际上是相同的。α 的函数的相关信息如图 4.2 所示。

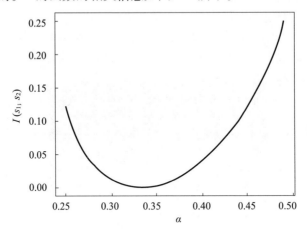

图 4.2　$\beta = 0$ 时 α 的相关性函数 $I(s_1; s_\alpha)$

特别地,当传感器的输入互斥($\alpha = 0.25$)时,相关性并没有最小化,这可能与最初的直观感知相矛盾。事实上,当传感器相互独立时,互相关信息为 0。我们发现这发生在 $\Pr(s_\alpha | s_1) = \Pr(s_\alpha)$ 时,就可以解出

$$\begin{cases} \Pr(s_\alpha | s_1) = Pr(s_\alpha) \\ \dfrac{\alpha - 0.25}{0.25} = \alpha \\ \alpha = \dfrac{1}{3} \end{cases} \tag{4.7}$$

这表明,最小冗余传感器并不是互斥的。尤其最小的冗余可以直观地理解为对应于传感器输入之间的最小重叠,但实际上较少的相互信息意味着一些不同的东西。

4.3.4　特定融合算法的相关性和冗余性

为了检查特定融合算法的相关性和冗余性,我们对改变 α 和 β 对已知 F_1 度量的影响进行了研究。后者是基于准确度 $[\pi(\alpha)]$ 和召回率 $[\rho(\alpha)]$,由下式定义:

$$F_1(\alpha) = 2 \dfrac{\pi(\alpha)\rho(\alpha)}{\pi(\alpha) - \rho(\alpha)} \tag{4.8}$$

$$\pi(\alpha) = Pr_\alpha(C_1 | +T) \tag{4.9}$$

$$\rho(\alpha) = Pr_\alpha(+T | C_1) \tag{4.10}$$

这里,用 $+T$ 表示的事件为系统将输入分类为标签 C_1,而 C_1 表示的事件为具有真实标签 C_1 的输入。

朴素贝叶斯融合算法应用贝叶斯法则：

$$\Pr(+T|s_1s_2) = \frac{\Pr(s_1s_2|+T)\Pr(+T)}{\Pr(s_1s_2)} \tag{4.11}$$

并利用条件独立假设简化：

$$\Pr(s_1s_2|+T) = \Pr(s_1|+T)\Pr(s_2|+T)$$

从概念上讲,这个假设是不太可能的。的确,人们会期望对相同目标进行分类的传感器之间有较高程度的相关性。而事实上,我们将会在下一个定义中证明这个假设只在 $\Pr(s_1|+T) = \Pr(+T)$ 时成立。特别地,虽然冗余可衡量 s_1 和 s_2 的独立性（这发生在 $\alpha = 1 - \frac{\sqrt{2}}{2}$）,最小冗余并不一定能提高朴素贝叶斯融合算法性能。

事实上,在这些例子中,条件独立发生在 $\alpha = \frac{1}{2}$ 时。在这种情况下传感器是一致的,冗余是最大的。

定义 4.16 注意在一系列事例中,只有当 $\Pr(s_1) = 0.5 = \Pr(s_\alpha)$ 时,在给定 $+T$ 中 s_1 和 s_α 是独立的。

证明 注意条件独立发生在 $\Pr(s_1s_\alpha|+T) = \Pr(s_1|+T)\Pr(s_\alpha|+T)$,则

$$\begin{cases} \Pr(s_1|+T) = 0.5 \\ \Pr(s_\alpha|+T) = 2\alpha \\ \Pr(s_1s_\alpha|+T) = 2(\alpha - 0.25) \end{cases} \tag{4.12}$$

因此可以求解 $\alpha = 2\alpha - 0.5$,得到 $\alpha = 0.5$。

1. 朴素贝叶斯的相关性、冗余度性能

在这里分别计算了两个传感器同时触发,只有一个传感器触发和两个传感器都不触发情况下朴素贝叶斯赋予 $\pm T$ 的概率：

$$\Pr(+T|s_1s_\alpha) = \frac{\alpha}{2\alpha - 0.5} \tag{4.13}$$

$$\Pr(+T|s_1\bar{s}_\alpha) = (0.5)(1-2\alpha)\left(\frac{0.5}{0.5-\alpha+\beta}\right) \tag{4.14}$$

$$\Pr(+T|\bar{s}_1 s_\alpha) = (0.5)(2\alpha)\left(\frac{0.5}{0.25+\beta}\right) \tag{4.15}$$

$$\Pr(+T|\bar{s}_1\bar{s}_\alpha) = (0.5)(1-2\alpha)\left(\frac{0.5}{0.5-2\beta}\right) \tag{4.16}$$

$$\Pr(-T|s_1 s_\alpha) = \frac{4\beta^2}{2\alpha - 0.5} \tag{4.17}$$

$$\Pr(-T|s_1\bar{s}_\alpha) = (1-2\beta)(2\beta)\left(\frac{0.5}{0.25+\beta}\right) \tag{4.18}$$

$$\Pr(-T|\bar{s}_1 s_\alpha) = (2\beta)(1-2\beta)\left(\frac{0.5}{0.5-\alpha+\beta}\right) \quad (4.19)$$

$$\Pr(-T|\bar{s}_1 \bar{s}_\alpha) = (1-2\beta)^2\left(\frac{0.5}{0.5-2\beta}\right) \quad (4.20)$$

对于任何变量 Y 和 Z,有 $\Pr(YZ) = \Pr(Y|Z)\Pr(Z)$,将使用符号 $A(s_1 s_\alpha)$ 表示 $\Pr(+T,s_1 s_\alpha)$,其由表达式 $\Pr(+T|s_1 s_\alpha)\Pr(s_1 s_\alpha)$ 给出,对于其他传感器配置也类似。

给出召回率:

$$\rho(\alpha) = \frac{\Pr(C_1 \cap +T)}{\Pr(C_1)}$$

$$= \frac{1}{2}[A(s_1 s_\alpha) + A(s_1 \bar{s}_\alpha) + A(\bar{s}_1 s_\alpha)] \quad (4.21)$$

根据贝叶斯定理,可得

$$\pi(\alpha) = \rho(\alpha)\frac{\Pr(C_1)}{\Pr(+T)}$$

$$= \frac{\left(\dfrac{1+2\alpha}{2}\right)\dfrac{1}{2}}{A(s_1 s_\alpha) + A(s_1 \bar{s}_\alpha) + A(\bar{s}_1 s_\alpha) + A(\bar{s}_1 \bar{s}_\alpha)} \quad (4.22)$$

准确率和召回率是相同的并且都等于 F_1。在 $[0.25, 0.5]$ 范围内 F_1 是 α 的线性增长函数,较低的冗余度的确不能提高融合性能。

2. DST 的相关及冗余性能

传感器融合的另一种常见方法是采用 DST[22]。有许多方法可以使用 DST 进行融合,我们将按照文献[8]中概述的步骤进行操作。实际上,对一种名为"动态置信融合"的 Dempster–Shafer 变体理论[9]感兴趣。可以通过改变阈值来对确定性和不确定性之间的界限起明确作用。经过分析,该算法与经典的 Dempster–Shafer 理论在简单二进制情况中相同。

对于单个目标 C_1,认为每个传感器都可以为可能的输出提供证据。对于目标 C_1,可以将输出量化为 $m(+T)$;对于目标 C_0,可以量化为 $m(-T)$ 当传感器不确定时,可以量化为 $m(U)$(我们的示例没有涵盖这种情况)。在文献[8]中,该规则[23]是根据识别率、替代率和丢失率来描述的。这些是由传感器精度影响的阈值所确定的精度为 $\Pr(+T|s)$,在我们的示例中该值为 1;然后定义 $t_1 = 0.2, t_2 = 0.1$。这些定义了用来将目标分类为 $+T, U$ 和 $-T$ 的阈值。在该示例中,它们无关紧要,因为传感器是二进制的。

对于一个传感器,识别率就是其正确感知的概率,而替代率就是其错误感知的概率。对这个情况进行分析也很重要。s_1 的识别率是 $\Pr(s_1|+T)\Pr(+T) + \Pr(\bar{s}_1|-T)\Pr(-T) = (0.25) + 1 \times (0.5) = 0.75$。$s_\alpha$ 的识别率是 $\Pr(s_\alpha|+T)\Pr$

$(+T) + \Pr(\bar{s}_\alpha | -T)\Pr(-T) = \alpha + 1 \times (0.5) = \alpha + 0.5$。$s_1$的召回是 $\Pr(s_1|-T)$ $\Pr(-T) + \Pr(\bar{s}_1|+T)\Pr(+T) = 0 + 0.25 = 0.25$,而$s_\alpha$的召回 $\Pr(s_\alpha|-T)\Pr(-T)$ $+ \Pr(\bar{s}_\alpha|+T)\Pr(+T) = \alpha + 1(0.5)$。

Dempster–Shafer 理论的核心是整合来自多个传感器的证据的规则。由于我们没有不确定性,整合的规则在我们的示例中变得特别有效:取 $m(\pm t) = \dfrac{m_1(\pm T)m_\alpha(\pm T)}{1-K}$,其中归一化常数 K 由 $K = m_1(+T)m_\alpha(-T) + m_1(-T)m_\alpha$ $(+T) = (0.75)(0.5-\alpha) + (\alpha+0.5)(0.25) = 0.5 - \dfrac{\alpha}{2}$ 给出。给出一个最终的得分 $s = m(+T) - m(-T)$。

s_1的识别率是 $\Pr(s_1|+T)\Pr(+T) + \Pr(\bar{s}_1|-T)\Pr(-T)$。

s_1召回率是 $\Pr(s_1|-T)\Pr(-T) + \Pr(\bar{s}_1|+T)\Pr(+T)$。对于$s_\alpha$,$s_\alpha$召回率为 $\beta + (0.5-\alpha)$。

取 $m(\pm T) = \dfrac{m_1(\pm T)m_2(\pm T)}{1-K}$,其中归一化常数 K 由 $K = m_1(+T)m_2(-T) + m_1(-T)m_2(+T)$ 给出。我们给出一个最终的得分 $s = m(+T) - m(-T)$。

(1) 如果传感器都触发,则有

$$m(+T) = \frac{(0.75-\beta)(0.5+\alpha-\beta)}{1-K}, \quad m(-T) = \frac{(0.25+\beta)(0.5+\beta-\alpha)}{1-K},$$

$$s = \frac{0.25+\alpha-2\beta}{1-K}$$

(2) 如果s_1被触发但s_α没有,则有

$$m(+T) = \frac{(0.75-\beta)(0.25+\beta)}{1-K}, \quad m(-T) = \frac{(0.25+\beta)(0.5+\alpha-\beta)}{1-K},$$

$$(1-K)s = \frac{1}{16(1-K)} - \frac{0.25\alpha + 0.25\beta - \alpha\beta}{1-K}$$

(3) 如果s_1没被触发但s_α触发了,则有

$$m(+T) = \frac{(0.25+\beta)(0.5+\alpha-\beta)}{1-K}, \quad m(-T) = \frac{(0.75-\beta)(0.5+\beta-\alpha)}{1-K},$$

$$s = \frac{-0.25+\alpha}{1-K}$$

(4) 如果传感器都没有触发,则有

$$m(+T) = \frac{(0.25+\beta)(0.5+\beta-\alpha)}{1-K}, \quad m(-T) = \frac{(0.75-\beta)(0.5+\alpha-\beta)}{1-K},$$

$$s = \frac{-0.25-\alpha+2\beta}{1-K}$$

如果将得分 1 解释为表示某个匹配项,将得分 -1 解释为表示某个不匹配项,将得分 0 解释为表示不确定性,则得出以下观察结果。

(1)当两个传感器都触发时,对于$\alpha \in [0.25, 0.5]$,性能会线性增强,且与最小化冗余无关。

(2)当s_1触发但s_α不触发时,可以较理想地得出结论:目标存在,但是在这种情况下分数始终为负,而较高的α值会加剧此问题。

(3)当s_α触发但s_1不触发时,可以得出结论:目标存在,较高的α值会产生更好的分数。

(4)当传感器均未触发时,可以得出结论:目标不存在,较高的α值可以改善性能。

总而言之,较高的α值似乎会带来更好的线性性能,但s_1触发而s_α不触发的情况除外。因此,可以再次得出结论:通过选择α值可以最大化性能,同时会产生最大的冗余度。

4.4 实证检验

在文献[8]中描述了用来生成此处进行分析的数据的实验设置,其目的是优化人类自主分类器的融合性能。图4.3展示了从单个神经分类器到融合神经分类器对融合性能的提升。单个分类器和融合分类器的性能在这里用AUC或ROC曲线下的面积进行衡量。对于每种可能的神经分类器对的组合,融合分类器的性能均优于个体。这些实验旨在使用互相关信息来更好地量化各个分类器及其组合对融合输出的贡献。实验结果展现了在这项工作中提出的冗余性和相关性两个基本互相关信息假设的应用。

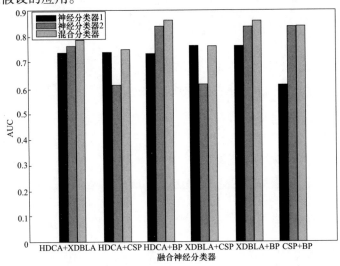

图4.3 使用贝叶斯融合算法进行融合的两个神经分类器的性能提升

4.4.1 冗余

4.3 节考虑了"强冗余性假设",即最小化分类器之间的信息冗余可以提升融合性能。使用分类器之间的互相关信息来衡量信息的冗余性。本小节探讨各个分类器之间的互相关信息与最终融合输出性能之间的关系。

有许多计算互相关信息的方法,采用直方图技术。对于每个分类事件,分类器指定被检测物体存在的可能概率。总而言之,这些似然值构成了分类器的输出概率分布函数(PDF)。分类器的输出值被分配给在有效值范围内平均分配的容器。在此示例中将容器数指定为 20。图 4.4 显示了应用于此实验中成对分类器的互相关信息直方图技术。每个容器的颜色代表分类器输出之间联合概率的大小。较强烈的颜色区域表明分类器之间的联合概率分布函数更加集中在该区域。能够近似得到神经分类器对之间的互相关信息。表 4.1 显示了针对一种实验场景的不同分类器对之间的互相关信息。

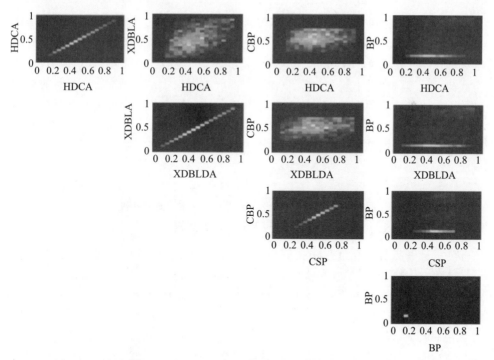

图 4.4 (见彩图)与其互相关信息近似的相关神经分类器输出 PDF 示例

表4.1 针对一个人类受试者搜索一个可能的目标的RSVP造成的不同神经分类器对之间的互相关信息

分类器	HDCA	XD	CSP	BP
HCDA	3.83	0.36	0.11	0.26
XD		3.98	0.17	0.34
CSP			3.16	0.13
BP				2.85

图4.5和图4.6分别给出了将冗余与融合性能和融合性能提升进行比较的经验结果。图4.5将性能显示为融合分类的精度,表明了冗余和性能之间弱正相关的关系。对贝叶斯($r=0.55,p\leqslant0.005$)、DBF($r=0.48,p\leqslant0.005$)和DST($r=0.37,p\leqslant0.005$)进行简单的线性回归,表明冗余互相关信息和整体融合的精度之间存在适度的正相关关系。这些结果表明增加的冗余可以改善融合分类性能。

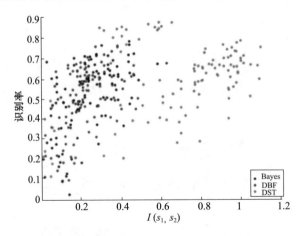

图4.5 (见彩图)神经分类器之间的互相关信息和最终融合性能之间的关系的散点图

为了进一步研究冗余互相关信息对融合分类性能的影响,考虑更多的变量。更具体地说,融合分类精度无法获取单个组件分类器性能的影响。因此,该分析接下来将观察融合性能的提升,并以最终性能AUC与两个单独分类器的平均AUC性能之间的比率进行衡量。图4.6绘制了所有人类受试者的神经分类器输出之间的互相关信息,以及相应的融合性能变化。在关于冗余的假设中指出增加冗余可以改善性能。为了证明这个假设,希望看到分类器之间的互相关信息和性能之间存在明显的负相关关系。对贝叶斯($r=-0.22,p=0.03$)、DBF($r=-0.24,p=0.01$)和DST($r=-0.42,p\leqslant0.005$)进行简单的线性回归,表明了冗余互相关信息和AUC性能变化之间弱负相关的关系。朴素贝叶斯的理想情况似乎是最大相关和最大冗余的。这些结果表明,在所有其他条件相同的情况下,与减少冗余造成的性能降低相比,增加的相关性对分类器性能的积极影响可能稍大一些。这将在以后的工作中进行分析和实证研究。

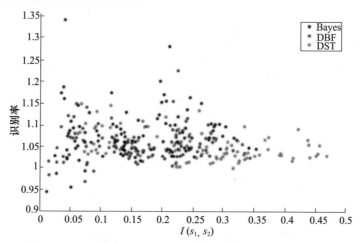

图 4.6 (见彩图)神经分类器对之间的互相关信息和
最终融合性能提升之间的关系的散点图

我们以融合方法为分类因子,对 AUC 性能变化应用了协方差分析。主要影响包括相互作用($F=1.22, p=0.30$),指示斜率没有显著差异。最后应用了等斜率模型,融合算法($F=9.72, p \leqslant 0.005$)和冗余互相关信息度量($F=21.85, p \leqslant 0.005$)受到了主要影响,从而增加了冗余互相关信息与 AUC 性能变化之间的关系的统计学意义。

4.4.2 相关性

在 4.4.1 节中,最终假设表明最大化相关性或者分类器与目标类别之间的互相关信息将使融合性能提升。通过这种方式,互相关信息可以指导一组分类器表现得像理想分类器一样。这部分的工作研究了分类器集与目标类别之间的互相关信息与最终融合输出性能之间的关系。

实验的第一步是为该应用制订互相关信息近似方法。该方法将再次使用直方图技术。但是,出于相关性考虑,计算一组分类器和分类器标签之间的互相关信息。对于分类器集,首先找到它们的联合概率分布函数,将一对分类器视为单个分类器。使用真实标签的图像面积可以简单地计算出分类器标签的概率分布函数。它们之间互相关信息的近似方法与 4.1 节中介绍的方法相同。

图 4.7 给出了相关性和融合性能进行比较的经验结果。性能在此以融合分类的精度表示。图 4.7 显示了相关性和性能之间的强正向关系。以融合方法作为要

素,进行了协方差分析,检验了通过互相关信息进行预测的融合响应精度。该分析对每种融合算法进行了线性回归,得出以下关系:

$$\text{Bayes}: AP = 1.66 I(s_1, s_2; C) + 0.23 \quad (4.23)$$

$$\text{DBF}: AP = 1.69 I(s_1, s_2; C) + 0.21 \quad (4.24)$$

$$\text{DST}: AP = 1.40 I(s_1, s_2; C) + 0.22 \quad (4.25)$$

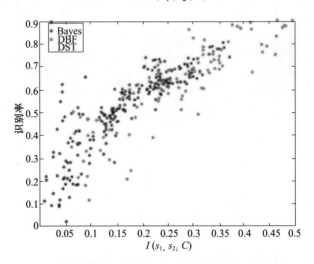

图 4.7 (见彩图)神经分类器对之间的互相关信息与类标签以及最终融合性能提升之间的关系

每个线性回归模型都表明相关的互相关信息和平均精度($p \leq 0.005$)之间存在显著的关系。融合算法($F = 8.73, p = 0.002$)和相关的互相关信息度量($F = 958.41, p \leq 0.001$)以及交互作用($F = 3.76, p = 0.024$)受到主要影响,也表明坡度有明显差异。

这项工作的最终目的之一是利用互信息度量来优化系统性能。为此,研究了使用相关的互相关信息选择不同的神经分类器组合如何影响性能。表 4.2 显示了不同融合方法之间的不同神经分类器组合的平均互相关信息。图 4.8 通过展示观察到的神经分类器集合的相应融合平均精度对表 4.2 进行了补充。对于贝叶斯融合和 DBF 而言,平均精度随着互相关信息的增加而增加。对于 DST,这种趋势不太明确。

表 4.2 针对一个人类受试者搜索一个可能的目标的 RSVP 造成的不同神经分类器对之间的互相关信息

信息	HD + CSP	XD + CSP	HD + XD	CSP + BP	HD + BP	XD + BP
Bayes	0.10	0.13	0.14	0.19	0.20	0.22
DBF	0.11	0.14	0.15	0.19	0.20	0.22
DST	0.22	0.23	0.21	0.28	0.28	0.28

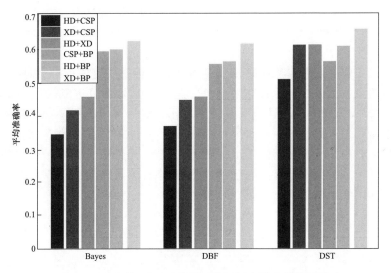

图4.8 （见彩图）神经分类器组合对融合输出性能的影响

4.5 冗余与相关性

前面已经通过实验证明了冗余度和相关性都有助于预估分类器融合性能。下面通过研究哪个变量具有更大的影响力来加强我们的实证分析。分别对 Bayes（$r=0.55, p \leqslant 0.005$）、DBF（$r=0.48, p \leqslant 0.005$）和 DST（$r=0.37, p \leqslant 0.005$）融合算法进行冗余度与融合分类器精度的简单线性回归。进一步对 Bayes（$r=0.74, p \leqslant 0.005$）、DBF（$r=0.84, p \leqslant 0.005$）和 DST（$r=0.88, p \leqslant 0.005$）融合算法进行相关性与融合分类器精度的简单线性回归。这些结果表明，虽然冗余度和相关性与融合分类器精度相关，但相关性具有更强的预测性能。此外，对 Bayes（$r=0.75, p \leqslant 0.005$）、DBF（$r=0.63, p \leqslant 0.005$）和 DST（$r=0.13, p \leqslant 0.005$）融合算法进行相关性和冗余度的线性回归分析，表明相关性和冗余度在贝叶斯融合算法中是强相关的，在 DBF 中是中度相关的，在 DST 中是弱相关的。

4.6 小结

本章研究了信息理论技术的应用，特别是相关性和冗余度的度量，以此作为即时评估各个传感器对人－自主系统中融合分类结果重要性的标准。本章提出了一种用于视觉目标识别的传感器融合系统中的简化实验，我们认为这对人类自主融合的其他用途具有指导意义,如提出高度智能驱动的车辆框架[2]。理论和经验结果表明,相关性可能是有用的统计数据,可用于分析后期融合方法中传感器模型的性能。

未来的工作将朝着自适应感知建模的最终目标发展这些标准,以应对人类在时间和跨对象方面的变化。具体来说,我们将确定特定的分析传感器、过程模型以及机制,来动态调整它们以适应系统性能。冗余对特定传感器融合算法的影响必须通过控制相关准则来进一步研究,目前正在设计一种协议来收集和分析在更漫长的实验中收集的纵向数据。最后,还将探讨基于条件独立而不是严格独立的冗余概念的使用。我们期待性能的改善,特别是在朴素贝叶斯融合以及融合发生在更接近传感器级别的情况下,对计算复杂度的影响还有待确定。

参考文献

[1] Koelstra,S.,Yazdani,A.,Soleymani,M.,Mühl,C.,Lee,J. – S.,Nijholt,A.,Pun,T.,Ebrahimi,T.,Patras,I.:Single trial classification of EEG and peripheral physiological signals for recognition of emotions induced by music videos. In:International Conference on Brain Informatics,pp. 89 – 100. Springer(2010)

[2] Nothwang,W. D.,Gremillion,G. M.,Donavanik,D.,Haynes,B. A.,Atwater,C. S.,Canady,J. D.,Metcalfe,J. S.,Marathe,A. R.:Multi – sensor fusion architecture forhuman – autonomy teaming. In:Resilience Week(RWS) 2016,pp. 166 – 171. IEEE(2016)

[3] Donavanik,D.,Hardt – Stremayr,A.,Gremillion,G.,Weiss,S.,Nothwang,W.:Multi – sensor fusion techniques for state estimation of micro air vehicles. In:SPIEDefense + Security. International Society for Optics and Photonics,p. 98 361V(2016)

[4] Lynen,S.,Achtelik,M. W.,Weiss,S.,Chli,M.,Siegwart,R.:A robust and mod – ular multi – sensor fusion approach applied to mav navigation. In:2013 IEEE/RSJInternational Conference on Intelligent Robots and Systems(IROS),pp. 3923 – 3929. IEEE(2013)

[5] Weiss,S.,Achtelik,M. W.,Lynen,S.,Chli,M.,Siegwart,R.:Real – time onboardvisual – inertial state estimation and self – calibration of mavs in unknown environ – ments. In:2012 IEEE International Conference on Robotics and Automation(ICRA),pp. 957 – 964. IEEE(2012)

[6] Metcalfe,J.,Marathe,A.,Haynes,B.,Paul,V.,Gremillion,G.,Drnec,K.,Atwater,C.,Estepp,J.,Lukos,J.,Carter,E.,et al.:Building a framework to manage trustin automation. In:SPIE Defense + Security. International Society for Optics andPhotonics,p. 101 941U(2017)

[7] Peng,H.,Long,F.,Ding,C.:Feature selection based on mutual information crite – ria of max – dependency,max – relevance,and min – redundancy. IEEE Trans. PatternAnal. Mach. Intell. 27(8),1226 – 1238(2005)

[8] Robinson,R. M.,Lee,H.,McCourt,M. J.,Marathe,A. R.,Kwon,H.,Ton,C.,Noth – wang,W. D.:Human – autonomy sensor fusion for rapid object detection. In:2015IEEE/RSJ Internation-

al Conference on Intelligent Robots and Systems(IROS),pp. 305 – 312. IEEE(2015)

[9] Lee,H. ,Kwon,H. ,Robinson,R. M. ,Nothwang,W. D. ,Marathe,A. M. :Dynamicbelief fusion for object detection. In:2016 IEEE Winter Conference on Applicationsof Computer Vision(WACV), pp. 1 – 9. IEEE(2016)

[10] Battiti,R. :Using mutual information for selecting features in supervised neuralnet learning. IEEE Trans. Neural Networks 5(4),537 – 550(1994)

[11] Vergara,J. R. ,Est'evez,P. A. :A review of feature selection methods based on mutual information. Neural Comput. Appl. 24(1),175 – 186(2014)

[12] Est'evez,P. A. ,Tesmer,M. ,Perez,C. A. :Normalized mutual information featureselection. IEEE Trans. Neural Networks 20(2),189 – 201(2009)

[13] Bennasar,M. ,Hicks,Y. ,Setchi,R. :Feature selection using joint mutual informa – tionmaximisation. Expert Syst. Appl. 42(22),8520 – 8532(2015)

[14] Yu,L. ,Liu,H. :Efficient feature selection via analysis of relevance and redundancy. J. Mach. Learn. Res. 5,1205 – 1224(2004)

[15] Bell,D. A. ,Wang,H. :A formalism for relevance and its application in featuresubset selection. Mach. Learn. 41(2),175 – 195(2000)

[16] Shalizi:Estimating distributions and densitites. www. stat. cmu. edu/cshalizi/402/lectures/06 – density/lecture – 06. pdf

[17] Walters – Williams,J. ,Li,V. :Estimation of mutual information:a survey. In:International Conference on Rough Sets and Knowledge Technology,pp. 389 – 396. Springer(2009)

[18] Moon,Y. – I. ,Rajagopalan,B. ,Lall,U. :Estimation of mutual information usingkernel density estimators. Phys. Rev. E 52(3),2318(1995)

[19] Endres, D. , Foldiak, P. :Bayesian bin distribution inference and mutual informa – tion. IEEE Trans. Inf. Theory 51(11),3766 – 3779(2005)

[20] Ross,S. :A First Course in Probability. Pearson,Boston(2014)

[21] Cover,T. M. ,Thomas,J. A. :Elements of Information Theory. Wiley,Hoboken(2012)

[22] Shafer,G. ,et al. :A Mathematical Theory of Evidence,vol. 1. Princeton UniversityPress,Princeton(1976)

[23] Xu,L. ,Krzyzak,A. ,Suen,C. Y. :Methods of combining multiple classifiers andtheir applications to handwriting recognition. IEEE Trans. Syst. Man Cybern. 22(3),418 – 435(1992)

第 5 章
利用辐射感知网络概率序列测试实现反应堆设施运行状态分类

Camila Ramirez[✉] and Nageswara S. V. Rao

Computational Sciences and Engineering Division,

Oak Ridge National Laboratory,

Oak Ridge, TN 37831, USA

{ramirezca, raons}@ornl.gov

摘要:将感知网络部署在反应堆的通风装置周围,结合辐射感知网络测量值来解决反应堆设施运行状态分类的问题。反应堆的辐射会随距离衰减,尽管传感器测量值具有内在的随机性,但其参数由传感器所在处的辐射强度水平决定。通过融合来自感知网络的测量数据估计反应堆的辐射强度,并结合概率序列测试,可以推断反应堆设施的开关状态。①通过 NaI 感知网络获取的观测数据进行融合推理;②通过从反应堆设施中收集的放射性流出物测量值,验证了该方法性能优于常规的多数投票表决融合器。利用辐射强度的空间分布,量化分析了具有自适应阈值的单个传感器及其感知网络相对于具有固定阈值的性能改进。

关键词:辐射感知网络;单边序列概率;反应堆设施;状态检测定位

5.1 引言

引入辐射监测网来推断核反应堆设施的开关操作状态,有助于评估设施对约定程序的执行情况,这些程序对防辐射扩散、安全和安保至关重要。特别是,这种监测系统可以协助查明约定程序以外的活动,如反应时间的延长。本章基于部署在反应堆设施的废气通风口周围的感知网络测量值,通过强度估计来推断开/关状态,如图 5.1 所示。首先提出了依据概率序列测试的分类方法,并使用以下两种测量数据展示其性能:①装有21个NaI辐射传感器的实验台采集的数据;②基于通风装置处的废气测量数据仿真。此外,还提出了自适应阈值方法相对于固定阈值方法的性能改进的分析结果。

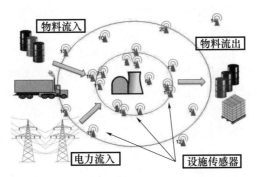

图5.1 反应堆设施的辐射感知网络

感知网络中的各传感器通过伽马(gamma)能谱的辐射计数(单位为keV)来测量通风装置的排放,通常会显示出不同放射性同位素的特征峰。以单传感器测量的Cs-137相应光谱中的662keV峰为例,如图5.2所示。特别是当反应堆关闭时,测量值与背景辐射水平相对应,通常没有明显的峰值。当反应堆启动时,测量到的keV光谱就反映了反应堆的排放。此辐射强度会随着距离的增加而减弱,而传感器的测量本身是随机的,其参数反映了感知位置[1]处的强度水平。此外,反应堆的辐射强度是未知的,但与背景和排放物有关的传感器测量值近似服从泊松分布。因此,当反应堆启动时,传感器测量值是服从泊松分布的,其参数由反应堆的高度、传感器到反应堆的距离以及反应堆顶部的辐射强度共同决定。

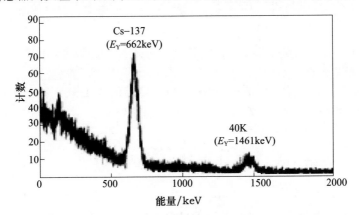

图5.2 gamma计数光谱

需要考虑的问题是,如何利用已知位置的传感器测量数据来推断核反应堆设施的开关操作状态。该问题是常规检测问题的一个特例,已广泛研究,如高斯背景中的高斯源检测[2]、与背景水平相当的低强度辐射源检测[3-5]。特别要提到的是，使用 SPRT 方法已经解决了包括辐射源的检测[6-8]在内的一系列此类检测问题。

单个传感器中，通过为 SPRT[8]选择适当的阈值来解决辐射检测问题。而一组传感器中，解决辐射检测问题的一种简单方法可以是基于单一阈值的大多数决策结果。与前两种方法相比，通过感知网络能够实现更好的检测性能，其中需要传送感知位置和测量数据到融合中心。特别地，位置检测方法[9-10]使用测量值来估计辐射源位置和强度，并使用估计结果和 SPRT 阈值来实现该性能。在此，辐射源位置和强度都是未知的。所给的例子是这些方法的一种变体，因为辐射源(反应堆)位置是已知的，尽管它的强度未知。此外，文献[11]中还研究了在通风装置处收集到多种流出物的一种特殊情况。这些测量结果表明，通过使用简单的分类阈值可以有效推断开关状态，这启发了其他方法(如 SPRT)的研究。

首先利用感知网络来估计反应堆的辐射强度水平；然后对应于反应堆排放量或背景水平的估计值，采用单边 SPRT 方法推断开关状态。这种基于强度估计的检测方法可以看作是基于位置检测方法的一个特例，因为与文献[9]中采用的辐射强度-位置域相比，该估计只在辐射强度域中进行。通过使用两种不同类型的测量数据，展示了所提方法的实际优势。第一个数据集来自于国家核检测办公室(DNDO)智能辐射感知系统(IRSS)项目的测试用例[12-13]。第二个数据集基于橡树岭国家实验室(ORNL)的高通量同位素反应堆(HFIR)的气体排放测量数据，使用简单的二次衰减模型和泊松分布仿真生成[1]。在这两种情况下，证明了所提的感知网络方法在虚警概率和检测概率性能上优于传统的多数投票表决融合器方法。此外，采用空间辐射强度的分布，量化分析了在单个传感器及其网络中使用 SPRT 的自适应阈值方法相对于固定阈值方法的性能改进。对于文献[9]中更一般的辐射源检测问题，也得到了类似的结论。这里主要强调结论并给出针对一维问题的简化证明。

本章的后续部分安排如下：在 5.2 节中提出了反应堆活动状态推理问题；在 5.3 节和 5.4 节分别讨论了基于 IRSS 和 HFIR 数据集的实验结果和性能对比；5.5 节对比了单个传感器及其网络基于 SPRT 的自适应阈值方法相对于固定阈值方法的正确检测概率和虚警概率的性能界限，并给出分析结果。

5.2 检测问题

考虑一个二维监测区域 $\mathcal{G} \subset \mathbb{R}^2$，如$[0,g] \times [0,g]$网格大小 $g < \infty$，检测辐射源未知强度值 $A_S \in \mathcal{A}$，$\mathcal{A} = (0, A_{max}]$，$A_{max} < \infty$。假设反应堆辐射源 S 位于通风设施的烟囱处，位置坐标$(x_S, y_S) \in \mathcal{G}$。简单起见，假设反应堆的监控区域是二维的，也就是说，不考虑 S 的高度(给出的方程可以很容易地扩展到三维情况)。同时，

假设一个背景强度参数 $\mathcal{B} \in B, \mathcal{B} = (0, B_{max}), B_{max} < \infty$。

为了监测 $\mathcal{G}$，在 S 周围部署了 $N \in \mathbb{N}$ 个传感器，其中传感器 s_i 的位置为 $(x_i, y_i) \in \mathcal{G}$，$i \in \{1, 2, \cdots, N\}$。给定点源 $p = (x, y) \in \mathcal{G}$，将 p 和 s_i 之间的距离表示为 $d(p, s_i) = \sqrt{(x - x_i)^2 + (y - y_i)^2}$。在传感器 s_i 处测量数据特征如下：

(1) 背景测量值：当反应器关闭时，传感器 s_i 处的背景测量值按照背景强度函数 P_{B_i} 值分布，背景辐射强度 $B_i = B$。

(2) 源测量值：当反应堆开启时，感知位置 (x_i, y_i) 处的辐射强度 A_i 是源强度 A_S 和距离 $d(S, s_i) = a((x_S, y_S), (x_i, y_i))$ 的函数。把这种依赖关系明确表示为

$$A_i = \frac{A_S}{d(S, s_i)^2} = F_S(A_S, x_S, y_S, x_i, y_i) \quad (5.1)$$

传感器 s_i 采集到的 A_S 的测量值按 $P_{A_i + B_i}$ 函数分布，其辐射强度为 $A_i + B_i$。

隐含的测量分布函数 P_{B_i} 和 $P_{A_i + B_i}$ 分别是参数为 B_i 和 $A_i + B_i$ 的泊松过程[1,8,14]。特别地，令 $\{m_{i,1}, m_{i,2}, \cdots, m_{i,n}\}$ 为某个感兴趣时间窗内传感器 s_i 采集到的测量序列，辐射数 $m_{i,j}$ 是服从参数 λ_i 的泊松分布的随机变量，即 $m_{i,j} \sim \text{Pois}(\lambda_i)$。当反应堆关闭时，$\lambda_i = B_i$；而当反应堆开启时，$\lambda_i = A_i + B_i$[1]。利用其似然函数给出传感器 s_i 处测量值为 $m_{i,j}$ 的概率：

$$L(m_{i,j}) = \frac{\lambda_i^{m_{i,j}} e^{-\lambda_i}}{m_{i,j}!} \quad (5.2)$$

式中：$\lambda_i \in \{A_i + B_i, B_i\}$。

该检测方法的性能特征：①虚警概率 $P_{1,0}$ 对应检测到辐射源（反应堆有排放物），但实际上没有辐射源存在的概率；②漏检概率 $P_{0,1}$ 对应辐射源存在但没有检测到辐射源、只检测出背景辐射的概率。检测概率由 $P_{1,1} = 1 - P_{0,1}$ 给出，表示当辐射源存在时被成功检测到的概率。

5.2.1 概率序列测试

概率序列测试(SPRT)利用似然函数来确定假设 H_{A+B} 和 H_B 之间的关系，对应背景和背景中的一个源。换句话说，H_{A+B} 代表辐射源开启，而 H_B 代表辐射源关闭的情况。假设 $\lambda \in \{A+B, B\}$，令 $L(m_1, m_2, \cdots, m_n | H_\lambda)$ 表示在假设 H_λ 情况下测量到 $\{m_1, m_2, \cdots, m_n\}$ 的可能性。SPRT 利用概率推断辐射源虚警概率和漏检概率，分别表示为 $P_{1,0}$ 和 $P_{0,1}$[15]：

$$\mathcal{L}_{A,B,n} = \frac{L(m_1, m_2, \cdots, m_n | H_{A+B})}{L(m_1, m_2, \cdots, m_n | H_B)} \quad (5.3)$$

(1) 如果 $\mathcal{L}_{A,B,n} < \dfrac{P_{0,1}}{1 - P_{1,0}}$，表明只有背景存在的假设 H_B 为真；

(2)如果 $\mathcal{L}_{A,B,n} > \dfrac{1-P_{0,1}}{P_{1,0}}$,表明有辐射源存在的假设 H_{A+B} 为真;

(3)否则,表明测量数据不足以下定论。

SPRT 可简洁地表示为

$$\dfrac{P_{0,1}}{1-P_{1,0}} : \mathcal{L}_{A,B,n} : \dfrac{1-P_{0,1}}{P_{1,0}} \tag{5.4}$$

式中:":"符号表示各术语之间的适当比较。

下面,考虑采用式(5.4)的两种不同应用方式来解决前面定义的检测问题。首先,对于单个传感器 s_i 处的测量值,$A_i \in \mathbb{R}$ 和 $B_i \in \mathbb{R}$ 分别对应辐射源强度和背景强度;然后,对于感知网络采集的 N 个不同位置的测量数据,分别用 $A \in \mathbb{R}^N$ 和 $B \in \mathbb{R}^N$ 表示辐射源强度和背景强度。现在,用一组辐射测量值的集合来表示式(5.4)。

对于单个传感器 s_i,测量值 $\{m_{i,1}, m_{i,2}, \cdots, m_{i,n}\}$ 满足

$$L(m_{i,1}, m_{i,2}, \cdots, m_{i,n} \mid H_{\lambda_i}) = \prod_{j=1}^{n} L_i(m_{i,j}) = \prod_{j=1}^{n} \dfrac{\lambda_i^{m_{i,j}} e^{-\lambda_i}}{m_{i,j}!} \tag{5.5}$$

式中:$\lambda_i \in \{A_i + B_i, B_i\}$。

将式(5.5)代入式(5.3),取对数并化简,同时基于辐射测量的统计独立性[16],式(5.4)中的 SPRT 检测可以表示为一组测量值之和:

$$\ln\left[\dfrac{P_{0,1}}{1-P_{1,0}}\right] + nA_i : \sum_{j=1}^{N} \ln\left[\dfrac{A_i+B_i}{B_i}\right] m_{i,j} : \ln\left[\dfrac{1-P_{0,1}}{P_{1,0}}\right] + nA_i \tag{5.6}$$

式(5.6)中的加权 SPRT 是文献[9]中定义的分离检验的一个例子,用函数的形式表示为

$$F_L(P_{0,1}, P_{1,0}, A, n) : \sum_{j=1}^{n} F_w(A,B) m_j : F_U(P_{0,1}, P_{1,0}, A, n) \tag{5.7}$$

式中:$F_L(\cdot)$ 和 $F_U(\cdot)$ 分别为合适的下阈值、上阈值函数;$F_w(\cdot)$ 为权值;A 和 B 分别为辐射源强度和背景强度。

此外,传感器的测量值不仅在时间上是统计独立的,而且在各传感器本身的测量值也是独立的,因此满足以下条件:

$$\begin{cases} L_i(m_{i,1}, m_{i,2}, \cdots, m_{i,n} \mid H_{\lambda_i}) = \prod_{j=1}^{n} L_i(m_{i,j}) \\ L_\pi(m_{1,j}, m_{2,j}, \cdots, m_{N,j} \mid H_\lambda) = \prod_{i=1}^{N} L_i(m_{i,j}) \end{cases} \tag{5.8}$$

式中:$L_i(m_{i,j})$ 是在 $\lambda \in \{A+B, B\}$ 条件下,传感器 s_i 测量出 $m_{i,j}$ 的概率。

因此,当 N 个传感器在不同位置采集测量值时,SPRT 检测可以表示为

$$\ln\left[\dfrac{P_{0,1}}{1-P_{1,0}}\right] + \sum_{i=1}^{N} A_i : \sum_{i=1}^{N} \ln\left[\dfrac{A_i+B_i}{B_i}\right] m_{i,j} : \ln\left[\dfrac{1-P_{0,1}}{P_{1,0}}\right] + \sum_{i=1}^{N} A_i \tag{5.9}$$

因此,式(5.9)中的 SPRT 加权是可分离的,可以用更一般的形式表示为

$$F_L(P_{0,1},P_{1,0},A,N):\sum_{i=1}^{N}w_im_i:F_U(P_{0,1},P_{1,0},A,N) \tag{5.10}$$

式中：$F_L(\cdot)$ 和 $F_U(\cdot)$ 为合适的下阈值、上阈值函数；w_i 为赋予传感器 s_i 的权值，$w_i = F_w(A_i,B_i) = \ln\left[\dfrac{A_i+B_i}{B_i}\right], i \in \{1,2,\cdots,N\}$。

上、下限阈值函数 $F_U(\cdot)$ 和 $F_L(\cdot)$ 以及权值 $F_w(\cdot)$ 取决于源 A_S 和背景 B 的强度，不能直接采用。在实际中，阈值 $\tau_L = F_L(\cdot)$ 和 $\tau_U = F_U(\cdot)$，连同权重 $w_i = F_w(\cdot)$，通常基于特定域的考虑以及虚警概率 $P_{1,0}$、漏检概率 $P_{0,1}$ 参数来选择。这种方法称为固定阈值的 SPRT，表示成 $\mathcal{L}_{w;[\tau_L,\tau_U]}$，即

$$\tau_L : \sum_{i=1}^{N} w_i m_i : \tau_U \tag{5.11}$$

在此例中，由于辐射源的位置 (x_S,y_S) 是已知的，可以估计强度 $\hat{A}_S$ 和 $\hat{B}$，然后计算 w_i，$F_U(\cdot)$ 和 $F_L(\cdot)$。这种方法称为强度估计（IE）SPRT，用 $\mathcal{L}_{w;\hat{S}}$ 表示，即

$$F_L(P_{0,1},P_{1,0},\hat{A},N):\sum_{i=1}^{N}\hat{w}_im_i:F_U(P_{0,1},P_{1,0},\hat{A},N) \tag{5.12}$$

式中：$\hat{w}_i = F_w(\hat{A}_i,\hat{B}_i)$。

5.2.2 堆反应强度估计

使用 N 个网络 n 个辐射源的测量值 $\{m_{1,j}^S, m_{2,j}^S, \cdots, m_{n,j}^S\}$ $(j=1,2,\cdots,n)$，源强度的估计值为

$$\hat{A}_S = \frac{1}{nN}\sum_{i=1}^{N}d(S,s_i)^2\left(\sum_{j=1}^{n}m_{i,j}^S\right) \tag{5.13}$$

同样，对于背景测量 $\{m_{1,j}^B, m_{2,j}^B, \cdots, m_{N,j}^B\}$，估计背景强度为

$$\hat{B} = \frac{1}{nN}\sum_{i=1}^{N}\left(\sum_{j=1}^{n}m_{i,j}^B\right) \tag{5.14}$$

为了有效实现 IE SPRT，要求强度估计满足以下隐含属性。

定义 5.1 称源强度估计值 $\hat{A}_S$ 是 δ 稳健型，如果对于固定值 $\varepsilon > 0$，存在一个非递减函数 $\delta(\varepsilon,n,N) \in [0,1]$，使得

$$P\{\hat{A}_S \in \mathfrak{A}_{S,\varepsilon}\} > \delta(\varepsilon,n,N)$$

式中：$\mathfrak{A}_{S,\varepsilon} = \{A \in \mathcal{A} \mid |A - A_S| < \varepsilon\}$，$\varepsilon$ 为精度区。

如果 $\delta(\varepsilon,n,N)$ 是关于测量值数量 n 和传感器数量 N 的非递减函数，那么该估计方法是单调稳健的。

单调稳健性确保强度估计值 $\hat{A}_S$ 以不小于 δ 的概率位于源强度 A_S 的 ε 精度区间。使用更多的测量数据以及添加更多的传感器到网络中，能提高此概率。一般

来说,定义 5.1 是一个合理要求,因为辐射测量在时间域和传感器间是统计独立的,在所述情况下,它满足 Hoeffding 不等式[17]:

$$P\{|\hat{A}_S - A_S| < \varepsilon\} \geq 1 - e^{-\frac{2nN\varepsilon^2}{A_{\max}}} \quad (5.15)$$

在后面的实验结果中,首先利用反应堆通风装置处的排放量测量值来估计辐射强度,然后采用 IE SPRT(LH – IE SPRT)来推断开关状态,同时利用自适应阈值实现了单个传感器、多数投票表决融合器和感知网络的 LH – IE SPRT。

5.3 智能辐射感知系统实验结果

本节使用来自智能辐射感知系统(IRSS)数据集的测量值实现和评估 5.2 节所提的解决路径。将反应堆建模为位于 IRSS 源位置的二维点,周围放置 21 个 NaI 传感器。因此,反应堆 S 由辐射源模拟,感知网络由 NaI 传感器模拟,给出了 3 种类型 LH – IE SPRT 的性能结果,即单个传感器、多数投票表决融合器和感知网络。

5.3.1 智能辐射感知系统(IRSS)数据集

DNDO IRSS 支持开发商用、现成的辐射计数器网络,用于检测、定位和识别低强度辐射源。本项目采用多种强度和类型的辐射源、不同辐射背景、不同运动类型的辐射源和传感器进行了一系列室内和室外测试,发布了一批标准数据集供公众使用,其中包括来自 10 个室内测试和 2 个室外测试的测量数据。这些数据代表了在辐射网络算法的鲁棒性测试中逐渐增加基线场景的挑战性。室内测试是在萨凡纳河国家实验室(SRNL)的低散射辐照器(LSI)设施中进行的,如图 5.3(a)所示。

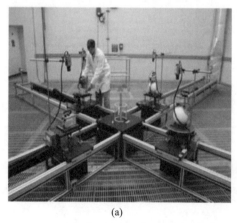
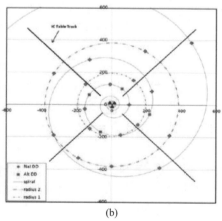

图 5.3 萨凡纳河国家实验室内低散射辐照器及室内实验布置
(a)低散射辐照器;(b)实验布置。

图 5.3(b)为 21 个 NaI 固定探测器围绕测试设备呈圆形螺旋状排列。每个传感器采集到的辐射计数被映射到 21 个光谱箱中。对不同强度和类型的固定源和移动源进行了多次实验,见表 5.1。

表 5.1 低散射辐照实验清单

测试	备注	源类型	源位置
LSI – A – BG:背景	虚警测试	无	空
LSI – A – 04:Cs137	简单测试	35uCi Cs – 137	圆心
LSI – A – 07:Co – 57	简单测试	45uCi Co – 57	圆心
LSI – C – 01:C – 04:偏置	偏离圆心源	7.6uCi Cs – 137	圆心,100cm,200cm,400cm
LSI – D – 01:运动	运动的源	16uCi Cs – 137	路径 1
LSI – E – 02:多源	两个位置同一个同位素	5uCi Cs – 137 7.6Cs – 137	圆心 200cm
LSI – F – 02:多源同位素	两个位置两种同位素	10uCi Co – 57 7.6Cs – 137	圆心 200cm
室外网格 C – 11	网格构型	175uCi Cs – 137	圆心
室外 V 网 B – 14	V 构型	250uCi Cs – 137	圆心

使用了以下 7 个数据集来评估测试性能:

(1) LSI – A – BG(背景测量):所有传感器在无辐射源情况下收集背景计数,以表征低散射辐照的背景辐射水平。

(2) LSI – A – 04(Cs – 137 位于圆心):将 35μCi Cs – 137 源置于传感器场中心,采集传感器计数,如图 5.4(a)所示。

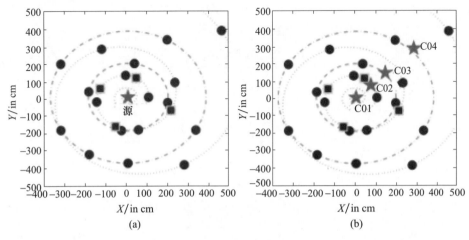

图 5.4 室内静态圆心源和偏离圆心源
(a)静态圆心源;(b)偏离圆心源。

(3)LSI-A-07(Co-57位于圆心):将45μCi Co-57源置于传感器场中心,采集传感器计数,如图5.4(a)所示。

(4)LSI-C-01:C-04(辐射源偏离圆心):为评估源和传感器非对称配置的影响,将7.6μCi Cs-137源分别放置在传感器场东北方向的对角线上距圆心0cm(Cs-137_1)、100cm(Cs-137_2)、200cm(Cs-137_3)、400cm(Cs-137_4)处,如图5.4(b)所示。

5.3.2 概率序列测试实验

为了评估在设施运行状态分类中使用辐射强度估计的有效性,设计并测试了3种LH-IE SPRT。

这些测试是在6组IRSS数据集上进行的,即背景测量以及上述6组源数据集。执行单个传感器、多数投票表决和感知网络的LH-IE SPRT。每个数据集由9次循环运行生成,每次运行得到120个测量值,将生成的数据集分成训练与测试两部分。此外,为所有循环运行设置窗口大小,例如,$w=5$的窗口每次运行生成116个窗口测量值。在实现3种类型的LH-IE SPRT时,使用了不同的窗口大小和窗口测量值。

对于所有21个传感器,计算传感器s_i和反应堆S之间的距离,将该距离大于预定义半径的各传感器测量值丢弃。利用训练数据和式(5.13)估计源强度A_S,即

$$\hat{A}_S = \frac{1}{nKN} \sum_{i=1}^{N} d(S, s_i)^2 \sum_{k=1}^{K} \sum_{j=1}^{n} m_{i,k,j}^S \tag{5.16}$$

式中:$m_{i,k,j}^S$为传感器s_i的源窗口测量值;N表示到反应堆S的距离小于ε的传感器数量,$N \leq 21$;K为训练运行次数,$K=4$;n为每次运行的窗口测量数。

同样,在式(5.14)中估计背景强度可表示为

$$\hat{B} = \frac{1}{nKN} \sum_{i=1}^{N} \sum_{k=1}^{K} \sum_{j=1}^{n} m_{i,k,j}^B \tag{5.17}$$

利用式(5.16)和式(5.17)计算各传感器s_i处对应的强度,即

$$\hat{A}_i = \frac{\hat{A}_S}{d(S, s_i)^2}, \hat{B}_i = \hat{B} \tag{5.18}$$

式中:$i \in \{1, 2, \cdots, N\}$。

传感器权值估计为

$$\hat{w}_i = \ln \frac{\hat{A}_i + \hat{B}_i}{\hat{B}_i} \tag{5.19}$$

设虚警概率$P_{1,0} = 0.1$,检测概率$P_{1,1} = 0.9$。对于单个传感器和多数投票表决测试,自适应阈值为

$$\tau_{L_i} = \ln\frac{P_{0,1}}{1-P_{1,0}} + \hat{A}_i \tag{5.20}$$

在感知网络测试中,有

$$\tau_L = \ln\frac{P_{0,1}}{1-P_{1,0}} + \sum_{i=1}^{N}\hat{A}_i \tag{5.21}$$

与式(5.12)中的 IE SPRT 类似,使用上述估计和阈值来定义单个传感器和感知网络 LH – IE SPRT 为

$$\tau_{L_i}:\hat{w}_i m_{i,j}, \tau_L:\sum_{i=1}^{N}\hat{w}_i m_{i,j} \tag{5.22}$$

对于每个数据集组合,这些 SPRT 使用不同的窗口大小执行多次,从 $w=1$ 开始,每次迭代增加 5,以 $w=56$ 结束。

5.3.3 性能对比

估计单个传感器、多数投票表决和感知网络 3 种 LH – IE SPRT 分类器的虚警概率和检测概率,结果汇总在图 5.5 ~ 图 5.10 所示的网格图集合中,其中 Y 轴为虚警概率和检测概率,X 轴为窗口大小。通常情况下,降低阈值参数 τ 可以提高正确检测概率,同时也增加了虚警概率。在将感知网络 LH – IE SPRT 应用于所有 6 对数据集,分类器的期望性能是在低虚警概率的情况下具有高的检测概率。

这些窗口大小与检测概率表说明,即使排除了远离反应堆的已知传感器,也并不是所有剩余的传感器都能在单个传感器测试中表现良好。在低辐射强度 7.6uCi 下包含 Cs – 137 的数据集中尤其明显,因为有多个传感器的虚警概率逐渐上升,如图 5.7 ~ 图 5.10 所示。多数投票表决看似合理,却不能解决辐射源辐射强度低或远离感知网络的情形,如图 5.7 和图 5.10 所示。而融合感知网络性能稳定,在增加窗口大小的循环迭代中实现了最佳检测。这种性能提升在放置于最远

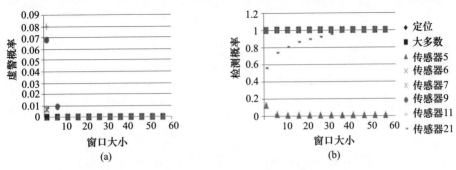

图 5.5 Cs – 137 窗口大小与虚警概率和检测概率的关系
(a)虚警概率;(b)检测概率。

处的低辐射强度 Cs-137 组数据中可以明显看到,如图 5.10 所示。在这种情况下,网络由 3 个传感器组成,其中两个传感器性能较差,但网络能够利用第三个传感器进行更好地检测,并在测试的 SPRT 中获得最佳性能。

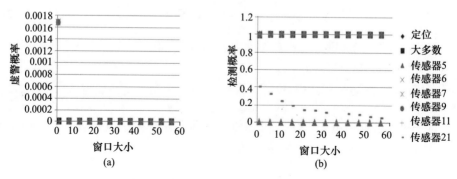

图 5.6 Co-57 窗口大小与虚警概率和检测概率的关系
(a)虚警概率;(b)检测概率。

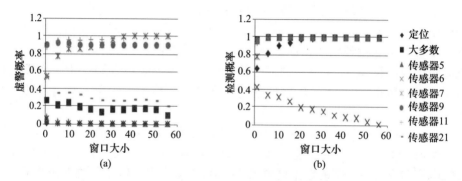

图 5.7 Cs-137_1 窗口大小与虚警概率和检测概率的关系
(a)虚警概率;(b)检测概率。

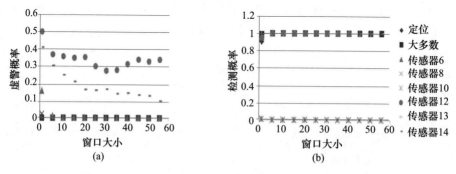

图 5.8 Cs-137_2 窗口大小与虚警概率和检测概率的关系
(a)虚警概率;(b)检测概率。

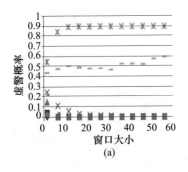
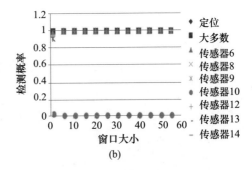

图 5.9 Cs-137_3 窗口大小与虚警概率和检测概率的关系
(a)虚警概率；(b)检测概率。

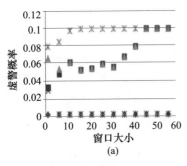
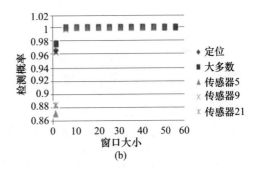

图 5.10 Cs-137_4 窗口大小与虚警概率和检测概率的关系
(a)虚警概率；(b)检测概率。

5.4 高通量同位素反应堆(HFIR)实验结果

第二个数据集由 3 组传感器测量数据综合生成,用服从泊松分布的二次强度衰减模型对 3 种惰性气体的流出物进行仿真生成。其中,Ar-41、Cs-138、Xe-138 三种流出物类型均在橡树岭国家实验室的 HFIR 通风烟囱处收集。该反应堆建于 20 世纪 60 年代中期,目的是生产超铀同位素。目前,它的业务包括材料辐照、中子活化和中子散射。在 HFIR 中,气体排放通过一个共享高 250ft(1ft = 0.3048m)的钢筋混凝土烟囱,底部内径为 14ft,顶部内径为 5ft,如图 5.11(a)所示。图 5.11(b)所示的 14 种稀有气体的测量数据是在 S 处收集的。在这些排放物中,只有 Ar-41 是 HFIR 的主要副产物,其他的是次生副产物。其他大多数同位素来源于不同的再处理设施,它与 HFIR 共享废气堆。本节在每个综合生成的数据集上测试单个传感器、多数投票表决和感知网络的 LH-IE SPRT,并比较每种数据类型的检测性能。

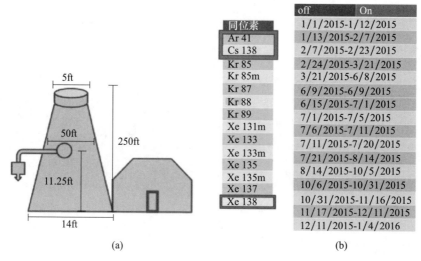

图 5.11 HFIR 反应堆设施和 2015—2016 年的操作时间(Isotopes:同位素)
(a)HFIR 反应堆设施;(b)HFIR 放射性流出物中的同位素及其操作时间线。

5.4.1 高通量同位素反应堆数据集和 SPRT 实验

使用高纯度锗探测器在反应堆(HFIR)S 上约 11.25ft 高的采样点对排放气体进行连续监测。每 4h 通过伽马能谱在线统计分析测量数据,只有超过预设阈值的测量数据才会被记录并存储在内存中。除了采用 Ar-41、Cs-138 和 Xe-138 生成数据集之外,大多数其他流出物的测量值都低于这些阈值,且非常稀疏。图 5.12(a)~(c)分别展示了在图 5.11(b) 的 HFIR 运行期间,Ar-41、Cs-138、Xe-138 的实测辐射值,其中蓝色对应反应堆关闭时段,绿色对应反应堆开启时段。

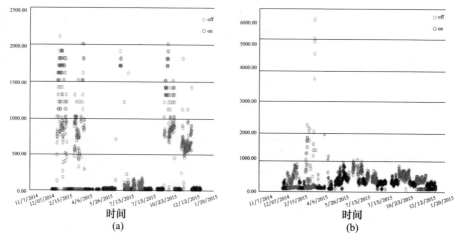

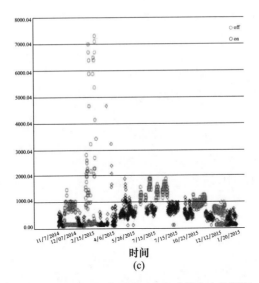

(c)

图 5.12 （见彩图）反应堆开/关时的流出物测量
(a) Ar-41; (b) Cs-138; (c) Xe-13。

反应堆 S 与另一个设施的共享使得 HFIR 的开关状态分类复杂化。然而，一方面考虑到 Ar-41 是 HFIR 的主要副产品，它的测量结果可以很好地预测设备的状态；另外，Cs-138 和 Xe-138 可能由其他后处理设施产生，因此它们的测量结果不太可靠，只能作为反映 HFIR 状态的有用指标。由于这些共享设施流出物的存在，不能预先确定将 LH-IE SPRT 应用于 Cs-138 和 Xe-138 数据集能够真实反映 HFIR 的运行状态。已证实融合感知网络是所有测试中最稳健的 LH-IE SPRT，因此更不容易受到这种共享反应堆的影响，具有更优越的性能。

为了生成训练和测试数据集，使用每个气体排放物测量值 $\{m_j^*\}_{j=1}^n$ 来估计在开关操作期间的反应堆辐射强度，即

$$\hat{A}_{S_k} = \frac{1}{n}\sum_{j=1}^n m_j^{S_k}, \hat{B}_k = \frac{1}{n}\sum_{j=1}^n m_j^{B_k} \tag{5.23}$$

式中：$k \in \{Ar-41, Cs-138, Xe-138\}$。

假设反应堆 S 位于检测网格 $\mathcal{G}$ 的中心，在 S 周围放置 21 个虚拟传感器，位置 $s_i \in \mathcal{G}$ 随机（$i \in \{1,2,\cdots,21\}$），并指定辐射强度，即

$$\hat{A}_i = \frac{\hat{A}_{S_k}}{d(S_k,s_i)^2}, \hat{B}_i = \hat{B}_k \tag{5.24}$$

与 IRSS 数据集一样，丢弃了距离反应堆 S 大于固定半径 ε 的传感器。利用剩余的传感器，依据泊松分布生成训练和测试数据集，用于开关操作阶段，即

$$m_j^S \sim \text{Pois}(c\hat{A}_i), m_i^S \sim \text{Pois}(c\hat{B}_i) \tag{5.25}$$

式中：$i \in \{1,2,\cdots,N\}$；$c \in \mathbb{N}$，为缩放因子。

使用训练集来估计 LH – IE SPRT 的强度和权重。源 $\hat{A}_{S_k}$ 和背景 $\hat{B}_k$ 的强度估计分别为

$$\hat{A}_{S_k} = \frac{c}{nN}\sum_{i=1}^{N}d(S_k,s_i)^2\sum_{j=1}^{n}m_{i,j}^S, \hat{B}_k = \frac{c}{nN}\sum_{i=1}^{N}\sum_{j=1}^{n}m_{i,j}^B \quad (5.26)$$

同时计算了相应的强度估计和传感器权重,即

$$\hat{A}_i = \frac{\hat{A}_{S_k}}{d(S_k,s_i)^2}, \hat{B}_i = \hat{B}_k, \hat{w}_i = \ln\frac{\hat{A}_i + \hat{B}_i}{\hat{B}_i} \quad (5.27)$$

对于 $i \in \{1,2,\cdots,N\}$ 的各传感器 s_i 均成立。对于单个传感器和多数投票表决的测试,自适应的 LH – IE SPRT 阈值形式为

$$\tau_{L_i} = \ln\frac{P_{0,1}}{1 - P_{1,0}} + c\hat{A}_i \quad (5.28)$$

在感知网络测试中,阈值变为

$$\tau_L = \ln\frac{P_{0,1}}{1 - P_{1,0}} + \sum_{i=1}^{N}c\hat{A}_i \quad (5.29)$$

因此,得到的 LH – IE SPRT 阈值与式(5.22)相同。对 Ar – 41、Cs – 138 和 Xe – 138 三种气体排放物类型分别进行了单个传感器、多数投票表决和感知网络测试。

5.4.2 性能对比

本节使用 HFIR 通风装置排放物的综合数据集来估计单个传感器、多数投票表决和感知网络的 LH – IE SPRT 的虚警概率和检测概率。结果汇总在虚警概率和检测概率随窗口大小变化的图中,如图 5.13、图 5.14 和图 5.15 所示。这些图说明,即使排除了远离反应堆的传感器,也不是所有剩余传感器在单个传感器测试中都表现良好。这一点在 Cs – 138 和 Xe – 138 对应的数据集中表现得尤为明显,如

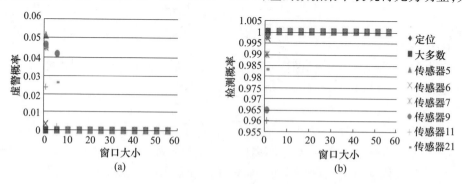

图 5.13 Ar – 41 窗口大小与虚警概率和检测概率的关系
(a)虚警概率;(b)检测概率。

图 5.14(a)和图 5.15(a)所示。简单的多数投票表决器和感知网络的 LH – IE SPRT,分析 Ar – 41 数据集的表现良好。然而,对于所有反应堆关闭状态下的 Cs – 138 和 Xe – 138 数据集,简单的多数投票表决器检测失败,如图 5.14(a)和图 5.15(a)所示。它们与共享反应堆带来的双重流出物效应是一致的。由此得出结论,感知网络的 LH – IE SPRT(图中称为"定位")始终表现更好,如图 5.13 和图 5.14 所示,并假设更大的窗口大小将进一步降低 Xe – 138 的虚警概率。

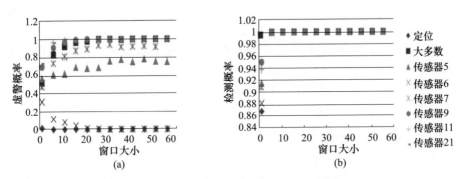

图 5.14　Cs – 138 窗口大小与虚警概率和检测概率的关系
(a)虚警概率;(b)检测概率。

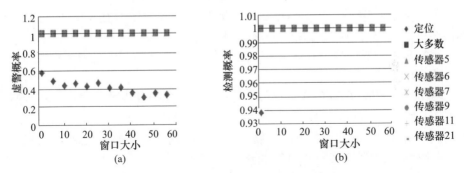

图 5.15　Xe – 138 窗口大小与虚警概率和检测概率的关系
(a)虚警概率;(b)检测概率。

5.5　基于强度估计概率序列测试(SPRT)性能

通过式(5.13)、式(5.14)中定义的反应堆辐射强度估计值 $\hat{A}_s$ 和 $\hat{B}$,从固定阈值 SPRT 推导 IE SPRT 算法的性能边界。首先考虑单一位置采集的测量值,然后考虑同一网络中不同位置传感器的测量值。

5.5.1 单一位置传感器的测量值

对于单一传感器 s_i,将 IE SPRT 记为 $\mathcal{L}_{i;\hat{S}}$:
$$F_L(P_{0,1},P_{1,0},\hat{A}_i):F_w(\hat{A}_i,\hat{B}_i)m_i:F_U(P_{0,1},P_{1,0},\hat{A}_i) \tag{5.30}$$
将固定阈值 SPRT 记为 $\mathcal{L}_{i;\{\tau_L,\tau_U\}}$:
$$\tau_L:w_im_i:\tau_U \tag{5.31}$$
式中:$i\{1,2,\cdots,N\}$。

定义 5.2 令 $\mathcal{A}=(0,A_{\max}]\subseteq\mathbb{R}$ 为所有可能的辐射源强度。定义一个开球中心为 $A_k\in\mathcal{A}$ 并且半径 $\rho_A>0$ 的开球,即
$$\mathcal{B}(A_k,\rho_A)=\{A\in\mathcal{A}\mid |A-A_k|\rho_A\} \tag{5.32}$$
定义 $\mathcal{B}_0$ 为球心在 $A=\rho_A$ 的球,其中 $\rho_A\in\mathcal{A}$。

定义 5.3 强度空间 $\mathcal{A}$ 的一个 ρ_A-数据包是中心在 A_k、半径为 ρ_A 的开球的最大不相交并集,则
$$\bigcup_{k=1}^{K}\mathcal{B}(A_k,\rho_A)\subset\mathcal{A} \tag{5.33}$$
式中:$k\in\{1,2,\cdots,K\}$。

对于固定的 $A_{\max}$,一个 ρ_A 数据包包含 q 个球,其中,$A_{\max}=2\rho_Aq+r$ 并且 $0\leq r<2\rho_A$(由分类算法得到)。定义当球心的变化为 $A+A_k$(对于所有 $A\leq r$ 的情况),而球仍然在 $\mathcal{A}$ 中时,该数据包具有变换不变性。

定义 5.4 数据包数量 $\mathcal{N}(\mathcal{A},\rho_A)$ 记为强度空间 $\mathcal{A}$ 中,具有变换不变性的一个 ρ_A 数据包的尺寸。

对于一个 SPRT $\mathcal{L}$,$\varepsilon_T(\mathcal{L})$ 和 $\varepsilon_F(\mathcal{L})$ 分别为检测概率和虚警概率。进一步假设辐射源是服从 Lipschitz 可分的 SPRT,这是在泊松测量模型下满足的性质[18]。下面的定理结合关于数据包数量的函数 $\mathcal{N}(\cdot)$ 以及估计质量的函数 $\delta(\cdot)$,强调了 $\mathcal{L}_{i;\hat{S}}$ 对比相应阈值版本 $\mathcal{L}_{i;[\tau_L,\tau_U]}$ 的性能提升。

定理 5.1 考虑用利普希茨(Lipschitz)可分 SPRT 探测一个 Lipschitz 源 A_S,即基于 δ 单调稳定估计方法的一个 IE SPRT $\mathcal{L}_{i;\hat{S}}$,和足够多的测量数 n 下的任一固定门限 SPRT $\mathcal{L}_{i;\{\tau_L,\tau_U\}}$:

(1)真实检测概率满足
$$\varepsilon_T(\mathcal{L}_{i;\hat{S}})>[\varepsilon_T(\mathcal{L}_{i;\{\tau_L,\tau_U\}})+\mathcal{N}(\mathcal{A},\varepsilon_i)-1]\times\delta(\varepsilon_i,n)$$
式中:$\varepsilon_i:=\varepsilon_{\tau_U,\max}$。

(2)虚警概率满足
$$\varepsilon_F(\mathcal{L}_{i;\hat{S}})<[\varepsilon_F(\mathcal{L}_{i;\{\tau_L,\tau_U\}})+\mathcal{N}(\mathcal{A},\varepsilon_i)-1]\times\delta(\varepsilon_i,n)$$
式中:$\varepsilon_i:=\varepsilon_{\tau_L,\max}$。

证明 (1)和(2)部分的证明思路相似,仅给出前者的证明细节。选择阈值

τ_U,使得存在 $A_{\tau_U} \in \mathcal{A}$ 并且 $\tau_U = F_U(P_{0,1}, P_{1,0}, A_{\tau_U}, \hat{B}, n)$,$\tau_L = F_L(P_{0,1}, P_{1,0}, A_{\tau_U}, \hat{B}, n)$,$\varepsilon_T(\mathcal{L}_{i;|\tau_L,\tau_U|}) = 1$,也就是说,在选择的阈值 τ_U 中,对于 $\mathcal{L}_{i;|\tau_L,\tau_U|}$ 没有虚警。既然 $\mathcal{L}_{i;|\tau_L,\tau_U|}$ 是 Lipschitz 可分 SPRT,存在大于 0 的 ε_{TU} 使得 $\mathcal{L}_{i;|\tau_L,\tau_U|}$ 在球 $B(A_{\tau_U}, \varepsilon_{\tau_U})$ 中没有漏检。定义 $\varepsilon_{\tau_U,\max} = \max\{\varepsilon_{\tau_U} > 0 \mid \varepsilon_T(\mathcal{L}_{i;|\tau_L,\tau_U|})(\mathcal{B}(A_{\tau_U}, \varepsilon_{\tau_U}))) = 1\}$,并且令 $\mathcal{B}_{\tau_U} = \mathcal{B}(A_{\tau_U}, \varepsilon_{\tau_U,\max})$ 是中心为 A_{τ_U} 的最大开球,于是 $\mathcal{L}_{i;|\tau_L,\tau_U|}$ 不存在漏检。

将 $\varepsilon_{\tau_U,\max}$ 代入 IE SPRT$\mathcal{L}_{i;\hat{S}}$,同时利用 $\delta(\cdot)$ 随 n 的单调性,确保 $\hat{A}_S$ 在 A_S 的 $\varepsilon_{\tau_U,\max}$ 精度区中。通过计算强度空间 $\mathcal{A}$ 的 $\varepsilon_{\tau_U,\max}$ 包数量,识别 $\mathcal{B}_{\tau_U}$ 对应的开球,即 $\mathcal{L}_{i;|\tau_L,\tau_U|}$ 对应的球总是做出正确的判定,从而得出了证明。注意,在其他所有球的 $\varepsilon_{\tau_U,\max}$ 包中,$\mathcal{L}_{i;\hat{S}}$ 不产生概率为 $\delta(\cdot)$ 的错误,因此较 $\mathcal{L}_{i;|\tau_L,\tau_U|}$ 的性能更好。

在(1)部分中详细说明了检测概率界限,该部分假设源存在。回到 $\mathcal{B}_{\tau_U} = \mathcal{B}(A_{\tau_U}, \varepsilon_{\tau_U,\max})$ 是中心为 A_{τ_U} 的开球。令 $\mathcal{N}(\mathcal{A}, \varepsilon_{\tau_U,\max})$ 为 $\mathcal{A}$ 中 $\varepsilon_{\tau_U,\max}$ 包的数量,这些 $\varepsilon_{\tau_U,\max}$ 包在可能的变换后,某一个会成为球 $\mathcal{B}_{\tau_U}$。

由于固定 τ_L 和 τ_U,若源 A_S 在 $\mathcal{B}_{\tau_U}$ 中,更准确地说,若源强度 A_S 属于 $\{A \mid A \in \mathcal{B}(A_{\tau_U}, \varepsilon_{\tau_U,\max})\}$,$\mathcal{L}_{i;|\tau_L,\tau_U|}$ 将没有误检。但是 $\mathcal{L}_{i;|\tau_L,\tau_U|}$ 会在其他地方,特别是在所有其他 $\varepsilon_{\tau_U,\max}$ 包的球内部出现错误。在强度空间 $\mathcal{A}$ 中有 $\mathcal{N}(\mathcal{A}, \varepsilon_{\tau_U,\max})$ 个球,只有一个球对应于 $\mathcal{B}_{\tau_U}$(在 $\mathcal{B}_{\tau_U}$ 上,$\mathcal{L}_{i;|\tau_L,\tau_U|}$ 的检测不会出错)。另一方面,$\mathcal{L}_{i;|\tau_L,\tau_U|}$ 不会对 $\varepsilon_{\tau_U,\max}$ 包中的任何球产生概率 $\delta(\cdot)$ 的误差,即 $\varepsilon_T(\mathcal{L}_{i;\hat{S}}) = \mathcal{N}(\mathcal{A}, \varepsilon_{\tau_U,\max}) \times \delta(\varepsilon_{\tau_U,\max}, n)$。但是,对于球 $\mathcal{B}_{\tau_U}$,$\mathcal{L}_{i;|\tau_L,\tau_U|}$ 的检测概率为 1,而 $\mathcal{L}_{i;\hat{S}}$ 的概率为 $\delta(\cdot)$,于是得到不等式 $\varepsilon_T(\mathcal{L}_{i;\hat{S}}) > [\varepsilon_T(\mathcal{L}_{i;|\tau_L,\tau_U|}) + \mathcal{N}(\mathcal{A}, \varepsilon_{\tau_U,\max}) - 1] \times \delta(\varepsilon_{\tau_U,\max}, n)$。

上述定理的含义在性质上与 5.5.2 节中的含义类似,后者是针对网络中不同传感器位置的测量结果的融合而导出的,下面将同时描述这两种情况。

5.5.2 辐射感知网络测量值

对于在不同传感器位置收集的测量值,分别考虑式(5.11)的 IE SPRT$\mathcal{L}_{w;\hat{S}}$ 和式(5.12)的固定阈值 SPRT$\mathcal{L}_{w;[\tau_L,\tau_U]}$。用类似的方式给出了如下的感知网络版本定理 1 的证明。

定理 5.2 将 Lipschitz 源的检测视为使用加权 Lipschitz 可分 SPRT,即基于单调 δ-稳健估计方法的 IE SPRT $\mathcal{L}_{w;\hat{S}}$ 和具有足够多测量数 $n_w = n_i (i \in \{1, 2, \cdots, N\})$ 的任意固定阈值 SPRT$\mathcal{L}_{w;[\tau_L,\tau_U]}$。

(1)检测概率满足

$$\varepsilon_T(\mathcal{L}_{w;\hat{S}}) > [\varepsilon_T(\mathcal{L}_{w;[\tau_L,\tau_U]}) + \mathcal{N}(\mathcal{A}, \varepsilon_w) - 1] \times \delta(\varepsilon_w, n_w, N+1)$$

式中:$\varepsilon_w := \varepsilon_{\tau_U,\max}$。

(2)虚警概率满足

$$\varepsilon_F(\mathcal{L}_{w;\hat{S}}) < [\varepsilon_F(\mathcal{L}_{w;[\tau_L,\tau_U]}) + \mathcal{N}(\mathcal{A}, \varepsilon_w) - 1] \times \delta(\varepsilon_w, n_w, N+1)$$

式中,$\varepsilon_w := \varepsilon_{\tau_L,\max}$。

定理 5.1 和定理 5.2 的整体含义是非常相似的,用索引 $\alpha \in \{1,2,\cdots,N,w\}$ 来总结所有的情况。IE SPRT $\mathcal{L}_{\alpha;\hat{S}}$ 在期望检测概率 ε_T 和虚警概率 ε_F 方面均优于固定阈值 SPRT $\mathcal{L}_{\alpha;[\tau_L,\tau_U]}$,其性能与包数 $N(\cdot)$ 和 $\delta(\cdot)$ 成正比。直观地,$\mathcal{L}_{\alpha;[\tau_L,\tau_U]}$ 有效的源强度范围是由其先验阈值确定的,而 $\mathcal{L}_{\alpha;\hat{S}}$ 中使用的源强度估计在其动态阈值相应的多个范围内有效。此外,"较大"强度空间将具有较大的包数,因此 $\mathcal{L}_{\alpha;\hat{S}}$ 将带来更有效的检测。特别地,当考虑更大的强度空间 $\mathcal{A}$、更多的感知 N 和更多的测量数 n_α 时,$\mathcal{L}_{\alpha;\hat{S}}$ 的性能也将越好。无论如何为 $\mathcal{L}_{w;[\tau_L,\tau_U]}$ 选择阈值,定理 5.1 和定理 5.2 中的性能比较都是有效的。例如,它们可以基于特定领域的知识,如辐射源检测、贝叶斯推理或 Dempster – Shafer 理论[19]。

5.6 小结

本章利用位置固定已知、辐射源强度未知和存在背景辐射的感知网络测量值,构造了一个反应堆设施开/关操作状态推断的问题。设计了单边序列强度估计 SPRT,并讨论了基于 IRSS 和 HFIR 数据集的实验结果和性能比较。然后,给出了网络检测在检测概率和虚警概率方面与单个传感器和多数投票表决方法相比所具有的优越性能。此外,利用辐射强度空间的数据包数,分析给出了自适应阈值的单个传感器和感知网络相对于固定阈值的性能界限。

结果表明:①这些 LH – IE – SPRT 能够有效地推断反应堆设备的开关状态。然而,优越的结果需要融合设施固定半径内的所有传感器。②总的来说,与单个传感器的融合相比,多个传感器的融合提供了更好的性能。③LH – IE – SPRT 组网融合优于多数投票表决器 LH – IE – SPRT,从而说明选择融合规则的重要性。

未来的工作是进一步改进现有方法。可以设计一种始终如一的有效方法来建立与辐射源的感知距离。同样,最佳窗口大小的定义还没有确定,因为根据实验结果可以得出结论,增加窗口大小几乎会造成单调地改善或恶化结果。研究网络 LH – IE – SPRT 所需的窗口测量数以获得最佳决策,将会是一个有趣的问题。未来的工作方向包括进一步的模拟和数据集实验,以及集成声学、生物群、电源和冷却塔等其他感知模式。

参考文献

[1] Knoll, G. F. ; Radiation Detection and Measurement. Wiley, New York(2000)
[2] Varshney, P. K. ; Distributed Detection and Data Fusion. Springer, New York(1997)

[3] Brennan, S. M. , Mielke, A. M. , Torney, D. C. : Radiation detection with distributedsensor networks. Computer37(8),57 – 59(2004)

[4] Sundaresan, A. , Varshney, P. K. , Rao, N. S. V. : Distributed detection of a nuclearradiaoactive source using fusion of correlated decisions. In: International Conferenceon Information Fusion(2007)

[5] Rao, N. S. V. , Sen, S. , Prins, N. J. , Cooper, D. A. , Ledoux, R. J. , Costales, J. B. , Kamieniecki, K. , Korbly, S. E. , Thompson, J. K. , Batcheler, J. , Brooks, R. R. , Wu, C. Q. : Network algorithms for detection of radiation sources. Nucl. Instr. Meth. Phy. Res. A. 784,326 – 331(2015)

[6] Felau, P. E. : Comparing a recursive digital filter with the moving – average andsequential probability – ratio detection methods for SNM portal monitors. IEEETrans. Nucl. Sci. 40(2), 143 – 146(1993)

[7] Jarman, K. D. , Smith, L. E. , Carlson, D. K. : Sequential probability ratio test forlong – term radiation monitoring. IEEE Trans. Nucl. Sci. 51(4),1662 – 1666(2004)

[8] Nelson, K. E. , Valentine, J. D. , Beauchamp, B. R. : Radiation detection method andsystem using the sequential probability ratio test. U. S. Patent 7,244,930 B2(2007)

[9] Rao, N. S. V. , Ma, C. Y. T. , Yau, C. Y. T. : On performance of individual, collectiveand network detection of propagative sources. In: International Conference onInformation Fusion(2013)

[10] Rao, N. S. V. , Shankar, M. , Chin, J. C. , Yau, D. K. Y. , Yang, Y. , Xu, X. , Sahni, S. : Improved SPRT detection using localization with application to radiation sources. In: International Conference on Information Fusion(2009)

[11] Ramirez, C. , Rao, N. S. V. : Facility on/off inference by fusing multiple effluencemeasurements. In: IEEE Nuclear Science Symposium(2017)

[12] Rao, N. S. V. , Sen, S. , Berry, M. L. , Wu, C. Q. , Grieme, K. M. , Brooks, R. R. , Cordone, G. : Datasets for radiation network algorithm development and testing. In:2016IEEE Nuclear Science Symposium(2016)

[13] Canonical IRSS datasets. Available. https://github.com/raonsv/canonicaldatasets

[14] Archer, D. E. , Beauchamp, B. R. , Mauger, J. G. , Nelson, K. E. , Mercer, M. B. , Pletcher, D. C. , Riot, V. J. , Schek, J. L. , Knapp, D. A. : Adaptable radiation monitoringsystem and method, U. S. Patent 7,064,336 B2(2006)

[15] Johnson, N. L. : Sequential analysis: a survey. J. Roy. Stat. Soc. Ser. A 124(3),372 – 411(1961)

[16] Chin, J. C. , Rao, N. S. V. , Yau, D. K. Y. , Shankar, M. , Srivathsan, S. , Iyengar, S. S. , Yang, Y. , Hou, J. C. : Identification of low – level point radioactive sources using asensor network. In: ACM Transactions on Sensor Networks(2010)

[17] Devroye, L. , Gyorfi, L. , Lugosi, G. : A Probabilistic Theory of Pattern Recognition. Springer, New York(1996)

[18] Rao, N. S. V. , Chin, J. C. , Yau, D. K. Y. , Ma, C. Y. T. : Localization leads to improveddistribution detection under non – smooth distributions. In: International Conferenceon Information Fusion(2010)

[19] Duda, R. O. , Hart, P. E. , Stork, D. G. : Pattern Classification,2nd edn. Wiley, NewYork(2001)

第6章
多传感器组网改进自主车道检测

Tran Tuan Nguyen[1✉], Jens Spehr[1], Jonas Sitzmann[1], Marcus Baum[2],
Sebastian Zug[3], and Rudolf Kruse[3]

[1]Volkswagen Group, Berliner Riry[2], 38440 Wolfsburg, Germany
{tran. tuan. nguyen, jens. spenr, jonas. sitzmann}＠ volkswagen. de
[2]university of Göttingen, Goldschmidts traBe7, 37077 Göttingen, Germany
marcus. baum＠ cs. uni‐goettingen. de
[3]Otto‐von‐Guericke university, Universitaetsplatz 2,
39106 Magdeburg, Germany
{sebastian. zug, rudolf. kruse}＠ ovgu. de

摘要：本章提出了一种基于多传感器组网改进自主检测车道的方法。多传感器组网可以保证在某一传感器发生故障时，系统仍可以正常工作。每个传感器的可靠性受到环境条件的制约，如车道标志的可见性。介绍了基于角度偏差来评估车道检测可靠性的方法；然后采用增强算法从获得的信息中选择高可靠性的特征。基于所选择的特征，本章使用不同的分类器来训练信源的可靠性；最后利用Dempster‐Shafer证据理论（D‐S证据理论）来稳定估计可靠性，并通过实验证明了该方法的有效性。

6.1 引言

道路估计在许多高级驾驶员辅助系统（ADAS）中至关重要，对于3级以上的自动驾驶[1]更是必不可少。在3级以上的自动驾驶中，系统需要负责转向和加速。相机在该系统中的应用最为广泛[2]，然而，相机性能受环境条件的限制，没有/不明显的标记、运动曲线不平滑等都会影响相机性能。因此，仅利用相机图像进行道路估计很难满足系统指标。通过融合数字地图、其他车辆信息等不同正交传感器源，系统可以克服使用单传感器存在的弊端，提高可靠性。然而，多传感器组网并非简单地组合所有传感器源。最优道路估计依赖于每个传感器源的可靠性,而这些值又仅为估计值。

本章提出了在线估计可靠性的新概念,并将其集成到整体融合中,以实现可靠的道路检测。简单来说,可靠性估计必须通过估计低可靠性来指示错误检测。相反,正确检测将具有较高的可靠性。

本章将所提出的可靠性概念应用于多个自主车道检测的融合问题,以证明其可行性和实用性。图 6.1 给出了 4 种可能的自主车道类型:

(1)前方车辆的唯一行驶路径——车辆假设(VH)。
(2)只有自主车道右侧的下一个标记——右侧假设(RH)。
(3)只有自主车道左侧的下一个标记——左侧假设(LH)。
(4)两侧车道标线——中心假设(CH)。

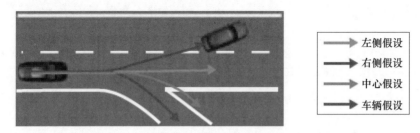

图 6.1 (见彩图)在 4 种输入信息下车道检测假设

对于两侧车道标线一致且前方车辆如图 6.2(a)所示的简单场景,可以选择任何假设。在图 6.2(b)中,仅应选择左侧假设,以使车辆保持在当前车道上。在图 6.2(c)中,无法检测出出口匝道的左边标记(蓝色),因此这里唯一正确的选择是右侧假设。在图 6.2(d)中,没有右车道标记的宽车道超过预期的标准车道宽度。在这种情况下,最好的选择是跟在前面的车后面,保持在车道中间。即使领先车辆的盲目跟随可能导致不必要和不经意的换道,也比停止自动驾驶功能要好。在图 6.2(e)所示车道标线不良的情况下,只有车辆假设是合适的。如图 6.2(f)所示,当没有可用的假设时,其他来源也可利用约束条件。

本节说明了现有工作[3-6]在填补可靠性估计(RE)[7]研究领域空白有着重要贡献。6.2 节将讨论道路评估的必要性,并对可靠性进行研究。6.3 节介绍了该方法的主要思路及其对现有方法的贡献。6.4 节提出了一个与传感器无关的自主车道估计误差度量,该方法简便好用,并为 6.5 节的可靠性分类提供了依据。6.5.3 节使用增强算法来选择与信源可靠性密切相关的高鉴别特征。根据选定的功能,6.5.4 节应用不同的分类器学习可靠性,如随机森林或支持向量机。基于 Dempster-Shafer 证据理论,该融合方法估计了对自主车道假设最优组合的可靠性。最后,评估了融合结果的可靠性,使用实时记录数据预处理后验证性能[8]。

图 6.2 （见彩图）多个场景下，从相机和合理假设中得到的左侧（绿）与右侧（红）的路沿标记
(a)H；(b){左侧假设}；(c){右侧假设}；(d){中心假设}；(e){车辆假设}；(f)ϕ。

6.2 相关工作

6.2.1 用于自主车道检测的多源融合

由于没有一个传感器能够可靠地检测道路，因此有多种方法来融合多个传感器。这些方法可分为低层次方法和高层次方法。低层融合直接结合来自多个传感器的测量，以减少错误检测。例如，Xiao 等通过将 lidar 数据合并到相机图像中来防止误报[9]。然而，低级别的融合方法需要经过良好校准的传感器以及它们的坐标系之间的精确转换。为了解决这个问题，可以采用高级融合。因此，对可能的道路路线的多个假设是从不同的来源独立创建的，然后融合成最终结果[10-12]。这样，所有假设被认为是同样可靠的，因此通过计算所有输入信息的平均值来执行融合。这导致了不可靠假设对融合结果的影响而造成的误差。

6.2.2 融合可靠性

为了解决多源融合问题，许多工作定义了可靠性并将其集成到融合过程中。

1. 可靠性的含义

传感器的可靠性通常理解为传感器的性能,即检测精度[4]、空间精度[13]、似然函数[14]、噪声[15]等。质量可靠性[16],可以采用虚警概率[17]或分类置信度[18]来度量,其中分类置信度用 R_s 来表示,量化分类器的分类性能。

2. 如何获得可靠性

Rogova 等评估遥感采用了不同的方法。虽然专家知识很容易参与这项任务,但它是主观的,不能使用收集的数据作为数据驱动的方法自动更新。Hartmann 等不使用专家知识,而是使用数字地图和多个传感器之间的一致信息作为可靠性指标[17]。因此,他们能够检测错误,即低可靠性,但不能识别不正确的传感器。类似地,Delmotte 等建议使用源的数量来定义 R_s,这与文献[19]的方法一致。然而,在大部分源数据错误时,这种方法将失效。在这种情况下,正确的数据较少,将它们丢弃掉会导致错误的结果。作为第三种方法,可将 s 与参考数据进行比较,进而获得 R_s。Nguyen 等对可能的指标进行了详细调查。因此,输入信息量度(如基于像素的车道标线位置[20]、回旋线车道模型[21])、参考原点(如数字地图[17]、人类驱动的轨迹[22])和应用量度(如相对于参考的横向偏移[23])的表示上不相同。

3. 如何利用可靠性

有三种主要的可能性来利用融合过程中的可靠性,并尽量减少不可靠来源的影响。首先,R_s 可用作加权平均融合的权重,如文献[15,24]所示;然后,这种方法并不能完全从融合中排除不可靠的来源,在文献[6,25]中,使用阈值 ε_R,根据 $R_s < \varepsilon_R$ 准则,排除不可靠源 s;最后,这些方法可以通过使用 R_s 作为权重来组合,仅用于可靠源($R_s < \varepsilon_R$)的平均融合[22]。

6.3 可靠感知车道检测

在前面描述了多源融合的可靠性需求之后,详细介绍了我们的概念。如图 6.3 所示,这项工作建议将可靠性作为标准模型驱动道路估算方法的扩展,由 Toepfer 等[12]提出。我们的实验车配备有一个单摄像头、一个激光雷达、一个标准 GPS 接收器和许多雷达传感器①。利用传感器制造商的处理模块,我们得到车道线、动态

---

① 所有的内置传感器和检测模块都是原型,因此它们与大众汽车的任何系列产品都没有关联。

对象、上下文信息等的检测结果,从而在每次检测中附加一个内部估计的存在值,该值由不同的输入信息和不同的框架理论生成。这些值的有效范围不同,不能直接比较。因此,我们提出的可靠性评估将作为一个额外的监督系统,并学习如何优化组装的来源。与包含许多单一步骤的经典方法(如特征提取、模式识别、应用手动定义的专家规则来获得可靠性)相比,我们的方法更具可持续性,并且在训练阶段所需的工作量更少[6]。

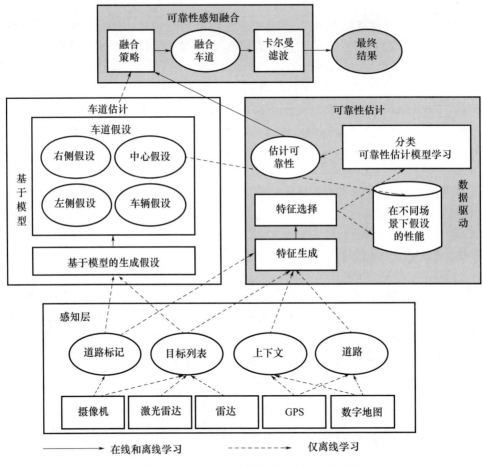

图6.3 利用可靠性获得多种道路假设的最佳融合

6.4 自主检测车道的稳定性

本节主要讨论如何定义和度量车道检测的可靠性。

6.4.1 要求

一般来说,一个好的性能衡量标准应该考虑再现性、有效性和可比性3个方面[26]。据Nguyen等[5]所说,需要给出进一步的要求,以便可以广泛应用于性能度量。

(1) R1——多传感器:一个好的度量标准应该适用于大多数传感器,这些传感器提供有关道路路线的信息,如车道标记、数字地图、路缘石、护栏等。当传感器具有可比性时,根据给定场景中传感器的性能,可以使用或排除其他的传感器[3,6]。

(2) R2——多级:不仅要使用传感器,还要使用唯一的度量来评估道路检测过程及其后续功能。因此,该度量可以应用于在所有处理级别上测量整个道路检测,以便能够更好地定位错误。

(3) R3——类人行为:度量标准应该像人类那样评估所有信息源。

(4) R4——自主:评估应尽可能少地涉及人力。这是逐步开发和发布具有不同自主水平的自动驾驶车辆的一个重要方面[1]。例如,约有20亿km必须在无事故的情况下行驶,并以95%的置信水平通过测试,即自动车辆的性能至少是人类驾驶员的2倍(两起死亡事故之间行驶距离的10倍)[27]。由于没有人可以手动标记这么多数据,因此需要一个具有自主评估能力的度量。

(5) R5——依赖项:评估不应依赖于太多的进一步传感器来创建参考,如昂贵的DGPS、高分辨率激光雷达等。依赖性越小,其他研究人员应用的指标就越广泛,他们可能没有昂贵参考系统的预算。

6.4.2 单一传感器性能测量

为了节约标记时间和昂贵的测试设备来生成基准,本节以手动驱动的轨迹作为参考(要求R4与R5)。对于大量数据,可伸缩度量。广泛使用的横向偏移量不适合所有"检测器"[5],进行基准测试,如车道标记、路缘石、护栏等。原因是只有驱动路径作为参考,而没有实际位置进行比较。此外,由于不涉及详细地图,不知道车道的真实位置。通过比较人工驾驶路径和估计的自主车道,假设得到了正确的估计,但总是会遇到获得的侧向偏移超过设计阈值的情况。在数据记录时不可能总是完全在车道中心行驶,车道宽度在不同的情况下变化很大。

使用Nguyen等提出的传感器不相关度量[5],它计算假设和人类驱动轨迹之间的角度偏差。此测量优先于平行度而不是参考,并且不惩罚横向偏移。对于车道保持任务,与实际道路路线平行的每个假设都是有用的。考虑到角度差似乎比侧向偏移更合理、更人性化(要求R3),因为转向角还用于训练许多分类器朝向端到端学习,如文献[28]中的神经网络。记录数据时,试图在车道中间行驶,与车道边界保持恒定的偏移,避免车道改变。图 6.4 说明了确定角度差 $\Delta\alpha$ 的原理和定点标记技术[29]。$\Delta\alpha$ 越小,假设轨迹 h 越好。

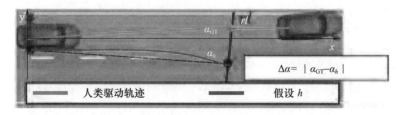

图 6.4 (见彩图)假设轨迹 h 与人类驱动轨迹之间的角度差 $\Delta\alpha$[5]

图 6.5 度量 $\Delta\alpha$ 与 Δd(广泛使用的横向偏移量[4,28])和 $\Delta\alpha_H$(Hartmann 等推导的角度偏差[17])。

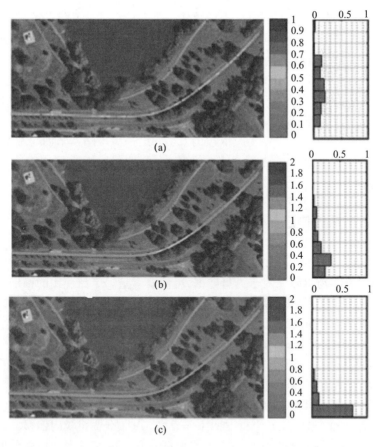

图 6.5 (见彩图)利用差分 GPS 对不同测量方法下的人类驱动轨迹与详细地图进行比较[5]
(a)位置测量误差 $\Delta d/m$;(b)角度测量误差 $\Delta\alpha_H$;(c)改进后的测角误差 $\Delta\alpha$

通过使用高精度的 DGPS,我们希望识别出显示手动驱动路径和详细地图之间最大相似性的度量。尽管我们尽了最大努力在车道中央行驶,但行驶路径始终与详细地图不同,平均 Δd 为 $0.4 \sim 0.5 \text{m}$。最大的 Δd 约为 0.7m,因为在地图中存储的车道中间行驶较难。当这项测量没有显示出两个参考之间的一致性时,就很难找到一个阈值 ε_d 来区分好和坏的自主路径估计。当使用角度偏差 $\Delta \alpha_H$ 在 $E[\Delta \alpha_H] = 0.3°$ 时[17],也存在同样的问题。此外,当 Δd 和 $\Delta \alpha_H$ 两者都不适合评估自主路径检测时,它们也不适合评估各种道路检测器的结果,如车道标记、引导车辆(要求 R1)。图 6.5(c)中的度量结果表明,这两个参考大部分一致,因为该度量对测试车辆检测的横向偏移不变。因此,即使检测到的车辆在相邻车道上行驶,也可以与行驶路径进行比较。

通常,使用一个数据库离线评估,其中包含来自不同场景的手动驱动的真实记录(图 6.6)[5]。考虑到要求 R2,提高整个系统的可靠性,或者识别每个子组件的优缺点,对每个子组件进行评估是至关重要的。因此,应用一种独特的方法来评估每个处理步骤的结果:全"道路探测器",用于道路估计及其以下应用。由于角度度量是与传感器不相关的,而且只考虑从 y 轴开始具有一定行程长度的控制点,因此它可以应用于所有级别和任何表示模型的结果。

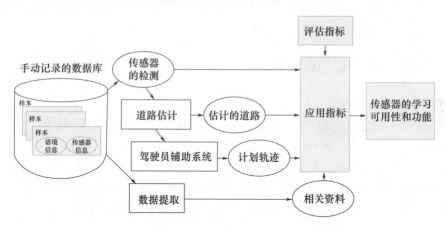

图 6.6 用于评估整个道路估计任务的不同处理级别的评估框架[5]

显然,使用人工驾驶路径作为参考将产生不正确的地面真值数据用于车道变更或转弯操作,因此在评估时手动移除此类操作[22,30],这种标记工作仍然比基于像素的图像标记低得多。由于我们的度量是通用的且与传感器不相关,因此它无法详细评估每个检测器,如正确检测的像素数或车道标记类型的检测精度[31]。另一个缺点是,由于只关注假设的曲率,因此提出的度量无法评估估计的车道宽度和道路面积[32-33]。因此,没有必要精确地检测每一个单车道标线像素。更重要的是评估车道标记的最终输出是否有助于实现自动驾驶功能。

6.5 自主车道估计的学习可靠性

为了评估自主车道估计的质量,6.4.2节中介绍的度量能够评估车道估计本身的结果,也能够评估不同的"检测器"对于引导车辆、路缘、车道标线等的结果。此外,它只需要低成本的传感器从手动驾驶路径中重建参考。

6.5.1 使用分类器的学习可靠性

如前所述,将其建模为一个分类问题[6]。对于每个自主通道假设h,目标是估计类$\Delta\alpha<\varepsilon_\alpha$或$(\Delta\alpha\geq\varepsilon_\alpha)$的归属程度。关于Nguyen等在文献[5]中的分析,我们决定选取$\varepsilon_\alpha=2°$。在离线训练阶段,利用大量真实数据记录对分类器进行训练和评估。因此,特征向量X包含4个分量,即$X=[s_h,Y_{int},Y_{ext},\tau]^T$,其中$s_h$表示状态$h$,内部环境$Y_{int}$(如里程数据)、外部环境$Y_{ext}$(如道路类型)和所有假设之间的一致性$\tau$。对于离线评估和在线估计,$R_h$是与获得的假设$h$的隶属度相关的。与文献[34]中使用传感器相关因素计算的方法相比,本章的方法更适用于通过训练学习传感器设置或环境动力学变化的$R_h^{[6]}$。

6.5.2 分类器的训练数据

为了创建分类器的训练数据,本节描述的特征向量$X=(x_1,x_2,\cdots,x_n)^T$由4个类别组成。表6.1(a)展示了包含所有可调节参数的子集,这些参数表示先导车辆(Veh)的行驶路径,左、右车道分别标记LeftLM和RightLM。此外,尽管检测错误,但检测到的车道标记存在值ξ有时非常高。作为前工作的扩展[3,25],引入了额外的特性τ来捕获输入之间的一致性[表6.1(a)中的最后两行]。比较了所有可用参数$h\in\{LeftLM, RightLM, Veh\}$的长度导数和曲率参数及其平均值($\bar{l},\bar{\varphi},\bar{c}_0,\bar{c}_1$)。表6.1(b)展示了$X$的另一个子集,表示自主道路检测车辆和可用先导车辆的特性。它包括位置和速度。表6.1(c)表示了从标准导航地图中提取的外部特征Y_{ext}。与Topefer等的方法对比[12],不使用包含每个单行道(如转弯车道)的详细信息的车道精确地图。

与本章的概念相反,Guo等[15]将学习可靠性问题分解为学习两个可靠性的子问题,并提供操作人员将二者结合起来。因此,静态R^s的训练使用传感器测量(监督学习)训练,动态R^d的训练使用一致信息(无监督学习)。与文献[15]相比,本节利用上述所有特征将分类器训练为有监督学习。这简化训练过程,避免了R^s与R^d组合的冲突,以及可能需要三阶可靠性的情况。基于特征向量只包含GPS位置,Romero 等创建一个全自动的多传感器最佳位置配置图[22]。但他们的方法仅限于这个特定领域,不能像本章的方法那样泛化,因为该方法使用了一个综合的特征向量 X。

表 6.1 分类器训练的特征向量[6,25]

(a)车道自主检测相关的特征与特征之间的一致性			
参数	特征描述	参数	特征描述
y_0	横向偏移	ξ	检测值
l	长度	φ	角度
c_0	曲率	c_1	曲率变化
l_{RMS}	l 均方根	φ_{RMS}	φ 均方根
c_{0RMS}	与 $\bar{c}_0$ 均方根	c_{1RMS}	c_1 均方根
(b)目标特征参数			
参数	特征描述	参数	特征描述
x	纵向位置	v_x	x 纵向速度
y	横向位置	v_y	y 横向速度
(c)从导航地图提取的特征			
特征	描 述		
道路类	城市,连接,农村,高速		
车道类	正常,相交,合并,分割		
城市限制	30km/h,50km/h,80km/h,100km/h,没有限制		

6.5.3 特征选择

本节应用输入数据的降维来提高分类性能[6,25]。有两种最流行的技术,分别为特征选择(FS)和特征采集(FE)[35]。一方面,FS 目的是识别高鉴别特征,然后创建一个最优子集 $X_{opt} \subseteq X$;另一方面,FE 通过将原始特征投影到新的特征空间(如使用 Principle Component Analysis)来减小尺寸。FE 方法的缺点是原始特征和新构造特征之间的关系不明显[36]。多个原始特征组合在一起但不存在物理意义,导致了转换后的特征的可读性和可解释性较差。因此,本节将 FS 方法应用于这项工作。一般来说,FS 技术分为过滤、封装和嵌入三大类[35]。过滤方法使用特定的标准对特征进行排序,而不考虑诱导分类器。这些方法简单,计算效率高。然而,它们忽略了所选子集对分类性能的影响[37]。为了解决这个问题,封装方法使用一个特定的分类器进行排序。它们迭代地选择一个特征子集,并基于特定的准则

(如分类性能、错误率等)评估其质量。由于迭代次数多,它们比过滤方法在计算上更昂贵。然而,它们的结果通常具有更高的准确性,并且它们独立于基础分类器的选择[36]。为了利用这两种方法,嵌入的方法首先使用统计准则来选择可能相关的特征;然后使用特定的分类器迭代地对它们求值。因此,它们成本较低,并且产生与封装方法类似的结果。因此,我们应用一种嵌入方法[38]——随机森林(random forests,RF)算法来获得 X_{opt}。

应用 RF 算法后,图 6.7 给出了用于四种自主车道类型的可靠性估计的八个判别特征。由此,图 6.7(a)、(b)给出存在值 ξ、侧向偏移 y_0 和回旋线长度 l 分别是对应标记 LH 和 RH 的最重要特征。显然,CH 与 LH 和 RH 有强相关,因为 CH 只有当车道标线 LeftLM 和 RightLM 存在时才会生成(图 6.7(c))。对于 CH,估计的车道宽度是最重要的特征,这意味着 CH 对于太大或太小的车道会变得不可靠。对于 VH,除了其存在值 ξ 和回旋线长度 l 外,先导车辆的纵向速度 v_x 和纵向位置 x 也是非常重要的(图 6.7(d))。值得注意的是,一致的功能也得到了非常高的排名。这表明,假设之间的一致性对可靠性估计具有重要作用。

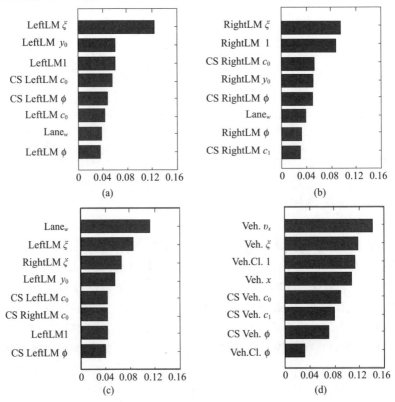

图 6.7 每个自主通道假设 RE 的相关特征[6]
(a)LH 特征输入;(b)RH 特征输入;(c)CH 特征输入;(d)VH 特征输入。

6.5.4 将分类器应用于学习可靠性

在学习可靠性方面,本节应用了几个分类器,并解释了如何获得可靠性系数 R_h。

(1) 随机森林:每个 RF 由 N 个决策树组成,决策树由不同的特征子集和训练数据组成[38]。定义 $R_h = N_R/N$,其中 N_R 表示为可靠类投票的树的数量。

(2) 支持向量机(SVM):SVM 是一个非概率线性分类器,它使用一个超平面将特征分为类[39]。在这项工作中,R_h 通过使用一个 Sigmoid 型函数 $R_h = 1/(1 + e^{-d_X})$ 获得,其中 d_X 表示给定 X 到边缘的距离。

(3) Naive Bayes(NB):基于贝叶斯定理,NB 是一个贝叶斯网络,假设给定类中所有特征都是独立的[40]。因此,定义 $R_h = P(C_h = \text{Reliable} \mid X) \propto P(C_h = \text{Reliable}) \cdot \prod_{i=1}^{n} \cdot P(x_i \mid C_h = \text{Reliable})$。

(4) k - 近邻(kNN)算法:通过 kNN 算法,类成员资格由 k 个近邻的多数投票决定[39]。因此,R_h 通过 $R_h = k_R/k$ 生成,其中 k_R 表示可靠类的邻居数。

6.6 可靠自主车道融合

对于文献[41]中的各种融合方法,本节介绍了基于 D - S 证据理论的可靠性基础融合策略,并与文献[6]中的其他方法进行了比较。

6.6.1 Dempster - Shafer 理论

以 D - S 证据理论为基础,Dempster - Shafer 理论(DST)提出了一个不同来源、不同信赖程度的证据组合框架[40,42]。在这项工作中,DST 是用来融合每一个假设 h 的估计 R_h 随着时间的推移。因此,每个假设 h 的识别框架都被建模为 $\Theta_h = \{\rho_h, \bar{\rho}_h\}$,其中 ρ_h 表示 h 可靠,$\bar{\rho}_h$ 表示 h 不可靠。因此,功率集定义为 $\Phi = 2^{\Theta_h} = \{\emptyset, \{\rho_h\}, \{\bar{\rho}_h\}, \{\rho_h, \bar{\rho}_h\}\}$,其中最后一个元素意味着状态 ρ_h 和 $\bar{\rho}_h$ 都可以发生。为了将分类器的性能作为置信度进行集成,将每个时间戳的质量函数扩展为

$$\sum_{\theta = \Phi} m^t(\theta) = 1 \text{ 且 } m^t(\emptyset) = 0, m^t(\{\rho_h\}) = R_h^t \cdot FS_h$$
$$m^t(\{\bar{\rho}_h\}) = (1 - R_h^t) \cdot FS_h, m^t(\{\rho_h, \bar{\rho}_h\}) = 1 - FS_h \quad (6.1)$$

其中,FS_h 表示 F 分的底层分类器的分类性能,表现为三阶不确定性。

对于连续的时间戳 m^t 与 m^{t+1} 的质量函数的融合,本节应用了 DST 的组合规则 $m_F(z) = m^t \otimes m^{t+1}(z)$。可靠假设 h 的信赖度 $b_F(\{\rho_h\})$ 可表示为

$$b_F(\{\rho_h\}) = m_F(\{\rho_h\}) \tag{6.2}$$

因此,与文献[3]中简单的赢家通吃方法相比,在一段时间内得到了更平滑的结果。对于最终的融合,选择所有的假设,其信赖度 $b_F(\{\rho_h\})$ 大于可靠性的阈值 $\varepsilon_{R,h}$。

6.6.2 其他融合方法

(1) 基线(BE)法:Toepfer 等的道路估计方法[12]被选为与我们的策略进行比较的基线。

(2) 平均融合(AVG)法:它是一种常用的方法,假设所有假设都是同样可靠的,并且在融合中得到相同的权重。

(3) 基于权重的融合(WBF)法:它是 AVG 的扩展,其中预测值 R_h 用作权重。

(4) 赢家通吃(WTA)法:只有一个 R_h 最高的假设 h 被选中[3]。

6.7 实验评价

本节使用 Nguyen 等的真实记录数据库来评估我们的方法[6],其中包括在沃尔夫斯堡及其周边地区约 50 个驾驶小时,50% 为城市,25% 为高速公路,15% 为农村,10% 为连接(入口和出口匝道)。

6.7.1 可靠性评估

首先给出实验结果来证明使用分类器的可靠性估计。70% 的数据用于训练,30% 用于测试。记录数据时,在城市中随机驾驶,没有遵循任何预定的路线和理想的道路条件。表 6.2 显示只有少量数据包含负样本,这表明道路状况良好,但这会导致训练和测试分类器的类严重失衡。例如,通过预测所有样本都是可靠的,F 得分的估计值 R_{LH} 对高速公路场景的估计已经达到了 99% 左右。因此,对数据进行了下采样,以便在训练和测试阶段使用平衡数据进行公平的性能衡量[43]。

为了使用 R_h 评估一个假设 h 是否可靠,首先要找到一个类分配的最佳阈值 $\varepsilon_{R,h}(R_h \geqslant \varepsilon_{R,h} \rightarrow h$,反之亦然)。对于汽车应用程序,安全性是必不可少的,因此更喜欢虚假否定(FN)而不是虚假肯定(FP)。原因是,一方面 FN 只要对其他可靠来源进行正确分类(忽略一个可靠假设 h);另一方面,FP(集成不可靠的 h)以负面的

方式影响最终结果。因此,更希望衡量准确度(PR)而非召回值(RC)。因此,使用 $F_{0.8}\left(F_\beta = \dfrac{(1+\beta^2) \cdot PR \cdot RC}{(\beta^2 \cdot PR) + RC}\right)$,而不是使用谐波 $F_1^{[3]}$。对于这个应用来说,我们为每个假设选择一个最大化 $F_{0.8}$ 的单独阈值 $\varepsilon_{R,h}$。

表6.2 给定道路类型的可靠假设 $h(\Delta\alpha_h < 2°)$ 的先验概率[6]

先验概率	整体	公路	城市	乡间	匝道
$P(CLH=R)/\%$	87.0	99.3	97.6	80.9	63.3
$P(CRH=R)/\%$	92.0	99.3	97.8	88.1	82.2
$P(CCH=R)/\%$	83.7	99.0	97.9	76.6	50.6
$P(CVH=R)/\%$	54.5	70.7	52.2	49.5	40.0

在为可靠性选择合适的阈值 $\varepsilon_{R,h}$ 之后[6],详细分析了每个分类器的性能。图6.8使用 $F_{0.8}$ 比较了分类器的性能。在整个数据(图6.8(a))上,RF 实现了最佳性能。kNN 具有与 RF 类似的性能,但由于将每个给定的样本 X 与所有存储的样本进行了比较(提取 kNN),因此查询每个样本的处理时间非常长。而且,对于不同的自主车道融合算法类型,SVM 和 NB 表现最差。显然,由于存在明显的车道标线,因此高速公路的效果最好(图6.8(b))。在农村和城市场景中,由于车道标线不明显、闭塞、接近交叉口或分割车道时标线模糊,结果更糟(图6.8(c)、(d))。所有的分类器在出口和入口匝道上表现最差,因为单摄像头开度很小(约40°),无法完全捕捉到如此尖锐的曲线上的车道标记(图6.8(e))。

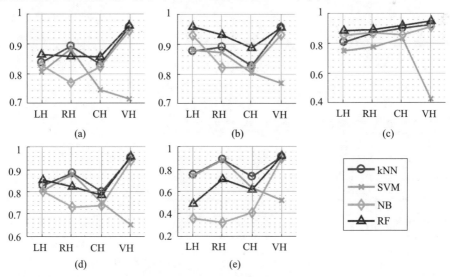

图6.8 以 $F_{0.8}$ 衡量的分类器性能[6]
(a)整体;(b)公路;(c)城市;(d)乡间;(e)连接口。

6.7.2 信息融合评估

基于 Nguyen 等在文献[6]中定义的度量,本节评估可靠自主感知通道估计的最终输出。只要最终的融合输出一个估计的自主通道 h_{Final},则认为它是一个阳性样本。如果 h_{Final} 的 $\Delta\alpha < 2°$,h_{Final} 将被视为真阳性(TP)。否则,它将被归类为 FP。此外,融合策略有可能假设没有可靠性的假设,并将所有假设排除在融合之外。至少存在一个可靠的假设,视为 FN 或 TN。

使用最佳分类器作为底层可靠性提供者[6],图 6.9 给出了关于不同融合策略的最终输出的评估。与 6.7.1 节相比,由于希望在真实的道路条件下反映我们方法的实际性能,因此测试数据没有重新采样。在图 6.9 中,最大可用性表示至少有一个可靠假设的样本数量,最小可用性表示所有假设都可靠的样本数量。在所有场景下 WTA 的表现都是最优的,在大多数情况下 DST 的性能是次优的。此外,AVG 和 WBF 表现最差,因为它们不排除不可靠的假设(图 6.9(a))。关于良好路况下公路和农村道路的表现(表 6.2),与 Toepfer 等[12](图 6.9(b)、(c))的方法相比,性能仅增加约 0.3%。这项工作最重要的贡献是城市场景的性能提高了约 7%,连接性能提高了 6%。虽然 WTA 的可用性最高,但它对可靠性的细微变化十

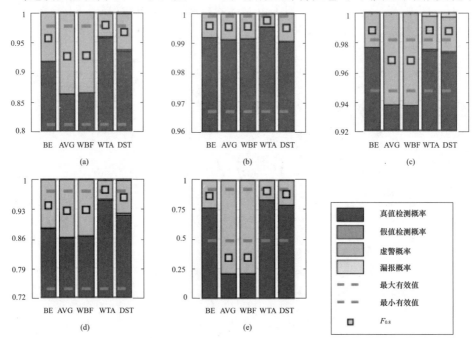

图 6.9 (见彩图)不同融合策略[6]下的可靠性感知融合的最终性能
(a)整体;(b)公路;(c)城市;(d)乡间;(e)连接口。

分敏感,因此导致结果不稳定。相反,DST 会随着时间的推移使结果变得平滑。因此,尽管它的性能比 WTA 差,但可认为它是一个更好的选择。

6.7.3 典型结果

图 6.10 显示了 3 个选定场景的融合结果。在图 6.10(a)中,基于车道标记(LH,RH,CH)的所有假设都是正确的。认为 VH 是不可靠的,因为它会导致意外的车道改变。在这种情况下可靠感知自主车道估计正确执行。图 6.10(b)表明,在单侧有车道标识的城市场景中,融合也具有良好的性能。在出口匝道(图 6.10(c))上,融合选择了 RH 作为最可靠的假设,而不是遵循可能导致护栏碰撞的左侧标记。

图 6.10 在谷歌地图上绘制的检测到的车道标记和估计的
自主车道(左)与相应的相机图像(右)
(a)高速公路;(b)城市;(c)出口匝道。

6.8 小结

本章提出了一种基于可靠性感知的自主车道估计方法,讨论了可靠性估计的许多方面,如特征选择、分类器选择等。预测的可靠性被一个附加的监督系统用于选择或放弃该假设的最终融合。与标准道路估计方法[12]相比,本章的方法可以显著提高7%的城市道路性能,6%的出入口匝道性能。在下面的工作中,将纳入标准导航地图的曲率和估计的自由空间。将讨论可靠性的时间分析,而不是逐帧分类。

参考文献

[1] Society of Automotive Engineers:Taxonomy and definitions for terms related to on – road motor vehicle automated driving systems(2014). http://standards. sae. org/j3016 201401

[2] Bar Hillel, A., Lerner, R., Levi, D., Raz, G.:Recent progress in road and lane detection:a survey. Mach. Vis. Appl. 25(3), 727 – 745 (2014). https://doi. org/10. 1007/s00138 – 011 – 0404 – 2

[3] Nguyen,T. T.,Spehr,J.,Uhlemann,M.,Zug,S.,Kruse,R.:Learning of lane information reliability for intelligent vehicles. In:IEEE International Conference on Multisensor Fusion and Integration for Intelligent Systems,pp. 142 – 147(2016). https://doi. org/10. 1109/MFI. 2016. 7849480

[4] Nguyen,T. T.,Spehr,J.,Lin,T. H. H.,Lipinski,D.:Fused raised pavement marker detection using 2D – Lidar and mono camera. In:IEEE International Conference on Intelligent Transportation Systems,pp. 2346 – 2351(2015)

[5] Nguyen,T. T.,Spehr,J.,Xiong,J.,Baum,M.,Zug,S.,Kruse,R.:A survey of performance measures to evaluate ego – lane estimation and a novel sensor – independent measure along with its applications. In:IEEE Conference on Multisensor Fusion and Integration for Intelligent Systems, pp. 239 – 246(2017)

[6] Nguyen,T. T.,Spehr,J.,Xiong,J.,Baum,M.,Zug,S.,Kruse,R.:Online reliability assessment and reliability – aware fusion for ego – lane detection using influence diagram and Bayes filter. In: IEEE Conference on Multisensor Fusion and Integration for Intelligent Systems,pp. 7 – 14(2017)

[7] Khaleghi,B.,Khamis,A.,Karray,F. O.,Razavi,S. N.:Multisensor data fusion:a review of the state – of – the – art. Inf. Fus. 14(1),28 – 44(2013). https://doi. org/10. 1016/j. inffus. 2011. 08. 001

[8] Rogova,G. L.,Nimier,V.:Reliability in information fusion:literature survey. In:7th International Conference On Information Fusion,pp. 1158 – 1165(2004)

[9] Xiao,L.,Dai,B.,Liu,D.,Hu,T.,Wu,T.:CRF based road detection with multi – sensor fusion. In: IEEE Intelligent Vehicles Symposium, pp. 192 – 198 (2015). https://doi. org/

10. 1109/IVS. 2015. 7225685

[10] Klotz, A., Sparbert, J., Hoetzer, D.: Lane data fusion for driver assistance systems. In: Proceedings of the 7th International Conference on Information Fusion, pp. 657 – 663(2004)

[11] Garcia – Fernandez, A. F., Fatemi, M., Svensson, L.: Bayesian road estimation using onboard sensors. IEEE Trans. Intell. Transp. Syst. 15 (4), 1676 – 1689 (2014). https://doi. org/10. 1109/TITS. 2014. 2303811

[12] Topfer, D., Spehr, J., Effertz, J., Stiller, C.: Efficient scene understanding for intelligent vehicles using a part – based road representation. In: IEEE Conference on Intelligent Transportation Systems, pp. 65 – 70(2013). https://doi. org/10. 1109/ ITSC. 2013. 6728212

[13] Appriou, A.: Situation assessment based on spatially ambiguous multisensor measurements. Int. J. Intell. Syst. 16(10), 1135 – 1166(2001). https://doi. org/10. 1002/ int. 1053

[14] Grandin, J. F., Marques, M.: Robust data fusion. In: 3rd International Conference on Information Fusion, vol. 1, pp. MOC3/3 – MOC311(2000). https://doi. org/10. 1109/IFIC. 2000. 862454

[15] Guo, H., Shi, W., Deng, Y.: Evaluating sensor reliability in classification problems based on evidence theory. IEEE Trans Syst. Man Cybern. Part B(Cybernetics) 36(5), 970 – 981(2006). https://doi. org/10. 1109/TSMCB. 2006. 872269

[16] Wang, P.: Confidence as higher – order uncertainty. In: Proceedings of the 2nd International Symposium on Imprecise Probabilities and their Applications, pp. 352 – 361(2001)

[17] Hartmann, O., Gabb, M., Schweiger, R., Dietmayer, K.: Towards autonomous selfassessment of digital maps. In: Proceedings of the IEEE Intelligent Vehicles Symposium, pp. 89 – 95(2014). https://doi. org/10. 1109/IVS. 2014. 6856564

[18] Li, L., Zou, B., Hu, Q., Wu, X., Yu, D.: Dynamic classifier ensemble using classification confidence. Neurocomputing(2013). https://doi. org/10. 1016/j. neucom. 2012. 07. 026

[19] Delmotte, F., Dubois, L., Borne, P.: Context – dependent trust in data fusion within the possibility theory. In: 1996 IEEE International Conference on Systems, Man and Cybernetics, pp. 538 – 543(1996). https://doi. org/10. 1109/ICSMC. 1996. 569849

[20] Manohar, V., Soundararajan, P., Raju, H., Goldgof, D., Kasturi, R., Garofolo, J.: Performance evaluation of object detection and tracking in video. In: Narayanan, P. J., Nayar, S. K., Shum, H. Y. (eds.) Asian Conference on Computer Vision. Springer, Berlin (2006). https://doi. org/ 10. 1007/11612704 – 16

[21] Toepfer, D., Spehr, J., Effertz, J., Stiller, C.: Efficient road scene understanding for intelligent vehicles using compositional hierarchical models. IEEE Trans. Intell. Transp. Syst. 16(1), 441 – 451(2015). https://doi. org/10. 1109/TITS. 2014. 2354243

[22] Rechy Romero, A., Koerich Borges, P. V., Elfes, A., Pfrunder, A.: Environmentaware sensor fusion for obstacle detection. In: Proceedings of the IEEE International Conference on Multisensor Fusion and Integration for Intelligent Systems, pp. 114 – 121(2016). https://doi. org/10. 1109/ MFI. 2016. 7849476

[23] McCall, J. C., Trivedi, M. M.: Video – based lane estimation and tracking for driver assistance: survey, system, and evaluation. IEEE Trans. Intell. Transp. Syst. 7, 20 – 37 (2006). https:// doi. org/10. 1109/TITS. 2006. 869595

[24] Realpe, M., Vintimilla, B. X., Vlacic, L.: A fault tolerant perception system for autonomous vehicles. In: Proceedings of the 35th Chinese Control Conference, pp. 6531 – 6536 (2016). https://doi.org/10.1109/ChiCC.2016.7554385

[25] Nguyen, T. T., Spehr, J., Perschewski, J. O., Engel, F., Zug, S., Kruse, R.: Zuverlässigkeitsbasierte fusion von FahrstreifeninformationenfürFahrerassistenzfunktionen. In: Hoffmann, F., Hüllermeier, E., Mikut, R. (eds.) Proceedings of the 27th Workshop Computational Intelligence, pp. 33 – 49. KIT Scientific Publishing, Karlsruhe and Karlsruhe (2017)

[26] Kroll, A.: Computational Intelligence: Probleme. De Gruyter, Methoden und technischeAnwendungen (2016)

[27] Wachenfeld, W., Winner, H.: The release of autonomous vehicles. In: Maurer, M., Gerdes, J. C., Lenz, B., Winner, H. (eds.) Autonomous driving. Springer Open, Berlin and Heidelberg (2016). https://doi.org/10.1007/978-3-662-48847-8-21

[28] Bojarski, M., Testa, D. D., Dworakowski, D., Firner, B., Flepp, B., Goyal, P., Jackel, L. D., Monfort, M., Muller, U., Zhang, J., Zhang, X., Zhao, J., Zieba, K.: End to end learning for self-driving cars. CoRR abs/1604.07316 (2016)

[29] Gehrig, S. K., Stein, F. J.: Dead reckoning and cartography using stereo vision for an autonomous car. In: Proceedings of the IEEE International Conference on Intelligent Robots and Systems, pp. 1507 – 1512 (1999). https://doi.org/10.1109/IROS.1999.811692

[30] Sarholz, F., Mehnert, J., Klappstein, J., Dickmann, J., Radig, B.: Evaluation of different approaches for road course estimation using imaging radar. In: IEEE/RSJ Intelligent Robots and Systems (2011). https://doi.org/10.1109/IROS.2011.6094623

[31] Eidehall, A., Gustafsson, F.: Obtaining reference road geometry parameters from recorded sensor data. In: IEEE Intelligent Vehicles (2006). https://doi.org/10.1109/IVS.2006.1689638

[32] Konrad, M., Szczot, M., Dietmayer, K.: Road course estimation in occupancy grids. In: Proceedings of the IEEE Intelligent Vehicles Symposium, pp. 412 – 417 (2010). https://doi.org/10.1109/IVS.2010.5548041

[33] Fritsch, J., Kuhnl, T., Geiger, A.: A new performance measure and evaluation benchmark for road detection algorithms. In: IEEE Conference on Intelligent Transportation Systems, pp. 1693 – 1700 (2013). https://doi.org/10.1109/ITSC.2013.6728473

[34] Hilal, A. R.: Context-aware source reliability estimation for multi-sensor management. In: IEEE International Systems Conference (2017). https://doi.org/10.1109/SYSCON.2017.7934743

[35] Liu, H., Motoda, H.: Computational Methods of Feature Selection. Data Mining and Knowledge Discovery. CRC Press, Boca Raton (2007)

[36] Tang, J., Alelyani, S., Liu, H.: Feature selection for classification: a review. In: Data Classification: Algorithms and Applications (2014)

[37] Hall, M. A., Smith, L. A.: Feature selection for machine learning: comparing a correlation-based filter approach to the wrapper. In: Florida Artificial Intelligence Research Society. AAAI Press (1999)

[38] Breiman, L.: Random forests. Mach. Learn. 45 (1), 5 – 32 (2001). https://doi.org/10.1023/A:1010933404324

[39] Bishop, C. M. : Pattern Recognition and Machine Learning. Information Science and Statistics. Springer, New York(2006)

[40] Kruse, R. , Borgelt, C. , Braune, C. , Mostaghim, S. , Steinbrecher, M. : Computational Intelligence: A Methodological Introduction. Texts in Computer Science, 2nd edn. Springer, London (2016)

[41] Bloch, I. , Hunter, A. , Ayoun, A. , Benferhat, S. , Besnard, P. , Cholvy, L. , Cooke, R. , Dubois, D. , Fargier, H. : Fusion: general concepts and characteristics. Int. J. Intell. Syst. 16, 1107 – 1134 (2001)

[42] Shafer, G. : A Mathematical Theory of Evidence. Princeton University Press, Princeton, NJ(1976)

[43] Kuhn, M. , Johnson, K. : Remedies for Severe Class Imbalance. In: Applied Predictive Modeling. Springer, New York(2013). https://doi. org/10. 1007/978 – 1 – 4614 – 6849 – 3 – 16

第7章
监视与侦察中的知识信息融合推理应用

Achim Kuwertz, Dirk Mühlenberg, Jennifer Sander, and Wilmuth Muller(✉)
System Technologies and Image Exploitation IOSB,
Fraunhofer Institute for Optronics, Karlsruhe, Germany
{achim. kuwertz, dirk. muehlenberg, jennifer. sander,
wilmuth. mueller} @ iosb. fraunhofer. de

摘要：本章提出了一个知识信息融合模组，用来将分布式监视系统所获得的即时信息与情报资料库中相关先验知识融合。该融合模组可作为军用或民用安防领域的、监视与侦察类(ISR)感知系统的一部分，更好协助操作员或决策者。分布式监测系统通常由无人机携带传感器采集数据，融合模组集成先验知识，以确保信息处理的置信度。该模组具体包括知识表达模型、信息集成推理和结论提取机制3个部分。本章是文献[1]的扩展版本，介绍了知识表达模型和信息集成推理等转换细节，以及基于代理的知识信息融合系统实例。

关键词：多层数据融合；知识系统；面向对象建模；信息管理；基于统计模型的逻辑推理关系；基于代理的建模

7.1 引言

在过去的几十年里，以军事目的为主的无人机系统(UAS)发展迅速、应用数量不断增长[2]。近年来，该项技术也向公众开放，目前在民用安防的不同领域，如警用协助救援或消防[3]等引起了广泛关注。在分布式监测系统中部署无人机，有助于提高安保人员的环境感知能力。为保证输入的有效性，无人机系统获得的传感器数据必须与其他来源提供的有关专业领域、操作区域和感兴趣目标的先验知识相整合。

文献[4]提出了一种分布式无人机监测系统，研究的重点是无人机群的协同工作，同时对信息融合提出了初步思考。目前，继续这一方向研究，并通过机载监测系统的信息与其他信息(如从情报数据库中提取的信息)相结合,以便给操作员提供更准确的信息,包括从文档中提取信息与先验知识融合集成后进行逻辑推理。该项研究可有效减轻操作人员的工作量,并协助操作人员更高效决策处理,从而增强整个系统环境感知能力。

其采用的信息融合方法基于 ISR 分析框架(ISR – AA)[5],主要包括信息集成和结论提取两部分,旨在为某个特定应用领域创建一个系统性的知识表达模型。

本章作为 MFI 2017 论文的扩展版本[1],提供了相关的知识表达模型、信息提取及选择模型,以及将其转换为适合概率推理的知识细节等。此外,本章还首次提出了基于代理的 ISR – AA 的实现。

本章安排如下:7.2 节简述嵌入式监测系统,并提出了新方法;7.3 节介绍了知识表达模型的结构和构建方法;7.4 节中提出了信息融合模组(IFC)的分层结构,后续各节将详细介绍不同的层;7.5 节从情报数据库中提取信息以及相应的传感器数据;7.6 节基于面向对象的物理模型,将提取的信息集成到 IFC 中,并进行后续信息管理;7.7 节对综合信息进行逻辑推理;在 7.8 节中为了克服确定性推理的不足,提出了一种在 IFC 中增加概率推理的方法,以及第一个定性结论;7.9 节提出了基于代理实现 ISR – AA 的概念;7.10 节对该项研究进行了总结。

7.2　系统介绍

7.2.1　系统概述

图 7.1 所示为无人机组成的分布式监控系统[4]。该监控系统由异构的无人机

图 7.1　分布式监控系统示意图

组成,配备不同传感器获取数据,如视频、雷达数据。一些无人机也有数据处理能力,如在返回时雷达产生航迹。地面控制站负责控制无人机并收集传感器数据。

对收集到的传感器数据进行处理,如计算该区域内车辆的轨迹,并将其转发给信息融合中心。信息融合中心负责利用信息融合的方法,将无人机传感器数据进行整合,并将其与来自情报数据库与先验知识的信息进行关联和集成,以支持操作员和决策者的环境感知。

7.2.2 信息融合

使用信息融合来表示高级数据融合,即将观察到的真实物理实体的信息集成后进行一致表达,并研究这些信息之间的相互关系[6]。根据数据融合模型分级(JDL)[7]:1级集成与对象相关的信息,如它们的位置和进一步的属性;2级进行相互关系推理,推断对象之间存在的相互关系;3级允许对所有这些信息执行性能评估。

考虑某些分布式监测系统特殊要求,开发了能处理异构信息的融合方法,这些融合方法性能取决于输入信息表达。例如,某一个具体应用领域语义的捕获程度和不确定性的量化。

本研究中使用可能检测到威胁的场景,如对关键基础设施的攻击。要实现IFC协助信息融合中心的操作员将不同源信息与常识集成,并对集成的信息进行高级推理。其核心是一个知识表达模型,为威胁检测场景提供所需的常识和特定专业领域知识。

7.3 知识建模

知识建模是所考虑场景中信息集成和推理的基础,是影响融合系统性能的关键因素,必须对其精心设计。

7.3.1 知识类型

给威胁检测场景提供结论,需要对不同类型的威胁知识进行组合,如常识和事实、任务相关的背景信息、当前传感器数据信息等。大多数情况下常识和事实不受时间和地点的限制,不构成某个特定实体的信息,而是提供相关实体类型及其属性的公共知识,具体包括对象事件和人员、建筑物位置等。常识还可包括更具体的应用领域的知识和事实,如需要什么手段攻击该场景。背景信息与常识和事实有关,但现在关注的是与场景相关的特定实体,可在系统运行前使用,包括实际操作区域、基础设施和人员信息。例如,该地区的工厂、道路条件、典型旅行路线、已知的叛乱分子及他们的能力和设施等。从原始信息的处理和提取程度以及主题范围来看,背景信息大致相当于军事情报。当前的信息与系统操作过程中可用的信息关联,如观察可疑的活动。就其来源而言,它类似于背景信息,但更具体,主题更集中,范围更小。目前,信息大致相当于侦察情报,传感器数据关注的是非常具体的实时信息,在许多情况下是关于单个对象的。这些常来源于监测系统,如具有攻击嫌疑的车辆跟踪数据。

7.3.2 知识模型构建

常识和背景信息构成先验知识,可在 IFC 运行之前由该领域专家编码到 IFC 中。传感器数据提供的当前信息仅在操作期间可用,提供半自动化集成程序集成该信息,表达规则和事实的先验知识和当前证据信息在 IFC 中以一致的方式表示,以便说明信息集成和得出结论的推理机制。

为了表示有关实体类型如人、车辆、建筑物及其属性(如大小、特征、位置等),可使用本体。对于每个相关的实体类型定义一个本体概念,将定义的概念排序到层次结构中。对某个设施袭击,会使袭击者拥有该设施中包含的物品,可用规则模板来表示,该规则模板声明了一个事实存在的前提条件。这些规则模板用于推理,当相应的证据满足该规则的前提条件,从而允许实例化。例如,作为背景信息或当前信息的一部分,所表示的常识和事实提供了与所考虑的场景相关的应用程序域的概念,并由所获得的信息进行实例化。

基础设施、已知的叛乱分子等相关的背景信息,可手动编码到知识模型中,也可使用半自动的辅助功能进行集成。这些功能支持从地理信息系统或情报数据库中的文档等来源提取信息,并协调信息一致地集成到知识模型中。在系统运行期间获得的其他背景信息也可通过这种方式集成。

为了集成包含在报告和开放源代码中的传感器数据等特定场景当前信息,需要自动访问相应信息源,例如情报数据库和检索相关文档,从检索到的文档中提取基本信息。由于当前信息及其主题重点相对于背景信息更加具体,相应的文档筛选和信息提取方法可自动化,提取信息集成的自动化程度可由操作人员监控。

为了集成传感器数据,需要相应的接口来检索和校准当前数据,当前传感器数据通常可以自动集成到 IFC 知识模型中。

7.4 信息融合模组的架构

为了实现上述 IFC,选择 ISR – AA[5] 架构。IFC 及其各层的架构如图 7.2 所示。IFC由面向对象的物理模型(OOWM)和推理组件两个主要的子组件组成。OOWM[8-11]是Fraunhofer IOSB开发的视频自主监控系统物理建模组件,用于在物理模型中集成和表示与实例相关的当前环境信息,并在背景知识部分中存储相应的常识和事实。IFC的知识表达模型是在OOWM中实现的。

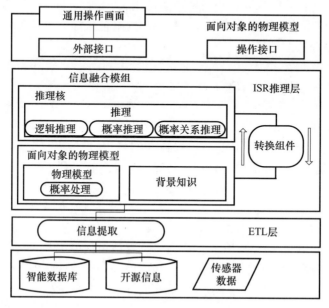

图7.2 ISR分析架构(ISR – AA)[5]及信息融合组件层级

推理组件提供执行推理的方法包括逻辑推理、贝叶斯概率推理和马尔可夫链概率关系推理。基于背景先验知识,预先配置相应的规则模板,该模板存储物理模型中的当前信息作为证据插入其中,推理的结果被反馈到OOWM并更新到物理模型中。

转换组件负责在OOWM和推理组件之间进行协调,将OOWM中存储的信息和知识转换为推理方法所需的表示形式。IFC提供一个外部接口,显示通用操作界面(COP)。并通过这种方式向操作员提供威胁指示,例如可能的攻击或观察到对象的威胁等级,以便进行可视化处理。此输出旨在支持操作员和决策者更容易识别关键事件,增强其态势感知,同时传递相关信息,防止信息溢出。

7.5 信息提取

作为IFC的输入,可使用不同的信息源数据。获取情报数据库中包含的相应报告添加到IFC中,还可将来自UAS的传感器数据集成到IFC中。在这两种情况下,OOWM的输入必须以面向对象的观察形式给出[8,10]。

7.5.1 前景和背景信息

将报告用作 OOWM 的输入,提取文本报告中包含的相关信息,并根据 OOWM 中使用的知识模型进行调整,如命名对象、事件等术语。使用信息提取组件从侦察情报中提取相关事实,从报告文本中提取信息的方法取决于报告中信息的表示形式,无论是结构化、半结构化还是非结构化纯文本均有相应的提取方法。

对于结构化文本,在系统操作之前,就知道如何组织和表示此类文档中包含的信息。预先定义结构化文本中使用的数据模型到 OOWM 知识模型的映射转换,这种映射主要是校准概念定义,包括识别文本数据模型中的相关概念,并将其转换为适合 OOWM 的概念,即概念的拆分和合并。这种方法在文献[12]中有更详细的描述。

对于半结构化或非结构化文本,由于事先不知道该文档结构,从这些文档中提取相关信息,需应用更通用的提取方法。该方法不能基于文档类型的预定义模型来确定所包含信息的语义。相反,该方法须依赖文档内容,以便为文档中包含的信息建立语义上下文,并结合先前关于文本自然语言的统计或结构知识。这种针对非结构化文本的自然语言处理(NLP)方法主要基于机器学习,目前常用深度神经网络来学习语言统计模型,提供的相关训练数据越多,工作效果越好。训练数据包括标注文本,标注即表示要提取的相关信息,并作为基本事实。

从非结构化报告中提取信息并用于安全相关领域的决策支持,是 NLP 最具挑战性的应用领域之一,也是当前正在进行的研究课题。这里的一个关键要素是集成先验知识模型,以支持信息提取,侧重于提取相关领域信息的方法,并将提取信息的表示和语义部分与集成的目标知识模型对齐。从非结构化情报报告中提取信息是我们当前的研究方向之一,也是未来出版物的一个主题。

从报告中提取的信息既可作为背景知识也可作为当前证据信息,这取决于它与当前任务的关联性质。包括传感器感知结论的当前信息通常以结构化报告的形式给出,此类文件预定义结构以支持高效的语义互操作。例如,及时解释有关预定义主题领域的信息或回答有关预定义类别的问题,可实现当前信息的完全自动化集成。背景资料主题范围更广,大多包含在半结构化报告中,需要人工监督 NLP 提取信息,在与安全相关的领域,常需将这些信息集成到 IFC 中。IFC 除了维护数据库信息,还应将来自报纸、互联网等开源信息视为输入。信息提取组件能够处理这些非结构化文档,或者至少支持操作人员从开源信息中提取相关信息,以便进行 IFC 集成。

7.5.2 传感器数据

USA 采集的传感器数据可集成到 IFC 中,当前研究的重点是 USA 执行监控提供的跟踪数据。这些跟踪数据可源自不同的传感器类型,如视频或地面动目标指示(GMTI),但其共同之处是传感器在特定时间点发现特定的目标。跟踪数据包含有关目标出现的时间和位置等监视信息,以及颜色及活动区域等静态特征。USA提供的跟踪数据将观察到的车辆等可疑物体的详细信息添加到IFC中。基于这样的详细信息,可以执行跟踪对象的分类识别,也可根据威胁检测来推断跟踪对象的可疑或异常行为。

7.6 信息整合与管理

IFC负责通过传感器观测、报告、开放源代码等持续整合和管理运营期间获得的信息,并将其与一般和特定领域的背景知识以及先前获取的信息相关联。此外,基于此集成信息执行推理,从而可明确发现其他事实。如上所述,负责这些任务的两个自组件是OOWM和推理组件。本节将描述OOWM,推理将在后续章节中详细介绍。

7.6.1 面向对象的物理模型

如图7.3所示,面向对象的物理模型(OOWM)[11]由负责代表当前观察域状态的物理模型、语义模型以及其他背景知识组成。例如,特定的规则知识。在物理模型中,每个观察到的现实物理实体都由结构数据表示。该数据结构包含传感器数据报告和有关表示实体的其他来源获取的所有信息,实体的每个相关特征都由相关属性来表达。

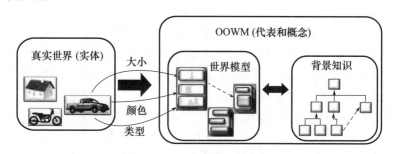

图7.3 OOWM模型示意图

在背景知识中,与所关注的领域相关的实体类型由一个表达语义域模型来描述。每种实体类型都由概念类[11]表示,该概念类对实体类型的相关特征属性以及与其他实体类型的关系进行建模。

可将应用程序域指定的规则直接存储在先验知识中,在对相关领域实体之间的因果关系进行建模时,此类规则须引用"先验知识"中定义的概念类和关系类型。

先验知识中的领域模型是由该领域专家在操作之前创建的工程工件,可用多种方法表达这种知识模型。一个可行的选择是使用形式化的本体,更具体地说,是基于一阶局部逻辑描述本体。在这项研究中,Web 本体语言 OWL[13-14]的描述逻辑(DL)用于相应文件的知识表示(见7.7节)。

7.6.2 面向对象的物理模型中的概率信息推理

OOWM 负责信息集成和管理,概率信息推理[9-10]用于和信息集成有关的任务,这些任务包括将新观察到的信息提供给物理模型中的代理关联数据,用新观察到的值更新代理属性,相应的属性值发生时间演化融合信息。信息管理涉及新代理的创建和过时代理的删除,以及从物理模型中检索并获取信息以提供服务的能力。

概率信息处理旨在处理测量过程中观测数据的不确定性。并非所有提供给 IFC 的信息都是通过不确定性来量化的,如从情报分析中提取的信息。对于此类信息需要适当的处理方法,这些方法应考虑到处理过程中输入信息固有的未量化不确定性,如报告中的对象描述。从报告中提取对象的描述与由 UAS 提供的有关同一个对象的传感器数据相关联时,相关性较高。OOWM 能够处理确定值以及概率性描述值。本研究中使用的 OOWM 能够以不同的模式运行,可处理确定值,也可处理概率值以及本研究中假设的混合模式。

7.6.3 面向对象的物理模型的外部接口

OOWM 中信息集成和管理的目的是使其集成的信息可用于其他组件,如推理组件或其他可行性分析组件。与此类组件的信息交换被设计为事件驱动模式,如涉及特定代理或空间区域的事件[10]。在本研究中,向外部组件提供了更改通知服务。OOWM 管理的每个信息组件都可在 OOWM 上注册,从而具体指定需要更改哪些信息。指定更改事件包括创建给定实体类型的新代理、给定代理列表上的更改、给定类型属性的更新以及这些属性的组合。

7.7 逻辑推理

IFC 的推理组件负责得出结论,允许发现并明确陈述 OOWM 集成信息中包含的其他事实,并促进进一步的信息集成。出于这些目的,可以采用不同的推理方法,包括逻辑推理、概率推理和概率逻辑关系推理。

7.7.1 输入输出

经典逻辑推理包括推理的前提、推理的结论以及将结论与前提关联的规则3个部分,这3个部分用作推理过程的输入/输出表达。逻辑推理有演绎推理和归纳推理两种。在演绎推理中,规则及其前提作为输入,结论是推理过程的结果;在归纳推理中,给出结论,获得规则。演绎推理是IFC中用于发现知识库中包含的其他信息所需的推理。基于规则前提的证据归纳,可由领域专家先验建模,也可通过传感器数据和当前信息获取,逻辑推理可以发现其他信息,作为知识库的结论。

7.7.2 逻辑选择

在逻辑推理中可以使用不同类型的逻辑对规则和证据进行编码,如命题逻辑,一阶谓语逻辑(FOL)或模态逻辑。逻辑类型的选择定义了可用于对事实和规则进行建模的语言表达能力,以及推理者可以执行的推理类型。推理机是一种软件算法,可以根据给定的一组事实证据和一组定义的规则自动检查可以得出哪些结论。时间复杂度和推理操作的终止取决于所选逻辑类型的因素,越是具有表现力的逻辑推理规则越复杂。

对IFC而言,推理的时间复杂度是一个重要的约束条件,因为可能的威胁指示必须近乎实时地执行才能保有相应的价值。IFC的逻辑类型选择的其他约束条件可以从知识建模系统中得出,该系统将推理的输入证据信息呈献给OOWM,OOWM中面向对象的信息表示映射到FOL的受限版本。具体地说,FOL的DL模型可用于表示物理模型中包含的观察到的现实物理实体的信息,以及先验知识中有关实体类型和类别的常识。

7.7.3 工具支持

语义Web技术领域的当前研究已经为DL中的知识建模和推理提供了成熟的工具。万维网联盟(W3C)的标准Web本体语言(OWL)指定了几个FOL模型[13-14],包括OWL DL。在OWL DL中,可以对实体、实体的属性以及实体与实体类型之间的关系进行建模,同时还提供了几种有效的推理器,以及用于初始创建域模型的工具。在上述近似实时和使用OWL来提供证据事实的约束下,OWL DL构成了逻辑推理的合适选择。

OWL DL中智能规则表示成特定子集,一般定义如下:

$$p_1 \wedge p_2 \wedge \cdots \wedge p_n, \rightarrow c_1 \vee c_2 \vee c_m \tag{7.1}$$

式中:$p_i(i=1,2,\cdots,n)$为前提,$c_j(j=1,2,\cdots,m)$为结论$(n,m \in \mathbb{N})$。

使用语义 Web 规则语言(SWRL)[15]补充描述,这是 W3C 的一个标准协议,与 OWL DL 推理机集成在一起。对于本研究,OWL DL、SWRL 和 Pellet[16] 或 HermiT[17]之类的推理器是在 IFC 中执行演绎逻辑推理的首选工具,纯逻辑推理通常只能处理确定性证据。混合概率模式操作 OOWM,则将 OOWM 中包含的事实转换为不确定性值。例如,通过二进制变量阈值或期望值转换。

7.7.4 模型转换

为了在 IFC 中执行逻辑推理,须将 OOWM 物理模型中的当前观察信息以及先验知识和规则转换为 OWL DL 和 SWRL。如前所述,在 OOWM 中表示模型的一种替代方法是将本体进行 OWL DL 编码。在这种情况下,OOWM 概念的分类法,定义为具有对必需属性和可选属性进行建模的数据属性限制的 OWM 概念以及它们的关系形式,表示为可用于逻辑区域的对象属性限制。对于物理模型中实现物理实体的所有代理,转换过程必须创建本体作为各个概念的实例。对于代理的每个属性,须创建相应转换后确定的数据属性声明。以本体概念、对象属性、数据属性和个体来表达 OOWM 先验知识中定义的规则,并根据式(7.1)中给出的形式进行归一化。

该转换过程允许将演绎逻辑推理与 IFC 的确定 OOWM 信息进行集成。这种推理的结果包括将个体归类为更多具体概念,或将它们参与与其他个体的关系推理,更新分类和其他关系并整合到 OOWM 中。

7.7.5 思考与建议

应该特别注意这样的事实,即不可能通过逻辑推理将新的个体概念的实例添加到 OWL DL 本体中。如果模型域允许在给定数据中检测其他概念实例的规则,如事件活动、警报之类的抽象概念的实例,则这些规则无法在 SWRL 中表达。一种替代方法可以在某种程度上解决该问题,该方法基于通过推理进行实例化的本体概念,并划分该概念的抽象版本和实际版本,是该抽象版本的子概念。有足够的证据表明,抽象版本的实例构成虚拟实例,并出于通过推理分类的目的而作为实例。通过将推理之前创建的抽象攻击概念的实例提升为实际攻击概念的实例,可以从观察数据中得出攻击事件的这种方式。对于此类升级实例,必须通过转换组件在 OOWM 中创建新的表示。

7.8 概率推理

在逻辑推理中每个结论都是必要的,已知有规则的前提,如通过观察得出结论,可以绝对确定。逻辑推理的这种特性可能是理想的,它有助于解释结论信息,从而确保结果具有确定性。但是,这也使建模推理规则变得更加复杂。对于此类规则,必须确保在规则的前提下明确说明进行推理的所有必要先决条件。反过来,这仅允许在所有必要前提下应用规则作为证据给出。旨在监视场景中支持操作员和决策者的态势感知,这种情况很少见,通常只能获取部分信息,仅凭逻辑推断是不够的。

硬逻辑推理的一个相关缺点是,规则的每个前提要么必须成立,(100% 为真),要么不成立(100% 为假)。构成规则前提事实的不确定性既不能通过硬逻辑推理考虑也不能影响结论。在许多情况下,证据以及由规则建模的因果关系仅具有一定概率的情况下才认为是真实的。因此,IFC 需要一种能够解释、处理不完整和不确定信息以及概率规则的推理方法。

7.8.1 概率模型

为了解决先前描述的逻辑推理的缺点,存在许多概率推理的方法。贝叶斯网络(BN)是更一般的概率图模型中著名的例子之一,这些概率图模型旨在明确考虑不确定性来进行推理。在 BN 中,证据和结论均由随机变量的联合概率分布表示。证据之间的因果关系可用于简化网络结构,它是基于这些关系所涉及的随机变量的条件独立假设。作为自由度,在指定 BN 模型时必须提供网络结构以及条件概率。BN 的缺点是:对于复杂的域,其设计和维护可能非常烦琐且成本很高——至少在由于缺乏训练数据而无法得知 BN 的结构和概率的情况下,依靠结构化领域模型的方法是很有利的。

7.8.2 概率关系模型

概率关系域建模是一种非常适合此类情况的研究领域,它可以同时处理具有相关结构的复杂域以及处理不确定信息的概率推理。为此目的,将所考虑的逻辑域描述模型以 FOL 给出和概率图推理方法两个部分组合。相应方法的示例包括可在关系域描述的基础上构造复杂的多实体 BN(MEBN)[18]以及马尔可夫逻辑网络(MLN)[19],其将 FOL 域模型与通过权重指定每个 FOL 在推理中的重要性来进行概率推理。

MLN 的优点是基本上采用一组加权公式作为领域模型,其权重对应于一种不确定性规范。以 OWL 本体形式提供的信息,例如已定义概念和关系的分类法,可以轻松转换为 FOL 公式并集成到 MLN 模型中。而且,关于 MLN 的推理程序如 Tuffy[20]也很容易获得。但是,MEBN 与 OOWM 的集成更加复杂,本研究选择 MLN 将概率关系推理整合到 IFC 中。

7.8.3 模型扩展

在 IFC 中,包括知识模型和规则的相关信息存储在 OOWM 中。如前所述,此信息可以转换为 OWL DL 本体。为了将 MLN 推理集成到 IFC 中,有不同的选择,例如,将 OOWM 信息直接转换为 MLN,或使用 DL 本体作为中间件。由于这项研究已经可以实现向 DL 的转化,因此选择了第二种替代方法。但是,该本体向 MLN 推理的某些扩展是必要的。如前所述,在 OWL DL 中只能指定用于属性值、概念成员、关系等确定值。由于不确定性对于概率推理至关重要,必须在中间表示中反映 OOWM 中最初为每个值给出的不确定性量化。为此,用其他表示手段来丰富 DL 模型。

首先,对于概念实例,必须将代表实际属于该概念三维概率表示为 OWL 中的置信度值,说明某些实例之间存在关系的可能性,表示为置信度。这些置信度值对概率推理有直接影响,因为实例和关系是推理的证据,它们的置信度均表示对相关证据事实真实的信念程度。其次,SWRL 规则和 OWL 对象属性的权重表示一般关系,例如在概念上定义的是子类关系,而不是实例,必须在扩展 DL 模型中表达。

扩展 DL 模型,以免破坏其逻辑推理能力。在技术上,可以通过使用内置的 OWL 注释机制来解决预期扩展的置信度值。OWL 标注通常充当 OWL 内的解释,因此对 OWL 推理程序是透明的。但是,当创建 MLN 时,转换工具可以解释存储在标注中的值。

扩展模型后的第二步是使其能够代表置信度,因此需要提供考虑的应用领域的真实值。为了可信,这些值直接来自 OOWM 内的概率信息处理,不需要进一步的操作。对于规则,各个权重的指定构成了建模任务,必须由领域专家在操作之前执行。

MLN 通过引入规则权重来解决逻辑推理的缺点。由于规则的权重大致对应于在逻辑推理过程中如果规则不成立将招致的惩罚,因此 MLN 推理的结果主要取决于这些权重,权重是通过基于大量训练实例的机器学习来获取的。然而,在这项研究中对于所考虑的情景没有假设任何训练数据。因此,必须设计一种基于经验领域知识的启发式方法来指定推理权重。所开发的方法来指定推理权重,有两个步骤:首先,专家给每个 SWRL 规则指定在现实物理中为真的先验概率;然后,使用预先定义的因子缩放此值,该因子在优化过程中通过试探法确定。对于分类学关系之类的事实,权重的确定方法相同,第一步将权重值分配为 1。

7.8.4 转换工具链

为了将扩展的模型用于概率推理,首先必须转换为适合 MLN 的表示形式。其中,对 IFC 的转型部分进行了调整和扩展。特别是执行了一个工具链,该工具链可基于 OOWM 中提供的信息生成 MLN 模型。这个工具链的第一步和前面一样,是生成本体模型,但是现在包括对不确定值和规则权重的相应注释。下一步是将扩展的本体模型转化为一组加权 FOL 公式,并从模型中提取一组概率证据。在此步骤中,将概念和对象属性(关系)之类的 OWL 建模构造分别转换为一元和二进制 FOL 谓词,并根据规则重新构建分类单元关系。该步骤是在名为 Incerto[21] 转换工具的帮助下执行的,该工具必须进行扩展以处理附加定义的注释。在最后一步,转换后的模型必须为适合 MLB 推理器的输入形式,例如,通过为概率证据和加权公式创建单独的输入文件,并以合范数形式表示公式。

7.8.5 实例定性结果

使用所描述的方法,基于 MLN 的概率推理已成功集成到建议的 IFC 中,并与 OOWM 的基于知识的信息管理功能相结合。

作为检验概率推理适用性的证明,考虑了威胁检测的示例方案。在这种情况下,应根据先验知识和背景信息并结合当前信息来推断潜在威胁的存在,如攻击关键基础设施的车辆。在这种情况下的当前信息涉及事件,如某些派系获取了适合于建造炸药的原材料,以及在用于建造这类炸药的已知地点附近观察到的某些车辆。一般事实用于将这些信息与常识和背景信息(派系、现场、简易爆炸物等)相关联,并将其与攻击车辆的潜在威胁联系起来。

这种联系是该实例的预期结果。使用确凿的证据和确定性规则,逻辑推理可以建立这种联系。考虑到提出的概率 MLN 推理方法,即使在信息不完整和不确定的情况下,它也能够得出此结论。具体而言,MLN 方法可以采用概率小于 1 的不确定证据(如在某个站点观察车辆的不确定性)以及不完整的信息(如某些证据根本没有给出)。在这两种情况下,潜在威胁仍由 MLN 得出(与逻辑推理相反),但置信度降低了(相对于确凿的证据)。如果没有给出有关观察到的车辆信息(信息不完整),则与预期的攻击车辆没有建立联系。然而,潜在威胁仍然存在。总而言之,这些结果表明,将概率推理整合到 IFC 中,可以在信息不完整和不确定的前提下更接近现实地使用 IFC。

与逻辑相比,MLN 仅能回答预先提出的查询("给出这些证据,以下事实可能性如何?"),而逻辑推理者可以得出给定证据集的所有可能推断结论。此外,由于一组权重似乎强制执行了非常特定的 MLN 行为,因此 IFC 中 MLN 推理的泛化性能是无法提高的。

7.9 基于代理的框架实现

IFC 的体系结构(见 7.4 节)非常适合基于代理的方法来解决。在本节中软件代理被视为能够自主完成某些任务的实体[22]。

7.9.1 软件代理对信息融合的适用性

在针对信息融合主题的不同研究项目中使用了基于代理的方法。由于它们的通用性,可以借助这些工作的发现,以便在软件代理的帮助下实现 IFC。在这些研究项目之中,文献[23-26]中进行了记录,在异构多主体系统概念的基础上开发了一种新的数学融合方法——局部贝叶斯融合——能够减少由贝叶斯融合引起的高计算量。作为这项研究工作的一部分,特别是针对异构信息的(局部)贝叶斯融合设计了一种基于代理的体系结构。侦探剖析犯罪行动历程极大地启发了我们的工作。与此类似,融合已被概念化为以研究贝叶斯融合任务中感兴趣的属性"真实"值。为此,可寻求能够访问这些信息源并分析相应信息贡献的专业专家代理协议。局部贝叶斯融合的中心思想是观察到融合信息(像人类对应物)主要以局部方式起作用。不需要监督整个物理空间(就感兴趣空间而言),取而代之的是,它们可以进行一系列局部调查和比较,并依次阐述它们对要解决的融合任务的置信程度。用已获得的信息在感兴趣的属性空间中确定下一个可能位置。

通常,根据其特定设计,软件代理可能拥有不同的功能,它们在信息融合任务中的应用潜力巨大。特别是:

(1)自治,即无须明确的用户干预即可执行专门任务的能力。
(2)代理程序和其他软件过程与用户和其他软件进行交流合作的能力。
(3)感知,即环境感知的能力。
(4)积极主动的行为,即在网络环境中从一个主机系统迁移到另一个主机系统的能力。

我们强调指出,通常用于分布式信息源的大型网络中的信息融合任务基于代理的概念也预先指定。在具有多国联盟的情况下,在情报、侦察、监视领域中并不少见。同样,这些概念通常具有内在的可伸缩性,因为根据资源的可用性,可以实例化或多或少的软件代理。

7.9.2 节将介绍使用软件代理实现 IFC 的方法。即使我们专注于使用软件代理进行信息提取,但是在此扩展中,软件代理也可能位于 IFC 体系结构的不同层。软件代理具有根据当前和未来(预测)的环境状态采取适当行动的能力,以及从网络环境中迁移的移动能力。

7.9.2 基于代理的信息提取

在这种方法中软件代理从不同的信息源中提取信息,对于每种类型的信息源都使用不同的资源代理。资源代理包括如何访问特定源,以及如何提取和传输这些源提供的信息,以供进一步处理等知识。资源代理与执行代理合作,执行代理负责将提取的信息转换为IFC所需的格式。由于通常需要多个转换步骤,执行代理需要与其他执行代理和资源代理协作,以便将权重较大的转换任务分解为较小的子任务,或者访问完成转换所需的附加信息。处理代理和资源代理之间的这种合作以及任务调度由代理管理。操作员在提取和准备相关信息时由接口代理支持。

7.9.3 代理的扩展

代理优势是所用代理的集合不仅由软件代理组成,对于特殊任务或与某些专业知识有关的问题,尚无自动化方法,可通过适当的人机界面以直观的方式直接集成人为代理。添加评估某种类型信息的新方法或新型信息源合并新型代理,以提高系统性能。

另外,在推理代理的设计中看到了特殊的潜力。通过与先前工作中设计的融合代理[23-26]相似的方式进行定向推理,这些推理代理可以发现新的事实,并陈述更精确的、与操作高度相关的假设。贝叶斯融合任务中的局部调查,在IFC的表示和访问层中的内容感知代理(特定的用户角色)的后续设计中可以看到更多的潜力。这样的内容意识代理可以支持人类操作者和决策者识别与其任务相关的所有信息。此外,它们可以通过准备对用户的相关信息进行定制呈现,如通过拥有特定的可视化(专家)能力来支持信息收集和分析。

7.10 小结

在这项研究中已提出了集成传感器数据和情报信息的分布式监视系统的信息融合组件的体系结构和详细信息,该组件旨在增强运营商和决策者的态势感知。在将信息集成和结论图作为媒介的知识表达模型的基础上,特别关注面向对象的物理模型链接的不同推理方法集成到融合组件中。此外,提出了基于代理实现融合组件的概念。

作为未来的工作,基于关系模型集成进一步的概率推理方法(如 MEBN、概率关系模型)。存在这种集成的概念,类似于 MLN 的集成:转换面向对象的信息和推理规则用于定义和建立概率推理模型,其详细信息以及推理规则将在以后的工作中深入。

参考文献

[1] Müller,W.,Kuwertz,A.,Mühlenberg,D.,Sander,J.:Semantic information fusion to enhance sit-

uational awareness in surveillance scenarios. In:2017 IEEE International Conference on Multisensor Fusion and Integration for Intelligent Systems(MFI) pp. 397 - 402(2017). http://doi. org/ 10. 1109/MFI. 2017. 8170353

[2] Valavanis,K. P. ,Vachtsevanos,G. J. :Handbook of Unmanned Aerial Vehicles. Springer,Netherlands(2015)

[3] Tchouchenkov, I. , Segor, F. , Kollmann, M. , Schönbein, R. , Bierhoff, T. : Detection, recognition and counter measures against unwanted UAVS. In:Proceedings of the 10th Future Security 2015, Security Research Conference,pp. 333 - 340. FraunhoferVerlag(2015)

[4] Bouvry,P. ,Chaumette,S. ,Danoy,G. ,Guerrini,G. ,Jurquet,G. ,Kuwertz,A. ,Müller,W. ,Rosalie,M. ,Sander,J. :Using heterogeneous multilevel swarms of UAVs and high - level data fusion to support situation management in surveillance scenarios. In:Proceedings of the 2016 IEEE International Conference on Multisensor Fusion and Integration for Intelligent Systems(MFI),pp. 424 - 429(2016). https://doi. org/10. 1109/MFI. 2016. 7849525

[5] Sander,J. ,Kuwertz,A. ,Schneider,G. ,Essendorfer,B. :ISR analytics:architec? tural and methodic concepts. In:Proceedings of the 2012 Workshop Sensor Data Fusion:Trends,Solutions,Applications(SDF),Bonn,Germany,pp. 99 - 104(2012). https://doi. org/10. 1109/SDF. 2012. 6327916

[6] Das,S. :High - Level Data Fusion. Artech House,Boston(2008)

[7] Steinberg,A. N. ,Bowman,C. L. ,White,F. E. :Revisions to the JDL data fusions models. In:Proceedings of the 3rd NATO/IRIS Conference,Quebec City,Canada(1998)

[8] Emter,T. ,Gheta,I. ,Beyerer,J. :Object oriented environment model for video surveillance systems. In:Proceedings of the Future Security:3rd Security Research Conference, Karlsruhe, pp. 315 - 320(2008)

[9] Gheta, I. , Heizmann, M. , Beyerer, J. : Object oriented environment model for autonomous systems. In:Proceedings of the 2nd Skövde Workshop Information Fusion Topics. Skövde Studies in Informatics,pp. 9 - 12(2008)

[10] Bauer,A. ,Emter,T. ,Vagts,H. ,Beyerer,J. :Object - oriented world model for surveillance systems. In:Proceedings of the Future Security:4th Security Research Conference, pp. 339 - 345 (2009)

[11] Kuwertz,A. ,Beyerer,J. :Extending adaptive world modeling by identifying and handling insufficient knowledge models. J. Appl. Logic 19, 102 - 127 (2016). https:// doi. org/10. 1016/ j. jal. 2016. 05. 005

[12] Kuwertz,A. ,Sander,J. ,Pfirrmann,U. ,Dyck,S. :High - level information management in joint ISR based on an object - oriented approach. In:2017 Sensor Data Fusion:Trends,Solutions,Applications(SDF),pp. 1 - 6(2017). https://doi. org/10. 1109/SDF. 2017. 8126360

[13] Patel - Schneider,P. F. ,Hayes,P. ,Horrocks,I. ,et al. :OWL web ontology language semantics and abstract syntax. W3C recommendation(2004). https://www. w3. org/TR/owl - semantics/

[14] OWL Working Group:OWL 2 web ontology language document overview. Technicalreport W3C (2009). http://www. w3. org/TR/2009/REC - owl2 - overview - 20091027/

[15] Horrocks, I. , Patel - Schneider, P. F. , Boley, H. , Tabet, S. , Grosof, B. , Dean, M. , et al. : SWRL:a semantic web rule language combining OWL and RuleML. W3C Member submission

(2004). https://www.w3.org/Submission/SWRL/ Applying Knowledge – Based Reasoning for Information Fusion in ISR 139

[16] Sirin, E., Parsia, B., Grau, B. C., Kalyanpur, A., Katz, Y.: Pellet: a practical OWLDL reasoner. Web Semant. Sci. Serv. Agents World Wide Web 5(2), 51 – 53(2007). https://doi.org/10.1016/j.websem.2007.03.004

[17] Glimm, B., Horrocks, I., Motik, B., Stoilos, G.: Optimising ontology classification. In: The Semantic Web, ISWC 2010, pp. 225 – 240(2010). http://doi.org/10.1007/978-3-642-17746-0 15

[18] Laskey, K. B.: MEBN: a language for first – order Bayesian knowledge bases. Artif. Intell. 172 (2), 140 – 178(2008). https://doi.org/10.1016/j.artint.2007.09.006

[19] Domingos, P., Lowd, D., Kok, S., Poon, H., Richardson, M., Singla, P.: Just add weights: Markov logic for the semantic web. In: Uncertainty Reasoning for the Semantic Web I, pp. 1 – 25. Springer, Heidelberg(2015). https://doi.org/10.1007/978-3-540-89765-1 1

[20] Niu, F., Ré, C., Doan, A., Shavlik, J.: Tuffy: scaling up Statistical Inference in Markov logic networks using an RDBMS. Proc. VLDB Endow. 4(6), 373 – 384(2011). https://doi.org/10.14778/1978665.1978669

[21] de Oliveira, P. C.: Probabilistic reasoning in the semantic web using Markov logic. Master's thesis, University of Coimbra, Portugal(2009)

[22] Russell, S., Norvig, P.: Artificial Intelligence: A Modern Approach. Prentice Hall, Upper Saddle River(2003)

[23] Beyerer, J., Heizmann, M., Sander, J.: Fuselets – an agent based architecture for fusion of heterogeneous information and data. In: Proceedings of the SPIE 6242(2006)

[24] Sander, J., Heizmann, M., Goussev, I., Beyerer, J.: A local approach for focussed Bayesian fusion. In: Proceedings of the SPIE 7345(2009). https://doi.org/10.1117/12.820165

[25] Sander, J., Beyerer, J.: A local approach for Bayesian fusion: mathematical analysis and agent based conception. Robot. Auton. Syst. 57(3), 259 – 267(2009). https://doi.org/10.1016/j.robot.2008.10.005

[26] Sander, J., Beyerer, J.: Decision theoretic approaches for focussed Bayesian fusion. In: Proceedings of the IEEE ISIF Workshop on Sensor Data Fusion: Trends, Solutions, Applications, SDF 2011. IEEE(2011)

第8章
基于测试样本对的多分类器融合

Gaochao Feng[1], Deqiang Han[1(✉)], Yi Yang[2], and Jiankun Ding[1]
[1] Ministry of Education Key Lab for Intelligent Networks and Network Security(MOE KLINNS Lab),School of Electronic and Information Engineering,Institute of Integrated Automation,Xi'an Jiaotong University, Xi'an 710049,Shanxi,China
fgc346@163.com,deqhan@mail.xjtu.edu.cn
[2] SKLSVMS,School of Aerospace,Xi'an Jiaotong University, Xi'an 710049,Shanxi,China

摘要：本章提出了一种新的多分类器融合方法，该方法将测试样本对 CTSP 的分类作为成员分类器。为利用分类器提供的输出信息，本章使用模糊隶属函数对 CTSP 分类器的输出进行建模。随后在多分类器融合过程中采用基于证据推理的模糊谨慎有序加权平均（FCOWA－ER）法组合不同的模糊隶属函数。实验结果表明，该融合方法可以提高分类准确率。

关键词：多分类器系统；样本对；置信函数；模糊谨慎有序加权平均法

8.1 引言

为解决复杂环境下模式识别和机器学习有关领域的问题，可通过多分类器融合建立多分类系统（MCS）[1-3]以提高分类准确率。目前，MCS 已经广泛应用于生物识别[4]、手写字符识别[5]、医疗诊断[6]和自动目标识别[7]等领域。

MCS 的构建包括成员分类器的生成和分类器的融合规则[8]。对于成员分类器的生成，目前已经提出了多种方法，如使用不同的训练样本[9]，不同的功能[10-11]和不同类型的分类器。对于成员分类器的融合规则，Xu 等[12]根据成员分类器的输出形式总结了一系列融合规则，如表决[13]、贝叶斯方法[14]和置信函数理论[15]等。

在MCS中,成员分类器的设计扮演着十分重要的角色。基于邻域的分类器是一种常用的方法,其中近邻域(NN)分类器简单且有效,但当数据集较小时,该分类器性能较差。因此,为解决小量数据的问题,目前已经提出了许多基于成对样本的改进方法。例如,将样本集扩展到样本对的集合,通过使用样本对提供更多样本集信息。图形邻域(GN)[16-17]、最近特征线(NFL)[18]和最短特征线段(SFLS)[19]等多种基于样本对的方法均已提出。本章提出了一种使用测试样本对CTSP表达空间距离分布信息[20]的分类器。

通常情况下需要选择具有良好分类性能的成员分类器构建MCS。为使用更多的数据集信息,我们使用基于样本对的分类器构建MCS。本章将基于测试(而非训练)样本对的CTSP作为MCS的成员分类器。需要注意的是,CTSP的原始输出只是类别标号。由于分类器的输出信息十分抽象,为保留更多的细节信息以避免信息丢失,使用模糊隶属函数对成员分类器的输出进行建模。由于该成员分类器的输出可以量化,采用基于证据推理[22]的模糊谨慎有序加权平均(FCOWA-ER)法[21]实现多分类器融合。仿真结果表明,与传统方法相比,本章提出的方法具有更好的分类性能。

8.2 多分类器概述

8.2.1 多分类器

模式识别领域中许多研究人员专注于MCS的构建。MCS的结构如图8.1所示,其中$h_i(i=1,2,\cdots,N)$表示成员分类器。通过使用适当的融合规则,融合中心可融合成员分类器的输出以获得分类结果。成员分类器的输出主要分为以下3个级别[12]。

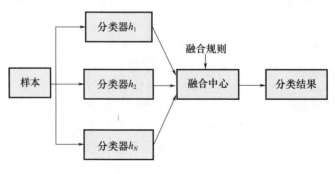

图8.1 MCS的结构

(1)抽象级:输出仅为一个类别标号。
(2)排序级:输出是所有标号按可能性大小的排序。
(3)量化级:输出是一系列度量值,这些值代表样本归属于每个类别的程度。

由于成员分类器具有不同的输出级别,应使用不同的融合规则以进行融合分类。表决融合适用于以上3种输出形式。排名融合适用于排序级。其他融合方法,如 D-S 证据推理[15]和模糊推理[23]适用于量化级。

8.2.2 成员分类器的生成方法

在多分类器系统中,成员分类器间的多样性十分重要[24]。当成员分类器间的差异较大时,MCS 的优势将更加明显。目前,已经出现了多种成员分类器的生成方法,例如:
(1)使用不同的训练集。
(2)使用由不同要素形成的特征子空间。
(3)使用不同类型的分类器。

在多分类器系统中,合适的成员分类器和良好的融合规则也十分重要。基于邻域的分类器简单有效,可以提高分类准确率。因此,本章选择邻域分类器构建 MCS。如上所述,当数据集较小时,该分类器性能较差。为了解决这一问题,采用一个基于测试样本对的邻域分类器。

8.3 基于测试样本对的多邻域分类设计

8.3.1 基于测试样本对的邻域分类器

基于测试样本对的成员分类器的设计如下:

对于大小为 T 的测试样本集 $s = \{x_q^1, x_q^2, \cdots, x_q^T\}$,它可以生成 C_T^2 个测试样本对。对每个测试样本对:$\text{pair}(t) = (m, n)$ $(t = 1, 2, \cdots, C_T^2; m, n \in \{1, 2, \cdots, T\})$,执行步骤1到步骤5。

步骤1:从 S 中选择两个测试样本 x_q^m 和 x_q^n。根据选择的样本对,可以构造一个超球体,如图8.2所示。x_q^m 和 x_q^n 的中点是超球面的中心 O_{mn}。x_q^m 和 x_q^n 之间的距离是超球面的直径,即 $\|x_q^m - x_q^n\|$。

步骤2:在步骤1中构造的超球体内首先找到并标记所有的训练样本,然后找到标记的训练样本的主要类别。

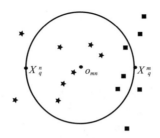

图 8.2 测试样品对和超球面

假设 $X = \{x_1, x_2, \cdots, x_L\}$ 是训练集。对于所有 $x_i \in X (i \in \{1,2,\cdots,L\})$，如果 $\|x_i - O_{mn}\| \leq \|x_q^m - x_q^n\|$，则标记相应的训练样本。对于所有标记的训练样本，找到主要类别 $c_{\text{dom}} \in \{1,2,\cdots,L\}$，并为 x_q^m 和 x_q^n 分配临时标号 c_{dom}。例如，在图 8.2 中，对于 x_q^m 和 x_q^n，在所有标记的训练样本中，有 3 个正方形和 6 个星，则分配给 x_q^m 和 x_q^n 的临时标号为星（★），主要类别为星（★）。

步骤 3：当 $t \in \{1,2,\cdots,C_T^2\}$ 时，按照以下步骤计算该类别标号的可信度：

$$W(t) = \exp(-\alpha \cdot \|x_q^m - x_q^n\|) \cdot \text{proportion}(c_{\text{dom}}) \quad (8.1)$$

$$\text{proportion}(c_{\text{dom}}) = \frac{\#(\text{tagged sample} \in \text{class } c_{\text{dom}})}{\#(\text{all tagged samples})} \quad (8.2)$$

在式(8.2)中，"#"表示样本数量。对于 x_q^m 和 x_q^n，$\text{pair}(t) = (m,n)$ 的临时分数为

$$\text{score\_tmp}[t][j] = \begin{cases} W(t), & j = c_{\text{dom}} \\ 0, & \text{其他} \end{cases} \quad (8.3)$$

式中：$j \in \{1,2,\cdots,M\}$ 表示类别标号。

这里的"临时"表示分数是测试对的分数；但"最终"分数应是单个测试样本。

根据式(8.1)可知，如果样本 x_q^m 和 x_q^n 之间的距离较大，则该标号的可信度应该较低。如果样本属于主要类别的比例较高，则该标号的可信度应该较高。

步骤 4：当所有的测试样本对都已按照步骤 1 至步骤 3 进行了临时标记后，就可以得到一个分数矩阵式(8.4)。

对于测试样本 $x_q^l (l \in \{1,2,\cdots,T\})$，如果 $l \in \text{pair}(t)$，即 x_q^l 属于样本对 $\text{pair}(t)$，则 $\beta_l^t = 1$；否则 $\beta_l^t = 0$。那么 x_q^l 的最终分数是（$j \in \{1,2,\cdots,M\}$）：

$$\text{score}[l][j] = \sum_{t=1}^{C_T^2} \beta_l^t \cdot \text{score\_tmp}[l][j] \quad (8.4)$$

步骤 5：基于式(8.4)中获得的最终分数，可以根据式(8.5)做出测试样本 $x_q^l (l \in \{1,2,\cdots,T\})$ 的最终类别判定：

$$\text{class of } x_q^l = \max_j \text{score}[l][j] \quad (8.5)$$

完成上述步骤后，可以获得测试样本的所有类别标号。

基于 CTSP 的分类器可以使用更多信息,因此该分类器应具有更好的分类性能。但是其输出仅为类别标号,并没有有关样本类别归属的详细信息。

为进一步改善成员分类器的融合输出,量化输出建模。用步骤 4 中获得的分数矩阵 **score**$[j]$($j \in \{1,2,\cdots,M\}$)表示测试样本属于相应类别的可能性。随即可将成员分类器的输出由抽象级转换为量化级。此外,基于证据推理的有序加权平均(OWA)法可用于构建 MCS 并获得分类结果。

8.3.2 基于证据推理 OWA 的多分类系统

FCOWA – ER 是一种基于证据理论的多属性决策框架下的不确定性推理方法。下面介绍证据理论(置信函数理论)的基本知识。

1. 置信函数理论基础

辨识框架(FOD)是证据理论中最基本的概念。任何命题都对应于 FOD 的一个子集,即 $\Theta = \{\omega_1,\omega_2,\cdots,\omega_q\}$,其中 FOD 中的元素互斥且详尽。$2^\Theta$ 表示 FOD 的幂集,即 Θ 所有子集所构成的集合。

满足以下条件的 $m:2^\Theta \in [0,1]$ 为 Θ 上的基本信度分配(BBA),也称为 mass 函数:

$$m(\varnothing) = 0, \sum_{A \subseteq \Theta} m(\mathbf{A}) = 1 \tag{8.6}$$

式中:$A \subseteq \Theta$;$m(\mathbf{A}) > 0$。

信度(Bel)函数和似真度(Pl)函数定义为

$$\mathrm{Bel}(\mathbf{A}) = \sum_{B \subseteq A} m(\mathbf{B}), \forall A \subseteq \Theta \tag{8.7}$$

$$\mathrm{Pl}(\mathbf{A}) = \sum_{B \cap A \neq \varnothing} m(\mathbf{B}) \tag{8.8}$$

为表示假设 $A \subseteq \Theta$ 的不确定度,需分别计算 Bel($\mathbf{A}$) 和 Pl($\mathbf{A}$) 以获得信度区间 [Bel($\mathbf{A}$),Pl($\mathbf{A}$)]。

Dempster 组合规则可合并不同的证据。如果在 Θ 上定义的两个独立证据,其相应的 mass 函数分别为 $m_1(\cdot)$ 和 $m_2(\cdot)$,则它们的组合 $m(\mathbf{A})$ 可表示为

$$m(\mathbf{A}) = \begin{cases} 0, & \mathbf{A} = \varnothing \\ \dfrac{\sum_{A_i \cap B_j = A} m_1(A_i) m_2(B_j)}{1 - K}, & \mathbf{A} \neq \varnothing \end{cases} \tag{8.9}$$

式中:$K = \sum_{A_i \cap B_j = \varnothing} m_1(A_i) m_2(B_j)$ 为冲突系数;$1 - K$ 为标准化因子。Dempster 规则满足结合律和交换律。

Pignistic 概率变换定义为

$$\mathrm{Bet}P(\boldsymbol{A}) = \sum_{B \subset \Omega} \frac{|\boldsymbol{A} \cap \boldsymbol{B}|}{|\boldsymbol{B}|} \frac{m(\boldsymbol{B})}{1 - m(\varnothing)} \tag{8.10}$$

式中:$|\boldsymbol{B}|$ 表示集合 $\boldsymbol{B}$ 中的元素个数。

使用式(8.10)可以将 BBA 转换为 $\mathrm{Bet}P(\omega_i)$($i=1,2,\cdots,n$)以做出概率决定,即

$$P_{\mathrm{dec}} = \mathrm{Bet}P(\omega_k) = \max_i(\mathrm{Bet}P(\omega_i)) \tag{8.11}$$

其中测试样本为

$$x_q : \begin{cases} x_q \in \omega_k, P_{\mathrm{dec}} > \varepsilon \\ \text{其他}, P_{\mathrm{dec}} \leq \varepsilon \end{cases}$$

式中:P_{dec} 为决策概率;ε 为决策阈值。

2. 不确定性下的多准则决策

将多准则决策(MCDM)应用于 MCS 中的决策融合。考虑以下矩阵,该矩阵由许多成员分类器不同类别的分数组成:

$$\begin{array}{c} \\ A_1 \\ \vdots \\ A_i \\ \vdots \\ A_q \end{array} \begin{pmatrix} S_1 & \cdots & S_j & \cdots & S_n \\ C_{11} & \cdots & C_{1j} & \cdots & C_{1n} \\ \vdots & & \vdots & & \vdots \\ C_{i1} & \cdots & C_{ij} & \cdots & C_{in} \\ \vdots & & \vdots & & \vdots \\ C_{q1} & \cdots & C_{qj} & \cdots & C_{qn} \end{pmatrix} = \boldsymbol{C} \tag{8.12}$$

其中每个 S_j 对应于一个成员分类器,每个 A_i 对应于测试样本可能所属的类别标号。如果测试样本为 A_i 并且成员分类器为 S_j,则相应的 C_{ij} 表示决策者要付出的代价。多个分类问题可以建模为一个多属性决策问题。因此可以使用 MCDM 进行分类器融合。

有序加权平均法是一种重要的 MCDM 方法。但是 OWA 算子受权向量的影响很大,在实际应用中很难精确得到。FCOWA – ER[22] 利用 OWA 算子、模糊隶属函数、DS 证据理论等进行决策,其更为合理有效。

3. FCOWA – ER 原则

首先生成两个模糊隶属函数(FMF),其中每个类别的最小函数值对应负样本,最大函数值对应正样本;然后通过 α – cut 方法获得两种 mass 函数,即 m_{Pess}($\cdot$)和 m_{Opti}($\cdot$);最后使用 Dempster 规则获得联合 BBA,并基于 Pignistic 概率变换做出最后的决策。

基于 FCOWA – ER 的 MCS 实现如下:

步骤1:每个成员分类器在量化级输出分类结果,然后根据式(8.12)获得决策

矩阵 C。

步骤2：对决策矩阵 C 的每一行，分别使用该行的最小值和最大值计算悲观态度和乐观态度 OWA 算子，得到不同行的数值区间为

$$E[C] = \begin{bmatrix} E[C_1] \\ E[C_2] \\ \vdots \\ E[C_q] \end{bmatrix} = \begin{bmatrix} C_1^{\min}, C_1^{\max} \\ C_2^{\min}, C_2^{\max} \\ \vdots \\ C_q^{\min}, C_q^{\max} \end{bmatrix} \qquad (8.13)$$

步骤3：将 $E[C]$ 的第一列（下界）作为表示负样本信息源，将 $E[C]$ 的第二列（上界）作为表示正样本另一信息源。分别对这两列进行规范化，生成矩阵 $E^{\text{Fuzzy}}[C]$：

$$E^{\text{Fuzzy}}[C] = \begin{bmatrix} N_1^{\min}, N_1^{\max} \\ N_2^{\min}, N_2^{\max} \\ \vdots \\ N_q^{\min}, N_q^{\max} \end{bmatrix} \qquad (8.14)$$

式中：$N_i^{\min}$ 表示负样本；$N_i^{\max}$ 表示正样本，$N_i^{\max} \in [0,1]$ $(i=1,2,\cdots,q)$。

向量 $[N_1^{\min}, N_2^{\min}, \cdots, N_q^{\min}]$ 和 $[N_1^{\max}, N_2^{\max}, \cdots, N_q^{\max}]$ 代表所有类别 $A_1, A_2, \cdots, A_q$ 的可能性，可以认为是两个模糊隶属函数。

步骤4：使用 α-cut 方法将 FMF 转换为 BBA。令 $\Theta = \{A_1, A_2, \cdots, A_q\}$ 为辨识框架，$\mu(A_i) = (i=1,2,\cdots,q)$ 为模糊隶属函数，则对应的 BBA 通过式(8.15)生成一个升序 α-cut$(0 < \alpha_1 < \alpha_2 < \cdots < \alpha_M \leq 1)$：

$$\begin{cases} B_j = \{A_i \in \Theta \mid \mu(A_i) \mid \geq \alpha_i\} \\ m(B_j) = \dfrac{\alpha_j - \alpha_{j-1}}{\alpha_M} \end{cases} \qquad (8.15)$$

式中：$M \leq |\Theta| = q$；$B_j(j=1,2,\cdots,M)(M \leq |\Theta|)$ 为焦元。通常将 $\mu(A_i)$ 设置为 $M = q$ 且 $0 < \alpha_1 < \alpha_2 < \cdots < \alpha_q \leq 1$。由此可以将两组 FMF 转换为两组基本信度分配 $m_{\text{Pess}}(\cdot)$ 和 $m_{\text{Opti}}(\cdot)$。

步骤5：根据 Dempster 规则获得合并的 BBA，并根据式(8.11)判定类别的最终归属。

8.4 实验

本次实验使用人工的三类数据集和一些 UCI 的多类数据集。

首先使用基于测试样本对的分类方法生成成员分类器，然后选择 3~5 个成员分类器构建 MCS。

对于成员分类器的融合规则,采用了四种融合方法。

(1)在8.3节中详细介绍的FCOWA-ER。

(2)使用Dempster规则直接设置焦点元素(SFE)的方法。

首先通过规范化第j个成员分类器$\{\mu(A_i) | (i=1,2,\cdots,q)\}$的输出矢量来获得概率值:

$$P_j(A_i) = \mu_j(A_i) / \sum_{k=1}^{q} \mu_j(A_k) \quad (8.16)$$

然后生成质量函数:

$$\begin{cases} m_j(A_i) = \beta P_j(A_i), & i=1,2,\cdots,q \\ m_j(\Theta) = 1-\beta \end{cases} \quad (8.17)$$

式中:β为折现系数。

(3)隶属度的平均值(AVE)表示融合结果。使用隶属度的平均值作为融合分类器系统的新估计,并选择隶属度最高的类。

(4)多数表决(MV)。

在这些融合方法的基础上构建MCS以比较它们的分类性能。

在所有数据集中,从每个类别中随机选择一半样本作为训练样本,其余样本作为测试样本,共执行100次实验,每次都随机选择训练样本和测试样本。使用平均正确率进行评估。在基于测试样本对的成员分类器中,参数α设置为8,β设置为0.8。这种情况可以获得最佳分类性能(通过离线交叉验证获得)。对每个特征维度,使用以下规范化方法:

$$y_i = x_i / \max(\boldsymbol{x}) \quad (8.18)$$

式中:$\boldsymbol{x}$为原始输入向量;x_i为$\boldsymbol{x}$的第i维;y_i为规范化向量$\boldsymbol{y}$的第i维。

8.4.1 基于人工数据集的分类实验

人工数据集包含3种类别,每个样本都有6个维度且各个维度服从高斯分布。特征平均值μ如表8.1所列,方差$\sigma = 0.04$。实验中生成的样本数量为300,因此每个类别有100个样本。

表8.1 人工数据集

类别	μ					
	f_1	f_2	f_3	f_4	f_5	f_6
1	0.6	0.3	0.7	0.8	0.4	0.4
2	0.3	0.8	0.4	0.5	0.5	0.3
3	0.8	0.5	0.3	0.4	0.7	0.6

我们分别选择特征$[f_1,f_2]$、$[f_3,f_4]$和$[f_5,f_6]$作为特征子空间,并生成3个成员分类器构建MCS。不同的特征子空间如图8.3和图8.4所示。

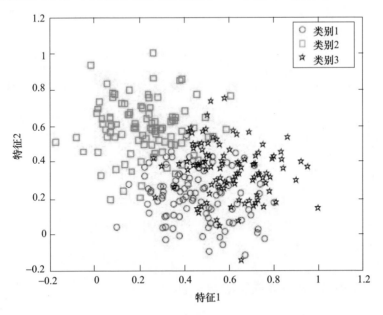

图8.3 (见彩图)子空间特征$[f_1,f_2]$中样本的分布

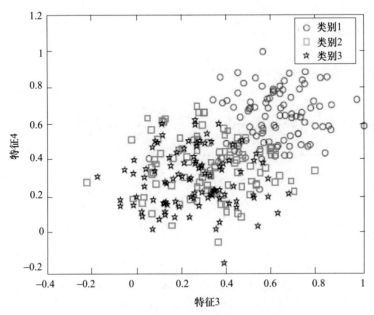

图8.4 (见彩图)子空间特征$[f_3,f_4]$中样本的分布

图 8.3 中可以很好地区分类别 2,而类别 1 和类别 3 重叠。图 8.4 中可以很好地区分类别 3,而类别 1 和类别 2 重叠。

使用 4 种融合方法对 MCS 进行实验,以比较不同决策阈值下的分类精度。其中 ε 表示决策阈值。平均分类精度见表 8.2。

表 8.2 UCI 数据集的分类精度

组合方法	联合精度/%		
	$\varepsilon = 0$	$\varepsilon = 0.4$	$\varepsilon = 0.5$
FCOWA-ER	88.00	87.13	85.08
SFE	85.39	86.72	79.39
AVE	84.40	84.04	67.23
MV	69.63	70.97	67.69

实验结果表明,本章提出的 FCOWA-ER 优于其他融合方法。此外,可以看出决策阈值 ε 对实验结果影响很大。随着决策阈值的上升,AVE 的分类精度有所降低,但 FCOWA-ER 仍然表现良好。

8.4.2 基于 UCI 数据集的分类实验

表 8.3 中列出了所使用的 UCI 数据集的信息。

表 8.3 UCI 数据集的信息

UCI 数据集	属性	类别量
pima	8	2
wdbc	30	2
seed	7	3

选择不同的特征子空间来构造 MCS,这些 MCS 的信息如表 8.4 所列。

表 8.4 构造的 MCS 的信息

UCI 数据集	MCS				
	h_1	h_2	h_3	h_4	h_5
pima	$[f_1, f_2]$	$[f_3, f_4]$	$[f_5, f_6]$	$[f_7, f_8]$	—
seed	$[f_1, f_2]$	$[f_3, f_4]$	$[f_5, f_6, f_7]$	—	—
wdbc	$[f_1 \sim f_6]$	$[f_7 \sim f_{12}]$	$[f_{13} \sim f_{18}]$	$[f_{19} \sim f_{24}]$	$[f_{25} \sim f_{30}]$

注:h_i 表示第 i 个成员分类器;f_k 表示 UCI 数据集的第 k 个特征。

每次实验中随机选择训练样本和测试样本,共执行 50 次实验。实验中决策阈值 ε 设置为 0.4。表 8.5 列出了 UCI 数据集的分类精度。

根据以上实验结果,可以看出基于 FCOWA-ER 的 MCS 表现更加优秀。

表 8.5 UCI 数据集的分类精度

组合方法	分类精度/%		
	pima	seed	wdbc
FCOWA-ER	67.19	89.16	93.64
SFE	66.16	89.10	92.67
AVE	66.43	88.99	92.58
MV	65.68	86.21	91.58

8.5 小结

本章基于 CTSP 构建了一种新颖的 MCS。该方法将成员分类器 CTSP 的输出在量化级建模。随后使用不同的融合方法来合并成员分类器的输出。实验结果表明,该方法可以提高分类的准确率。

本章主要集中于成员分类器和融合规则的设计。但是,为了提高融合后的分类准确率,MCS 中成员分类器间的多样性(尤其是定量多样性度量)更为关键,这也是未来的研究方向。

参考文献

[1] Bi,Y.,Guan,J.,Bell,D.:The combination of multiple classifiers using an evidential reasoning approach. Artif. Intell. 172(15),1731-1751(2008)

[2] Kittler,J.,Hatef,M.,Duin,R. P.,Matas,J.:On combining classifiers. IEEE Trans. Pattern Anal. Mach. Intell. 20(3),226-239(1998)

[3] Ding,J.,Han,D.,Yang,Y.:Design of multiple classifier systems based on shortest feature line segment. Hsi-An Chiao Tung Ta Hsueh/J. Xi'an Jiaotong Univ. 49(9),77-83(2015)

[4] Radtke,P.,Granger,E.,Sabourin,R.,Gorodnichy,D.:Adaptive ensemble selection for face re-identification under class imbalance. In:International Workshop on Multiple Classifier Systems, pp. 95-108. Springer,Heidelberg(2013)

[5] Suen,C. Y.:Recognition of handwritten numerals based on the concept of multiple experts. In:1st International Workshop on Frontiers in Handwriting Recognition on Proceedings, pp. 131-144 (1999)

[6] Pizzi,N.:Classification of biomedical spectra using stochastic feature selection. Neural Netw. World 15,257-268(2005)

[7] Zhang,X. F.,Wang,P. H.,Feng,B.,Du,L.,Liu,H. W.:A new method to improve radar HRRP

recognition and outlier rejection performances based on classifier combination. ZidonghuaXuebao/ ActaAutomaticaSinica40(2),348 – 356(2014)

[8] Kuncheva, L. I. :Switching between selection and fusion in combining classifiers: an experiment. IEEE Trans. Syst. Man Cybern. Part B(Cybern.) 32(2),146 – 156(2002)

[9] Breiman, L. :Bagging predictors. Mach. Learn. 24(2),123 – 140(1996)

[10] Kira, K. , Rendell, L. A. :A practical approach to feature selection. In: Machine Learning Proceedings, pp. 249 – 256(1992)

[11] Robnik – Šikonja, M. , Kononenko, I. :Theoretical and empirical analysis of ReliefF and RReliefF. Mach. Learn. 53(1 – 2),23 – 69(2003)

[12] Xu, L. , Krzyzak, A. , Suen, C. Y. :Methods of combining multiple classifiers and their applications to handwriting recognition. IEEE Trans. Syst. Man Cybern. 22(3),418 – 435(1992)

[13] Franke, J. , Mandler, E. :A comparison of two approaches for combining the votes of cooperating classifiers. In:11th IAPR International Conference on IEEE, Pattern Recognition, vol. II. Conference B: Pattern Recognition Methodology and Systems, Proceedings, pp. 611 – 614(1992)

[14] Saerens, M. , Fouss, F. :Yet another method for combining classifiers outputs: a maximum entropy approach. In: International Workshop on Multiple Classifier Systems, pp. 82 – 91. Springer, Heidelberg(2004)

[15] Shafer, G. :A Mathematical Theory of Evidence, vol. 42. Princeton University Press, Princeton (1976)

[16] Jaromczyk, J. W. , Toussaint, G. T. :Relative neighborhood graphs and their relatives. Proc. IEEE 80(9),1502 – 1517(1992)

[17] Chaudhuri, B. B. :A new definition of neighborhood of a point in multi – dimensional space. Pattern Recogn. Lett. 17(1),11 – 17(1996)

[18] Li, S. Z. , Lu, J. :Face recognition using the nearest feature line method. IEEE Trans. Neural Netw. 10(2),439 – 443(1999)

[19] Han, D. Q. , Han, C. Z. , Yang, Y. :A novel classifier based on shortest feature line segment. Pattern Recogn. Lett. 32(3),485 – 493(2011)

[20] Han, D. , Han, C. , Yang, Y. :A novel classification approach based on testing sample pairs. Inf. Int. Interdisc. J. 14(3),693 – 698(2011)

[21] Yager, R. R. :On ordered weighted averaging aggregation operators in multicriteriadecisionmaking. In: Readings in Fuzzy Sets for Intelligent Systems, pp. 80 – 87(1993)

[22] Han, D. , Dezert, J. , Tacnet, J. M. , Han, C. :A fuzzy – cautious OWA approach with evidential reasoning. In:15th International Conference IEEE on Information Fusion(FUSION) , pp. 278 – 285(2012)

[23] Pedrycz, W. :Fuzzy sets in pattern recognition: methodology and methods. Pattern Recogn. 23(1 – 2),121 – 146(1990)

[24] Dietterich, T. G. :An experimental comparison of three methods for constructing ensembles of decision trees: bagging, boosting, and randomization. Mach. Learn. 40(2),139 – 157(2000)

第二部分
机器人技术中的多传感器融合应用

Songhwai Oh

机器人任务的成功取决于机器人对周围环境和系统状态的掌握,但由于环境固有的不确定性以及系统模型中的建模错误,实践起来极具挑战。为了克服这一难题,人们可以利用由多个多模传感器收集的信息。但是,如何有效提取有用信息、剔除冲突信息使得此多传感器融合问题没那么容易。本章给出了几个针对不同机器人应用而设计的传感器融合方法的示例。

GPS使得室外部署机器人系统成为可能,但在许多情况下,GPS存在定位精度不足或信息不可靠等问题,下面描述了克服这些问题的方法。Park等的论文"多个紧凑型高频表面波雷达的舰船监测系统中基于贝叶斯估计器的目标定位",提出了在高频雷达网络中采用贝叶斯推理定位船只。Bender等的论文"无人机系统基于同步定位与构图返回起飞点",描述了一种在GPS中断的情况下通过视觉信息、惯性量测和GPS在行进区域上进行测绘和定位来使无人飞行器系统返回到原始位置的方法。Lager等的论文"真实场景下的水下地形导航",引入了高精度导航传感器融合海底深度测量和磁场测量数据的方法对船只进行定位,该方法无须GPS就可以应用。Aldibaja等的论文"激光雷达激光束增强对比度和强度的监督校准方法",描述了LIDAR测距仪的一种新型校准方法,以改善定位和测绘。

动目标跟踪是了解动态环境的第一步。Buyer等的论文"非聚集空间扩展测量中的多层粒子滤波的多目标跟踪应用",描述了使用多层粒子滤波的多目标跟踪算法和使用期望最大化(EM)算法的粒子聚类。Sigges和Baum论文"集成卡尔曼滤波在多目标跟踪中的应用",描述了一种采用最佳子模式分配距离的改进Kalman滤波器进行多目标跟踪,并与最近邻法和基于JPDA的方法进行比较。Fan等的论文"基于非侵入式红外阵列传感器的摔倒检测系统",描述了使用红外传感器和深度学习的跌倒检测系统,并给出相对现有方法的改进。Bao等的论文"基于惯性传感器的精细手部动作识别",描述了一种在工厂中用于手部动作识别的可穿戴惯性传感器设备。Wu的论文"上肢外骨骼康复机器人的运动学、动力学和控制研究"描述了具有七个自由度的上肢康复外骨骼系统,并给出对所提系统的分析。

第9章
多个紧凑型高频表面波雷达的舰船监测中贝叶斯定位估计

Sangwook Park[1(✉)], Chul Jin Cho[1], Younglo Lee[1], Andrew Da Costa[2], SangHo Lee[3], and Hanseok Ko[1]

[1] Korea University, Seongbuk gu, Seoul 02841, South Korea
{swpark, cjcho, yllee}@ispl.korea.ac.kr, hsko@korea.ac.kr
[2] George Washington University, Washington DC, NW 20052, USA
dacostaandrew@gwmail.gwu.edu
[3] Kunsan National University, Gunsan-si, Jeollabuk-do 54150, South Korea
sghlee@kunsan.ac.kr

摘要：目前，低功耗高频表面波雷达已经广泛用于较宽广观测区域中的船舶监测。但使用高频雷达监控船舶依然存在定位很不准确的问题。为了解决该问题，将贝叶斯估计器引入高频雷达网络中，融合网络中每个船舶监测系统的检测结果来确定船舶的最终位置。根据贝叶斯理论，后验分布可分解为似然和先验分布，两种分布分别使用各检测结果和自动识别系统数据来建模。通过适当的合成和实测数据证明了该方法的有效性。结果表明，将所提方法用于位置估计时可提高定位精度。

关键词：HF表面波雷达；紧凑型HF雷达网络；船舶探测；分布式传感器网络；融合

9.1 引言

对于海上监测系统，高频（HF）表面波雷达技术已实现了对专属经济区的全天监视[1-6]，且具有低成本、监测范围广等优点。典型的高频雷达系统有两种：相控阵和紧凑型，其中紧凑型比较适合安装在狭窄场所。因此，紧凑型高频雷达监测系统吸引了研究人员更多的关注。

Chung 等演示了基于单个紧凑型高频雷达的船舶监控系统[7]。Dzvonkovskaya 等提出了基于回归的舰船信号自适应阈值检测方法[4]。为了实现海洋环境和船只的观测,Roarty 等提出了无限冲激响应滤波器结合两维滤波器估计船舶信号中的背景噪声[8]。类似地,Part 等针对海洋观测中的紧凑型高频雷达优化问题,提出来一种增强船舶信号并降低噪声影响的成分分析法[9]。Roarty 等证明了通过多静态传感器配置、北极环境下的鲁棒性和船舶跟踪/数据关联方法的研究,可以将紧凑型 HF 雷达的应用扩展到海上态势感知领域[1,6,10]。同样,Maresca 等已开展多静态相控阵高频雷达的研究[2-3]。Vesecky 等提供了一种可消除目标雷达散射截面变化及海洋环境影响的目标跟踪方法[11]。

尽管许多技术都能可靠地检测船只,但有一个重要问题被忽略了,那就是这些方法的定位误差比较大。高频雷达通常分辨率较低,距离分辨率为 1~9km,角度分辨率为 5°,很难准确估计目标位置。此外,因为紧凑型 HF 雷达使用每个接收器捕获的幅值来预估船只方向,因此其位置估计易受环境噪声的影响。但紧凑型 HF 雷达的交叉回路天线由于受到 3 个正交连接接收器的结构影响,其响应不均匀,随信号方向而变化[12]。为了解决该问题,需要高分辨率观测。但是,在实际环境中没有足够带宽以支撑所需的高分辨率。另外,由于方向检测对环境噪声过于敏感,很难保证较高的角度分辨率。因此,对于紧凑的 HF 雷达来说,实现高角度分辨率很难。

为了解决这个问题,本章首先提出了一种基于高频雷达网络的位置估计方法,图 9.1 给出了所提方法的概念图。在每个 HF 雷达站点上都单独执行一种船舶检测方法。然后通过检测到的位置来训练可能的目标区域的概率模型。基于概率模型,通过贝叶斯方法估计最终目标位置。对于贝叶斯估计所需的先验信息,采用目标区域自动识别系统(AIS)采集的数据建立船舶密度模型。在实验中,利用根据信杂噪比(SCNR)合成的模拟数据以及在实测环境中收集的数据进行方法性能评估。

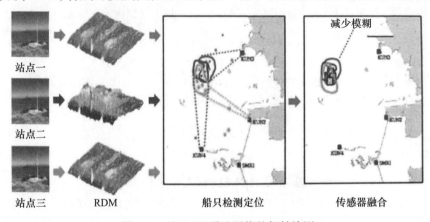

图 9.1 基于 HF 雷达网络的船舶检测

本章的内容安排如下:9.2 节将回顾有关贝叶斯估计的背景知识。9.3 节描述了所提出的使用 HF 雷达网络进行位置估计的方法。在讨论了实验结果之后,第 4 节给出了结论。

9.2 贝叶斯估计

本节简要回顾贝叶斯估计在所提方法中的应用。当一些先验知识可用于参数估计时,可结合这些知识设计一种更有效的估计器[13]。如果想估计一个随机变量 A,尝试找到一个估计器 $\hat{A}$ 使得贝叶斯均方误差(BMSE)最小化,即

$$\text{BMSE}(\hat{A}) = E[(A - \hat{A})^2] \tag{9.1}$$

通常,在随机噪声条件下,计算 BMSE 所需的概率密度函数(PDF)被视为目标随机变量 A 和观测值 x 之间的联合 PDF。在目标位置估计中,目标参数 A 和观测值 x 分别被视为目标的真实位置和检测结果。由于多种物理原因,检测结果的不确定性可以将其视为随机变量。据此期望值可以通过对两个随机变量的二次积分来计算:

$$\text{BMSE}(\hat{A}) = \iint (A - \hat{A})^2 p(x, A) \, dx dA \tag{9.2}$$

下面,通过应用贝叶斯准则,式(9.2)可以修改为

$$\text{BMSE}(\hat{A}) = \int \left[\int (A - \hat{A})^2 p(A|x) \, dA \right] p(x) \, dx \tag{9.3}$$

此时,由于 $p(x)$ 总是大于等于零,因此估计器 $\hat{A}$ 必须使括号中的积分最小,以使 BMSE 最小。基于这一事实,可以通过对式(9.3)求偏导数来获得最佳估计器 $\hat{A}$,并找到使导数为零的解:

$$\frac{\partial}{\partial \hat{A}} \int (A - \hat{A})^2 p(A|x) \, dA = 2\hat{A} \int p(A|x) \, dA - 2 \int A p(A|x) \, dA = 0$$

$$\hat{A} = \int A p(A|x) \, dA = E[A|x] \tag{9.4}$$

根据贝叶斯准则,后验分布从似然和先验分布计算。在上面的方法中,分别根据每个站点的检测结果和 AIS 数据对似然和先验分布进行建模。

9.3 方法提出

如图 9.2 所示,所提方法由舰船检测、目标区域建模、模型关联、最终定位估计等步骤组成。

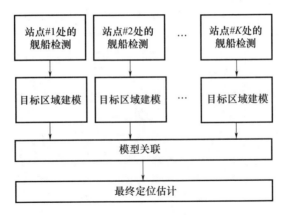

图9.2 使用HF雷达网络的最终定位估计框图

9.3.1 船舶检测

图9.3显示了用于海面洋流观测的紧凑型HF雷达船舶检测程序[9]。在窗口中,是高频雷达应用中通常选择的连续距离多普勒图(RDM)。成分分析时,首先使用连续的RDM获取增强RDM;然后通过采用有序统计(OS)-恒虚警检测器(CFAR)提取船只信号,并通过多信号分类算法(MUSIC)估算其方向[14-15];最后在候选定位中使用极坐标中的距离和方位来估计目标位置。

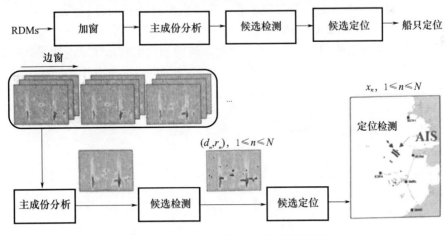

图9.3 应用于各个站点的船舶检测框图

9.3.2 目标区域建模

由于相干处理间隔(CPI)内的舰船运动影响,检测到的动目标位置散布在目

137

标真实位置周围,如图9.3所示。根据这种现象,认为检测到的位置代表了目标可能区域,并根据这些位置建立概率模型。首先,通过对检测到的位置执行基于密度的聚类方法进行分组[14]。由于HF雷达的距离模糊性,将执行聚类所需的距离裕度设置为HF雷达的距离分辨率。

根据目标区域模型服从高斯分布的假设,通过最大似然准则[13]估计参数如下:

$$\mu_i = \frac{1}{N_i} \sum_{n=1}^{N_i} x_n, x_n \in G^i \tag{9.5}$$

$$C_i = \frac{1}{N_i - 1} \sum_{n=1}^{N_i} (x_n - \mu_i)(x_n - \mu_i)^T, x_n \in G^i \tag{9.6}$$

式中:μ_i和C_i分别为第i个聚类的均值和协方差;G^i为第i个聚类组;x_n为对应G^i的检测位置;N_i为G^i的元素数。

注意,仅在G^i中的元素数大于3以确保C_i可逆的情况下,才对目标区域模型进行训练;否则,认为检测到的这些元素是由杂波源引起的,从而消除该聚类中的所有元素。

9.3.3 模型关联

本节将根据9.3.2步中建立的目标区域模型对似然分布进行建模。如果通过不同站点检测结果建模的目标区域有重叠,则对它们的混合模型建立似然函数,否则就将每个目标区域视为一个似然函数。为了实现这一目的,通过聚类将各个目标区域分组[16]。具体来说,如果属于不同模型的平均矢量小于分辨率,则将模型组合在一起。然后,通过同一组中各个目标区域的加权求和来建立似然函数模型。用于混合模型的权重由比例系数N_i确定。注意,如果组内只具有单个目标区域,则其似然函数与单个目标区域模型的相同。

9.3.4 最终位置估计

根据贝叶斯方法,最终位置可通过后验均值确定:

$$\hat{y} = E[y|x] = \int_{\mathbb{R}} y p(y|x) \mathrm{d}y \tag{9.7}$$

式中:$\hat{y}$为最终位置;$\mathbb{R}$为可能的目标区域;x为HF雷达网络检测到的位置。

根据贝叶斯准则,式(9.7)中的后验概率包含了似然信息和先验信息。

$$p(y|x) = \frac{p(x|y)p(y)}{\int_{\mathbb{R}} p(x|y)p(y)\mathrm{d}y} \tag{9.8}$$

在上面的步骤中,已经对似然函数$p(x|y)$进行了建模,并通过对目标区域采集的AIS点采用期望值法和最大值法,将先验分布$p(y)$建模为高斯混合模型。

9.4 实验

9.4.1 模拟试验

1. 数据库

为了进行性能评估,使用模拟器建立该数据库,其中该模拟器考虑了现实环境[12]中出现的显著问题。图9.4所示的船舶航路是模拟目标区域的真实航道。选择 KUN2、KUN3、KUN4 3个位置观察目标路径。在本节中,这些站点的同构配置如表9.1所列。生成数据所需的其他参数,如船舶尺寸规格和海洋环境,见表9.1。

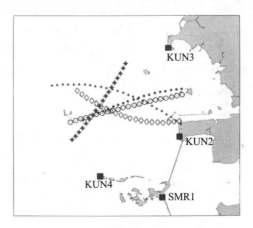

图 9.4 用于合成数据的五种船舶路径

表 9.1 仿真生成数据的参数

雷达配置				
载频	带宽	扫频	功率	FFT 点数
25MHz	100kHz	2Hz	45	512
舰船参数				
长度	宽度	高度	速度	加速度
70.0m	12.0m	7.2m	10kn	0.0kn/s
环境参数				
SCNR	表面洋流速度		表面洋流方向	杂波平均数
20~35dB	30cm/s		北向	100

2. 实验设置

对检测精度和定位精度两个性能指标进行了评价。利用检测概率(ToT)和虚警概率(FAR)来验证检测精度。ToT 和 FAR 分别表示目标区域的检测概率和虚警概率。注意，如果检测到的位置与实际位置之间的距离小于距离分辨率，则定义为正确报警(对于这种配置，设置正确报警的阈值为 3km)；否则，检测到的位置定义为误警。通过对目标区域进行归一化处理，得到误警数。另一个性能指标，即定位精度，直观地定义为检测位置与真实位置之间的距离。在 OS-CFAR 检测器中，根据初步实验将参考窗口大小设置为 6。

3. 实验结果

为验证该方法的有效性，以 SCNR 为条件进行了实验。结果如图 9.5 所示。在检测精度方面，检测概率和虚警概率分别如图 9.5(a)、(b)所示。最佳的检测概率出现在融合法上。对于检测概率，在 30dB SCNR 条件下，融合法与 KUN4 的差异约为 1.8%。另外，由于在目标区域建模的步骤中消除了误警，与单个站点的结果相比，融合法的虚警概率大大降低。虽然正确报警也可能被消除，但是这一缺点可以通过融合其他站点获得的结果弥补。

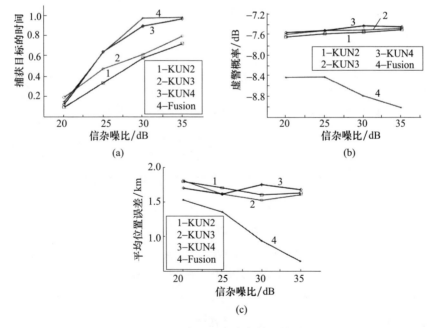

图 9.5 根据 SCNR 条件检测结果
(a)检测概率；(b)虚警概率；(c)平均距离误差。

在定位精度方面,改进结果如图9.5(c)所示。虽然定义检测概率的决策阈值被设置为3km。但是,当应用于30dB SCNR以上的情况时,距离误差降低到1km以内。随着SCNR条件的降低,该方法的距离误差增大。由于从各个站点检测到的位置被应用于似然估计。因此,这些检测位置的模糊性导致似然估计也是不正确的。

9.4.2 真实数据检验

1. 数据库

图9.6所示为安装了两台小型HF雷达的目标区域,AIS记录船舶路径。与上述仿真情况不同的是,这两个安装在真实环境中的站点工作的载波频率为13MHz,带宽为50kHz,扫频频率为2Hz,功率为45W,FFT点数为512。在这种配置下,船舶的最大可探测区域扩展到约60km,距离分辨率增加到约3km。即使两个地点之间的距离约为60km,由于岛屿等原因,重叠区域也被限制在地图的阴影部分。因此,通过选择途经阴影部分的船舶建立数据库,所选船舶相应的AIS数据接近真值。先验分布采用1个月内累积的AIS数据进行建模。

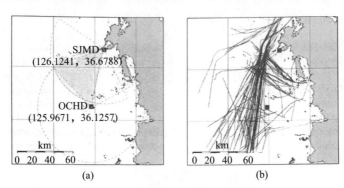

图9.6 目标观测区域与先验数据
(a)两个紧凑型高频雷达的目标观测区域;(b)用于先验估计的AIS数据。

2. 实验设置

这一部分中,由于该配置中的距离分辨率为之前的两倍,因此正确报警的判定阈值为6km。为了证明所提方法,考虑仅从正确报警的结果中获得定位精度,并将OS-CFAR的参考窗口大小设为6。

3. 实验结果

5艘船的实验结果如表9.2所列。由于方向估计结果会影响定位精度,而定位精度取决于站点与目标船之间的距离,因此针对每艘船给出了站点到船之间的平均距离。结果表明,所提方法在几种情况下均能有效地减小距离误差。

表9.2 采用真实数据的实验结果

船编号	OCHD		SJMD		融合
	站点与船之间的平均距离/km	平均距离误差/km	站点与船之间的平均距离/km	平均距离误差/km	平均距离误差/km
1	49	2.69	46	2.88	2.54
2	26	4.81	38	3.41	3.33
3	19	3.55	50	3.39	3.31
4	16	3.10	46	2.91	2.75
5	17	2.66	53	3.14	2.61

9.5 小结

由于高频雷达受环境和物理条件的限制,通常采用低分辨率配置,因此检测到的目标位置距离真实位置较远。为了解决这一问题,将贝叶斯估计应用于基于紧凑高频雷达网络的目标定位中,以提高定位精度。为了计算贝叶斯估计的后验概率,分别使用单站检测结果和 AIS 数据对似然概率和先验概率进行建模。仿真结果表明,该方法提高了定位精度和检测精度。实验结果说明,该方法可以提高目标检测的定位精度。

参考文献

[1] Roarty, H. J. , Smith, M. , Glenn, S. M. , Barrick, D. E. , Whelan, C. , Page, E. , Statscewich, H. , Weingartner, T. : Expanding maritime domain awareness capabilities in the Arctic: Highfrequency radar vessel tracking. In: Radar Conference, pp. 1 – 5(2013)

[2] Maresca, S. , Braca, P. , Horstmann, J. , Grasso, R. : A network of HF surface wave radars formaritime surveillance: preliminary results in the German Bight. In: Proceedings of the IEEEInternational Conference on Acoustics, Speech and Signal Processing, pp. 6077 – 6081(2014)

[3] Maresca, S. , Braca, P. , Horstmann, J. , Grasso, R. : Maritime surveillance using multiple high – frequency surface wave radars. IEEE Trans. Geosci. Remote Sens. 52(8) ,5056 – 5071(2014)

[4] Dzvonkovskaya, A. L. , Rohling, H. : Target detection with adaptive power regressionthresholding for HF radar. In: Proceedings of the Radar Conference, Shanghai, China, pp. 1 – 4(2006)

[5] Gurgel, K. W. , Schlick, T. , Horstmann, J. , Maresca, S. : Evaluation of an HF radar shipdetection and tracking algorithm by comparison to AIS and SAR data. In: Proceedings of theInternational

Conference on Waterside Security, Carrara, Italy, pp. 1 – 6(2010)

[6] Roarty, H. J., Lemus, E. R., Handel, E., Glenn, S. M., Barrick, D. E., Isaacson, J.: Performanceevaluation of SeaSonde high – frequency radar for vessel detection. J. Mar. Technol. Soc. 45(3), 14 – 24(2011)

[7] Chung, Y. J., Chuang, L. Z. H., Yang, W. C.: Feasibility studies of ship detections usingSeaSonde HF radar. In: Proceedings of the International Geoscience and Remote Sensing Symposium, Melbourne, Australia, pp. 2892 – 2895(2013)

[8] Roarty, H. J., Barrick, D. E., Kohut, J. T., Glenn, S. M.: Dual – use of compact HF radars for thedetection of mid and large – size vessels. Turk. J. Electr. Eng. Comput. Sci. 18(3), 373 – 388(2010)

[9] Park, S., Cho, C. J., Ku, B., Lee, S., Ko, H.: Simulation and ship detection using surface radialcurrent observing compact HF radar. IEEE J. Ocean. Eng. 42(3), 544 – 555(2017)

[10] Smith, M., Roarty, H., Glenn, S., Whelan, C., Barrick, D., Isaacson, J.: Methods of associatingCODAR SeaSonde vessel detection data into unique tracks. In: Proceedings of the Oceans, pp. 1 – 5(2013)

[11] Vesecky, J. F., Laws, K. E.: Identifying ship echoes in CODAR HF radar data: a Kalmanfiltering approach. In: Proceedings of the Oceans, Seattle, USA, pp. 1 – 8(2010)

[12] Park, S., Cho, C. J., Ku, B., Lee, S., Ko, H.: Compact HF surface wave radar datageneratingsimulator for a ship detection and tracking. IEEE Geosci. Remote Sens. Lett. 14(6), 969 – 973(2017)

[13] Kay, S. M.: Fundamentals of statistical signal processing, estimation theory, PHPTR, pp. 219 – 288(1993)

[14] Rohling, H.: Radar CFAR thresholding in clutter and multiple target situations. IEEE Trans. Aerosp. Electr. Syst. 19(4), 608 – 621(1983)

[15] Schmidt, R. O.: Multiple emitter location and signal parameter estimation. IEEE Trans. Antenna Propag. 34(3), 276 – 280(1986)

[16] Martin, E., Hans, P. K., Jorg, S., Xiaowei, X.: A density based algorithm for discoveringclusters in large spatial database with noise. KDD 96(34), 226 – 231(1996)

第10章
基于同步定位与构图返回起飞点的无人机系统

Daniel Bender[1(✉)], Wolfgang Koch[1], Daniel Cremers[2]

[1] Depart Sensor Data and Information Fusion
Fraunhofer Institute for Communication,
Information Processing and Ergonomics FKIE, Wachtberg, Germany
{daniel. bender, wolfgang. koch} @ fkie. fraunhofer. de

[2] Computer Vision Group, Technical University of Munich(TUM),
Garching, Germany
cremers@ in. tum. de

摘要:GPS信号是目前机器人平台户外导航任务的关键部件。为了获得平台位置、姿态和运动方向,并以更高频率接收信息,通常用惯性导航系统(INS)校正GPS信号。然而,GPS是UAS的一个关键单点故障。我们提出了一种方法,在正常的UAS操作中,通过将摄像机图像与惯导GPS数据融合,创建一个度量覆盖区域的地图,并在GPS中断的情况下,使用该地图有效地引导系统返回到起飞点。一种简单的方法是沿着之前走过的路径,通过比较当前的相机图像和之前创建的地图来获得精确的姿态估计。本程序允许使用捷径通过未开发的地区,以尽量减少旅行距离。因此,我们在对未知区域进行纯视觉导航时,通过考虑最大的位置漂移来保证到达起点。在深入的数值研究中,我们获得了接近最优的结果,并演示了该算法在现实仿真环境和真实世界中的应用。

关键词:无人飞行系统;靶弹;同步定位与构图;航路规划;导航

10.1 引言

UAS主要包括大型户外场景的导航及飞行控制两个关键部分,其中长航时任务基本依靠INS,利用GPS测量数据修正惯导感知数据。与人在回路的飞行控制相比,大多数无人导航系统没有冗余配置,当GPS信号长期中断时就比较麻烦。没有飞行员接管,只能启动紧急降落。更为关键的是,无论该区域是否适合安全着陆,无人机都要在当前位置启动紧急降落。

如图10.1所示,无人机从直升机场出发,沿着固定路径飞行。在当前位置GPS失效,平台开始自动寻的。最安全的方法是依据无人机到达当前位置的准确路径返航。但与虚线连接的直连路径相比,此路径较长。但也可能会出现位置偏移,导致返航点丢失。更安全的方法是与前面的路径相交,以接近返航点位置(虚线),由此提出路径规划的方法。

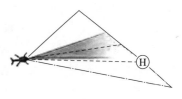

图10.1 无人机路径

UAS通常都配备摄像机,实时可视化监控区域。该方法将这些图像与INS测量数据相结合,实现一种高效的寻的策略。在正常操作期间,来自所有传感器的数据被融合在一起,采用同步定位和构图(SLAM)[3]构建区域地图。当GPS信号中断时,就利用该区域地图返回。这项工作的主要贡献是一个路径规划程序,使用捷径通过未观测地区,以最小化旅行距离。在此过程中,考虑纯视觉导航的最大漂移,以保证安全返航(图10.1)。这是我们在MFI 2017年[2]会议上提交的论文的扩展和修订版本。

10.2 相关工作

视觉自主寻的是在视觉感知的基础上引导自身返航的过程。该方法直接关联视觉模式进行飞行控制,无须预定的世界模型。例如,Pomerleau[13]设计的道路跟踪和Giusti等设计的森林小径导航,这两种方法均通过神经网络实现的。Nelson提出了一种基于场景熟悉度的寻的方法。该过程寻找当前视图与一组以前收集的图像的最佳匹配,这些图像与相关的移动方向[11]一起保存。

其他方法基于构图存储目的地位置与参考帧位置,由于传感器测量噪声和平台移动会引入构图误差。

对于路径规划[9]来说,存在地图与实际环境之间有差异的问题。Valencia等已经很好地解决了该问题,他们直接使用位姿SLAM图作为置信路线图,在机器人位姿累积不确定性最低的路径上执行无碰撞路径规划。在文献[15]中,提出了一系列调整位姿图的路径规划方法。上述方法都只考虑已经穿过的轨道,且假设没有障碍物,在这种假设条件下对于地面导航也有效。

相比之下,本场景中考虑处于固定高度且没有障碍物的下视UAS,在没有监测区域信息时规划航路捷径导航。这种模拟狗的导航能力的新方法,目前还未在其他文献中提出。

Chapuis 在实验中验证了这一点,即可从之前的不完全监测中得到了一个度量表示法。他们利用已知区域之间的捷径,在方向估计错误的情况下执行安全策略来修正[4]。这个概念的主要思想已经转移到 UAS 上下文中,如图 10.1 所示。导航无人机的安全快捷通过未知区域的一个主要先决条件是,了解纯视觉测程中姿态估计漂移的知识。Liu 等进行了全面的理论分析并指出,漂移是一个随机的过程,不会线性增加,在某些情况下甚至可能减少。另外,还提出视觉测向漂移一般在 1°~5°内。

10.3 问题描述

本部分将解释无人机寻的方法的基本概念。在正常运行期间,基于 INS 的 LSD – SLAM 参考三维点云形式的地图与实测数据构建区域实时地图,同时执行自我定位[3]。在 LSD – SLAM 算法中集成来自 INS 的测量,消除漂移,并为处理后的图像生成深度图度量估计。观测区域生成的点云也是公制的,GPS 测量和参考地理也类同。在实时运动学(RTK)校正的基础上,生成的地图精确到厘米量级。与其他基于摄像机的密集型计算相比,该方法的结果是实时生成的,适用于 UAS 导航。该方法生成关键帧和它们之间的图像约束组成的因子图(图 10.2)。

图 10.2 (见彩图)LSD – SLAM 输出的可视化。UAS 的飞行轨迹由蓝色关键帧和它们之间的图像约束来描述。当前相机姿态用红色及其坐标系轴表示

在 GPS 中断的情况下,平台仅通过使用相机图像和先前生成的 SLAM 度量输出返回其起始位置。最安全的方法是沿着先前的路径反向行驶。然而,这可能意味着一个大的迂回,相比之下,直接连接到起点。通过离开先前出发的区域,根据视觉里程估计自身位置[5]。因此,所收集的图像之间的相对估计导致自定位的漂移,在给定的场景中,只能通过重新输入在先前地图构建阶段观察到的区域来校

正。所考虑的问题是,通过仅使用当前相机图像和先前生成的 SLAM 度量输出,快速且安全地引导 UAS 的路径规划。

所考虑的问题是,通过仅使用当前相机图像和先前生成的 SLAM 度量输出,快速且安全的引导 UAS 的路径规划。

10.4 使用捷径进行路径规划

基于惯性导航系统 LSD – SLAM 的输出作为规划依据,在考虑安全捷径的情况下,确定返回起始位置的路径。该问题被抽象的定义,并制订执行路径规划的算法。

10.4.1 问题定义

与地面机器人使用的大多数方法相比,该区域没有障碍物。执行任务时高度固定,在 xy 平面中执行规划,可简单降低 z 坐标。

在无人机正常运行期间,基于 INS 的 LSD – SLAM 生成的因子图被重新表述为二维图 $G=(V,E)$。关键帧的笛卡儿坐标描述顶点 V,除了第一个关键帧外,每个关键帧都通过添加到 E 的边与其直接前导连接。如果当前位置与最后一个关键帧不一致,则将其添加为 V 的新顶点 v_n 和 E 的最后一个关键帧的顶点 v_n 的边。通过在先前未访问的区域旅行,视觉里程计执行自我定位。这将导致积分漂移,该漂移由与行驶距离相关的已知因子限定。后者可以转化为最大角漂移 α。该图描述了在正常操作期间已经观察到的路径,与边缘 E 的任何交叉点,允许我们通过将当前相机图像与先前生成的地图进行比较来执行 UAS 的精确定位。

通过将当前位置定义为起始 $v_s \in V$,将第一个关键帧定义为目的地 $v_g \in V$,将 UAS 寻的问题转化为寻找这两个顶点之间的捷径问题。因此,路径并不是唯一地绑定到图中已经存在的边 E,但是,使用捷径需要考虑最大角漂移 α 来保证与图边 E 的一个交集。该方案需要在任何场景中收敛,并且行进路径的距离应该接近起始点和目标顶点之间的直连距离。

10.4.2 算法描述

每个顶点由其坐标 $v_i = [x_i, y_i]^T$ 来描述。起始顶点 v_s 和目标顶点 v_g 之间的最短路径是直连的,即

$$r = v_s + \lambda(v_g - v_s) \tag{10.1}$$

式中:$\lambda \in \mathbb{R}+$。

最大角漂移 α 允许定义包围漂移区域的左、右射线:

$$r_1 = v_s + \lambda R(\alpha)[v_g - v_s] \tag{10.2}$$
$$r_r = v_s + \lambda R(-\alpha)[v_g - v_s] \tag{10.3}$$

式中:旋转矩阵 $R \in \mathrm{SO}(2)$。

此外,欧几里得范数用于通过标量积来描述两个顶点之间的距离,即
$$\Phi : \mathbb{R}^2 \times \mathbb{R}^2 \times \mathbb{R}_+ \tag{10.4}$$
$$\Phi(v_i, v_j) = \sqrt{[v_i - v_j] \cdot [v_i - v_j]} \tag{10.5}$$

路径规划在 UAS 失去 GPS 信号后立刻执行,起始姿态可被视为精确的,并可通过增加最大角漂移来覆盖位置或航向中的小误差引入的不确定性。

创建一个临时图 $G_t = (V_t, E_t)$ 以有效地处理漂移区域内的图形实体。此图由 G 创建。

(1)在最大漂移线 r_1 和 r_r 之间的交叉点与 E 中的边缘添加临时顶点。

(2)对于每个新顶点,添加两条临时边,将顶点与其相交的原始边的源顶点和目标顶点连接起来。

(3)移除漂移区域之外的所有顶点和边。(可通过暂时禁用图形过滤中的实体高效地执行。)

对于目标光线 r 的每次更改,将更新临时图形 G_t。作为第一步,通过移除临时顶点和边以及图过滤器来重新创建原始图 G。然后,如上面所介绍的创建临时图 G_t。

提出的方法遵循图 10.3 所示的工作流程。如图 10.4 所示,定义如下。

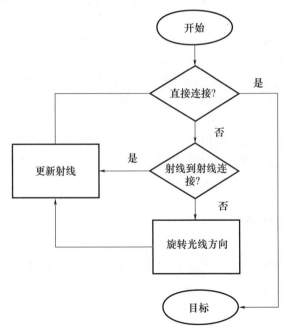

图 10.3 从开始位置导航到目标位置的可视化工作流程

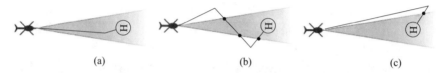

图 10.4 （见彩图）三种建议情况。该算法研究图形（黑线）和最大漂移光线
（外部绿线，跨越绿色区域）之间的交点（红星）
(a)照射区内连接；(b)跨照射区折线连接；(c)沿着照射方向连接。

(1)照射区内连接：在照射区内存在v_s和v_g之间的路径，该路径只包含E_t中的边缘。通过遵循该路径，将达到目标位置v_g[图10.4(a)]。

(2)跨照射区折线连接：存在一个有效的顶点$s=(v_l,\cdots,v_r)$序列，连接一个放置在左射线上的顶点，只有位于E_t边上的一个顶点位于右射线上，如果一个序列接近或连接到目标顶点，则认为该序列是有效的。对于第一个选项，如果对所有顶点v_i，到目标顶点v_g的距离小于开始顶点和目标顶点之间的距离[图10.4(b)]，则序列是接近的：

$$\forall v_i \in s: \Phi(v_i, v_g) < \Phi(v_s, v_g) \tag{10.6}$$

一个有效序列包含或通过E_t中的边连接到目标顶点v_g。如果找到了一个有效序列，则可以安全地移动，并且通过随机漂移确定图的相交位置。交点成为新的v_s，因此必须更新等式(10.1)、式(10.2)和式(10.3)中定义的光线。

(3)沿着照射方向连接：如果在临时图G_t(图10.4(c))中既不存在直连射线，也不存在有效的射线到射线连接，则适配目标射线R的方向以及包围漂移区的射线r_l和r_r。通过首次使用当前开始顶点v_s输入这种情况，将确定在V中的顶点上旋转左光线r_l或右光线r_r的旋转角度。注意，这是在原始图G中的顶点，通过丢弃所有角度，绝对值大于最大角漂移α，保证在应用旋转之后目标顶点被放置在新的漂移区域中。角度按其绝对值排序。现在，在当前起始顶点v_s的所有后续迭代中，从排序列表中移除一个角度，并相应地旋转三条光线r、r_l和r_r的初始方向。

图10.5所示为在所述场景中为达到目标而执行的序列。对于每一个新的起始位置，所考虑的路径针对目标位置，并研究图形（黑线）和最大漂移光线（外部绿线，跨越绿色区域）之间的交点（红星）。

10.4.3　算法收敛性

本节给出了该算法收敛性的证明，为了清楚起见，首先给出两个引理证明。

引理1　在有限数量的射线连接之后，将找到直连线。

证明　在10.4.2节中，为有效的射线连接定义了两个选项。

(1)接近：在下一次迭代中用作新起点的移动顶点的交点总是比v_s更接近v_g。

(2)连接到v_g：可与目标顶点后面的已知路径相交。如果新的起始顶点与v_g

的距离大于当前起始顶点与v_g的距离,则必须进一步分析该情况。后者在下面称为$\Phi_l = \Phi(v_s, v_g)$。如果这种情况只发生一次,将在接下来的迭代中不断减少到v_g的距离。根据同样的原理再绕一圈,我们的新起点到v_g的距离将小于Φ_l。这是基于这样一个事实,即在我们第一次绕道之前,与v_g的连接被漂移区包围。因此,在这种情况下,与v_g的距离也会减小。

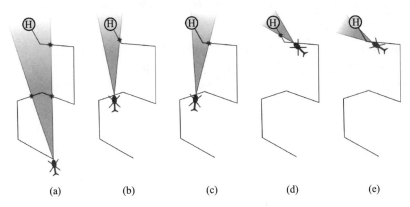

图 10.5 给出了一个完整的路径规划序列的例子,该序列可视化了迭代的情况
(a)跨照射区折线连接示例 1;(b)沿着照射方向示例 1;(c)跨照射区折线连接示例 2;
(d)沿着照射方向连接示例 2;(e)照射区内连接。

通过不断减小到v_g的距离,当新的v_s直连接v_g的边缘时,可以找到直连捷径。

引理 2 "旋转射线方向"(rotate ray directions)时,对于每个起始顶点对至少一个旋转角度,将找到直连捷径。

证明 为每个新的关键帧添加一个边缘,在起始顶点v_s和目标顶点v_g之间存在一条精确的路径。两个顶点都位于由两条光线r_l和r_r包围的漂移区域中。存在一个旋转,将r_l放在v_g上,而r_r在v_g上旋转到r_l。在这两种情况中的一种情况下,直接连接到v_g的路径将在漂移区域中。基于v_s和v_g之间存在直连的事实,通过从v_g开始遍历边缘,可以找到与r_l或r_r的交叉点v_i。

(1)与两条光线相交:对应与v_s的相交,其结果是直连的;
(2)与其他光线相交:光线到光线的连接;
(3)与同一条光线相交:旋转光线方向。

如果新的交点v_i出现在放置了相同光线v_g的情况下,则遍历v_g和v_i之间的路径,并确定最接近另一条光线的顶点。漂移区域以另一条光线与该顶点相交的方式旋转,即成为新的v_i。这导致漂移区域内的v_g和v_i之间存在联系。从v_i到v_g的穿越将在漂移区内进行。将发现与r_l或r_r的一个新的交叉点v_i,并进行如上所述的分析。因为在v_s和v_g之间存在一条路径,迭代此过程将在直接连接或射线到射线连接中收敛。

定理 10.1 提出的算法总是在目标位置收敛。

证明 如图 10.3 所示和前一节所述,该算法迭代三种情况。

(1) 直接连接:跟随连接到达目标位置。

(2) 光线到光线连接:引理 1 指出,在有限数量的光线到光线连接之后,将找到直接连接。

(3) 旋转光线方向:根据引理 2,总是会发现一个导致直接连接或光线到光线连接的旋转。

根据这些观察结果,我们总能找到通向目标位置的直接联系。

10.5 评价

在接下来的大量数值研究中,首先对所提出的方法进行了评估;然后介绍了它在真实仿真环境中的表现,并给出了在真实场景中的概念证明。

10.5.1 数值建模

作为对该方法的首次评估,我们对随机图进行了蒙特卡罗(MC)模拟。后者表示从起飞位置到 GPS 丢失位置的飞行路线。为了生成一个图,在边长为 xm 的正方形区域中随机抽取 n 个顶点。对于每个新顶点,一条连接它和它的前一个顶点的边被添加到图中。这就产生了一个具有 n 个顶点和 $n-1$ 条边的随机图。第一个顶点作为起飞位置,最后一个顶点作为无人机归航的起始坐标。创建的图形看起来非常混乱,在大多数情况下,操作员不会为无人机计划飞行机动(图 10.6)。

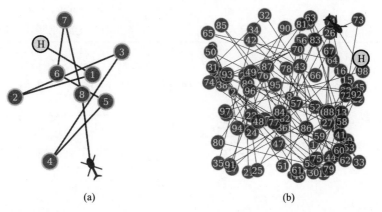

图 10.6 随机图允许对所提出的方法进行深入的评估。在 GPS 信号中断时,第一个顶点被认为是我们想要返回的起飞位置,最后一个顶点被认为是 UAS 的坐标
(a) 10 个顶点;(b) 100 个顶点。

然而,随机图允许我们在大量的实验中对该方法进行评估,这些实验很可能检测出程序的任何问题和弱点。

执行三次 MC,每个都具有图形配置参数 n 和 x 的不同组合。此外,定义了相对于行进距离的最大漂移比 5%。对于每个配置,生成 1000 个随机图,并在 100 次 MC 运行中实现每个图的路径规划。

每一组运行 100 次 MC,计算达到目标的平均距离。该值除以最优解,其特征是起点和目标顶点之间的欧几里得距离,以形成平均距离

$$r_d = \frac{\frac{1}{100}\sum_{i=1}^{100} d_i}{\Phi(v_s, v_g)} \tag{10.7}$$

式中:d_i 为第 i 次 MC 运行中用于达到目标的行进距离。

进一步将指出算法产生的所有运行的最优解。考虑位置漂移,结果越接近 1 越好,但不为 1。

对于 3 种配置中的每一种,计算 1000 个随机图的平均行驶距离比的分位数(表 10.1)。与数据集 1 相比,由于面积较大,数据集 2 节省的绝对时间和距离要大得多。然而,基于比率的评估如预期般消除了这种差异。增加数据集 3 的顶点数可以获得更好的结果。基于边的数目越大,在直接瞄准目标的同时会产生更多的光线到光线的连接。更经常地遵循这一最佳方向,避免绕行并减少使用的行驶距离。

表 10.1 运行距离比(到达平均值/最佳值)(每个数据集有 1000 个随机图的分位数,每个图有 100 个 MC 运行)

数据集	顶点	方形边长	50%	95%	99%
1	10	500	1.010	1.160	1.479
2	10	5000	1.011	1.139	1.449
3	100	500	1.002	1.021	1.093

通过分析数值研究的异常值,确定了两个特殊情况。如图 10.7(a)所示。开始顶点和目标顶点之间的直连较长。可视化的实例显示了一种不太可能发生的极

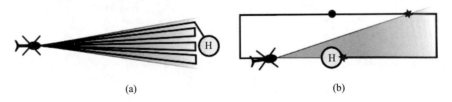

图 10.7 (见彩图)次优规划

(a)视觉里程表漂移区域内的连接(绿色)可能导致大的弯路;(b)在可视化场景中,规划将导致在标记边缘(红色)上的某个点处重新定位。一个最佳的解决方案将使用一个临时目标(蓝色)规划绕行。

端情况。然而,同样的方案也可能会出现更简单的迂回,在所有这些情况下,所提出的算法将直连。大多数绕行都可以通过直接连接来防止,在超过距离阈值后,根据所提出的方法执行新的规划。这种小的自适应将很可能导致新的捷径。算法将产生的第二种绕道也在图 10.7 的右图中可视化。只有在视觉里程漂移区域包含动目标时有效,否则会错过所描绘的临时目标的捷径。

10.5.2 仿真

模拟露台机器人[7]可用于在真实场景中测试该方法,并为真实世界的实验收集有价值的信息。Meyer 等开发了露台内四架无人机的建模、控制和仿真[10]。四旋翼机的姿态信息一方面作为地面真实性评估的依据;另一方面作为惯导噪声数据生成的基础。对于后者,使用位置分量的标准差 $\sigma_t = (0.02m, 0.02m, 0.04m)$ 和由欧拉角表示的旋转分量的标准差 $\sigma_r = (0.1°, 0.1°, 0.2°)$ 将高斯白噪声添加到姿态中。因此,高度和 z 轴周围的旋转被选择两倍大的其他组件来模拟 INS 的标准误差行为。模型值代表小惯性导航系统的精度,GPS 测量通过 RTK 技术进行校正[14]。此外,利用 Gazebo 提供的相机模拟,以 30Hz 的帧频从 640×480 像素的下视相机生成图像。所选择的摄像机对应 100°广角镜头。摄像机和 INS 之间的相对位置关系是已知的。使用了赫米尼奥·尼维斯(Herminio Nieves)创建的"城市"三维模型(图 10.8)。他出版了本书[12]和其他免费供商业和非商业使用的模型。

图 10.8 "城市"三维模型的渲染图像,露台环境

LSD – SLAM 的漂移是通过在两个不同方向上以直线飞行进行 MC 运行来分析的。误差表现为线性增加,并且在两个方向上非常相似(图 10.9)。在 100m 的移动距离处,漂移的特征是平均值 $\mu = 6.03m$。一个方向的标准偏差 $\sigma = 3.23m$;另一个方向的平均值 $\mu = 5.37m$ 和标准偏差 $\sigma = 3.62m$。与文献[8]所述的相比,这些值相当高,可能是与使用的三维城市模型有关(图 10.8)。也可通过将角度误差的上界增加到 10°来处理较大的漂移。该值对应于行程距离的 17.63% 的误差,它

超出了所评估的方向,从而导致了 3 个方向上的标准偏差。高度值将在规划过程中产生一些迂回的结果,但保证了收敛性。

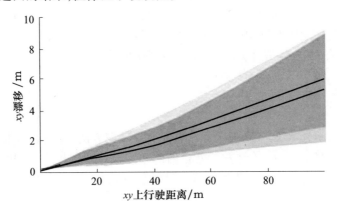

图 10.9 （见彩图）露台上两条水平直线的平均标准偏差
（摄像机 LSD – SLAM 偏离 100MC）

该方法的评估是通过在 Gazebo 上的 MC 运行来实现的,如下所示。初始路径是根据描述图 10.5 所示路径的路径点列表进行的。由于 LSD – SLAM 的非确定性设计,这条路径以及地图都是为每一次从零开始的起步创建的,并且略有不同。在最后一个航路点,模拟了 GPS 信号中断,无人机使用该算法自动返回其起飞位置。因此,基于 LSD – SLAM 的当前姿态估计,每秒更新 UAS 的方向。

地面真实值和姿态估计值之间的欧几里得距离显示了在未探测区域旅行时不确定性的预期增加,当其他 SLAM 通过在最新和先前创建的关键帧之间添加约束来创建循环闭合时,则会下降(图 10.10)。此时,最终的误差为 0.25,比 GPS 信号

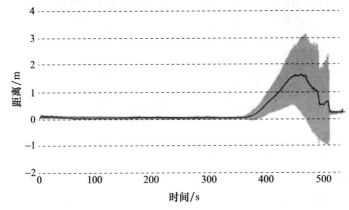

图 10.10 在露台上进行无人侦察机归航时,姿态估计值与地面真实值之间的欧式
距离的平均值和标准偏差(基于 INS 的 LSD – SLAM 在全球定位系统中断
约 350s 后使用,之后使用原始的 LSD – SLAM)

中断前使用的基于惯性导航系统的 LSD – SLAM 的精度高出 3 倍。此值取决于相机分辨率以及地面采样距离,在其他设置中会有所不同。当导航出错时,重新定位成功的时间稍有不同,平均值不是缓慢下降的。最后几秒的小标准差表明,重新定位在所有运行中都起作用。

MC 运行的路径信息如图 10.11 所示。它显示了穿过前一条路线的路线方向的变化,即视觉里程表中的漂移如何影响飞行路线。在成功执行循环闭合以重新定位后,将沿着上一条路径遍历运行,以到达开始位置。

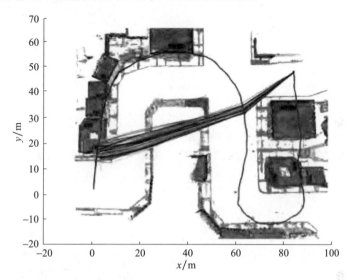

图 10.11　在露台模拟 GPS 信号中断后,100MC 的路径信息用于返回(0,0)的起始位置。路径信息被绘制在 GPS 信号中断前由一次运行创建

根据航路点行驶,直至 GPS 信号中断,平均行驶距离为 251.85m。返回起飞位置的直接连接的平均距离为 100.5m,基于 LSD – SLAM 姿态估计的规划算法中的转向指令实际行驶的路径平均距离为 108.53m 在行进距离比中,根据式(10.7),1.08 是好的,特别是考虑到 10% 的最大角误差。

10.5.3　真实环境试验

利用的平台是一个小型六旋翼机,配备了一个有效载荷,其中包含一个微机电(MEMS)的 INS 和一个摄像头。

如参数数据表[14]所述,使用标准偏差 $\sigma_\psi = 0.2°$,$\sigma_\theta = 0.1°$,$\sigma_\varphi = 0.1°$ 的 SBG 系统的椭圆 – D。来自 XIMEA 的相机捕获分辨率为 2048 × 1088 像素的图像,并连接到焦距为 4.8mm 的广角镜头上。像素合并将图像缩小 1/4 至 512 × 272 像素,以在标准笔记本电脑 CPU 上实现实时性能。传感器安装牢固,并与硬件触发信号的同步电缆连接。在传感器校准设置中,使用预先收集的数据估计传感器之间的安装影响[1]。

为了估计位置漂移的上界,MC 执行了两次直线飞行时记录数据集。不确定的 LSD – SLAM 导致多个航向的姿态估计(图 10.12)。一个方向的评估结果为 $\mu = 6.03 \text{m}$ 和 $\sigma = 3.23 \text{m}$;另一个方向的评估结果为 $\mu = 5.37 \text{m}, \sigma = 3.62 \text{m}$(图 10.13)。

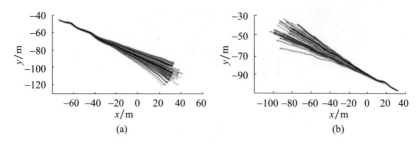

图 10.12 (见彩图)在现实世界中,摄像机的路径可视化只有 LSD – SLAM 漂移
(这两个图显示了与 INS 路径(黑色)和 MC 运行(颜色)的直线飞行)

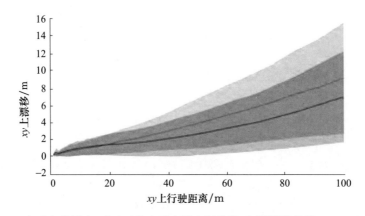

图 10.13 在现实世界中,对于两条水平直线飞行路线,仅限摄像机的 LSD – SLAM 偏离
MC 的平均值和标准偏差(INS 的路径,误差在几厘米范围内,被用作地面真理)

尽管相机观察到的几乎整个区域都包含足够大的梯度,可以通过 LSD – SLAM 进行像素级的立体匹配,但与上一节中进行的露台模拟相比,漂移更大。这可能是由于覆盖该区域的大量重复结构造成的。然而,估计误差可通过设置相应的最大漂移来处理,唯一的缺点是捷径算法将规划更大的迂回,以确保重新进入先前访问的区域。更大的问题是伪循环闭包的数量,这是由于该区域的重复结构造成的。通过增加循环闭包的严格性,消除了大部分的假循环闭包,但同时也消除了许多真正的循环闭包。在飞行许可范围内以前访问过的室外探测区域是不可靠。图 10.14 所示的光线表明,仅检测到一个与先前路径的连接就已经可以减少姿态

估计的误差。更多的连接将为 LSD – SLAM 的映射部分增加额外的约束,并进一步减小姿态估计的误差。这是作为概念的证明,尽管在测试区域中无法使用所提出的快捷算法执行成功的归航。

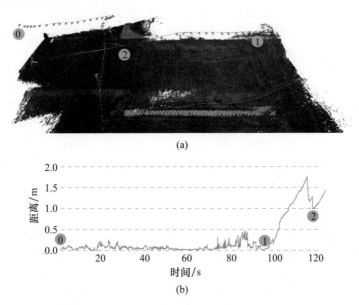

图 10.14 真实世界的情景(直升机从位置"0"开始,基于 INS 的 LSD – SLAM,并在"1"切换到原始 LSD – SLAM。在位置"2"处对先前生成的关键帧执行循环闭合)

图 10.14(a) 为 LSD – SLAM 结果的可视化,显示创建的地图、关键帧和图像约束。底部:LSD – SLAM 姿态估计和 INS 测量之间的距离。

10.6 小结

本文提出了一种利用先前的构建图和实际摄像机图像进行 UAS 路径规划的方法。利用安全捷径穿越未探测地区,使旅行距离最小化。因此,使用一个快速的新算法来执行局部路径优化,基本都会产生接近最优的结果。在证明了算法的收敛性后,对其进行了广泛的数值研究。在仿真框架 Gazebo 中实现了一个真实的场景。飞行的第一部分使用 INS 的 LSD – SLAM,模拟 GPS 输出后切换到原始 LSD – SLAM。为了返回起始位置,使用所提出的算法实现了路径规划,并在靠近起始位置的区域实现了重新定位。在露台模拟的基础上,进行了真实的实验,从而证明了该方法的正确性,证明了循环闭包是如何减少定位误差的。

参考文献

[1] Bender, D., Cremers, D., Koch, W.: A position free boresight calibration for INScamera systems. In:2016 International Conference on Multisensor Fusion and Integration for Intelligent Systems(MFI), pp. 52 – 57(2016)

[2] Bender, D., Cremers, D., Koch, W.: Map – based drone homing using shortcuts. In:2017 International Conference on Multisensor Fusion and Integration for Intelligent Systems(MFI), pp. 505 – 511(2017)

[3] Bender, D., Rouatbi, F., Schikora, M., Cremers, D., Koch, W.: Scaling the world of monocular SLAM with INS – measurements for UAS navigation. In:2016 19th International Conference on Information Fusion(FUSION), pp. 1493 – 1500(2016)

[4] Chapuis, N.: Les opérations structurantes dans la connaissance de l'espace chez les mammifères: détour, raccourci et retour. Ph. D. thesis, Université Aix – Marseille 2(1988)

[5] Engel, J., Sturm, J., Cremers, D.: Semi – dense visual odometry for a monocular camera. In:2013 IEEE International Conference on Computer Vision(ICCV), pp. 1449 – 1456(2013)

[6] Giusti, A., Guzzi, J., Ciresan, D. C., He, F. L., Rodriguez, J. P., Fontana, F., Faessler, M., Forster, C., Schmidhuber, J., Di Caro, G., Scaramuzza, D., Gambardella, L. M.: A machine learning approach to visual perception of forest trails for mobile robots. IEEE Robot. Autom. Lett. 1(2), 661 – 667(2016)

[7] Koenig, N., Howard, A.: Design and use paradigms for Gazebo, an open – source multi – robot simulator. In: 2004 IEEE/RSJ International Conference on Intelligent Robots and Systems(IROS), vol. 3, pp. 2149 – 2154(2004)

[8] Liu, H., Jiang, R., Hu, W., Wang, S.: Navigational drift analysis for visual odometry. Comput. Inform. 33(3), 685 – 706(2014)

[9] Meyer, J. A., Filliat, D.: Map – based navigation in mobile robots:II. A review of map – learning and path – planning strategies. Cogn. Syst. Res. 4(4), 283 – 317(2003)

[10] Meyer, J., Sendobry, A., Kohlbrecher, S., Klingauf, U., von Stryk, O.: Comprehensive simulation of quadrotor UAVs using ROS and Gazebo. In:Simulation, Modeling, and Programming for Autonomous Robots, pp. 400 – 411. Springer, Heidelberg(2012) SLAM – Based Return to Take – Off Point for UAS 185

[11] Nelson, R. C.: Visual homing using an associative memory. Bio. Cybern. 65 (4), 281 – 291 (1991)

[12] Nieves, H.: The City: 3D Model. http://sharecg.com/v/79711/gallery/5/3DModel/The – City (2015). Accessed 20 Feb 2018

[13] Pomerleau, D. A.: Neural network based autonomous navigation. In: Vision and Navigation, pp. 83 – 93. Springer, Boston(1990)

[14] SBG Systems:Ellipse Series:Miniature High Performance Inertial Sensors:technical data sheet. ht-

tps://www. sbg – systems. com/docs/Ellipse Series Leaflet. pdf(2015). Accessed 3 Oct 2017
[15] Sibley,G. ,Mei,C. ,Reid,I. ,Newman,P. :Vast – scale outdoor navigation using adaptive relative bundle adjustment. Int. J. Robot. Res. 29(8),958 – 980(2010)
[16] Trullier,O. ,Wiener,S. I. ,Berthoz,A. ,Meyer,J. A. :Biologically based artificial navigation systems:review and prospects. Prog. Neurobiol. 51(5),483 – 544(1997)
[17] Valencia,R. ,Andrade – Cetto,J. ,Porta,J. M. :Path planning in belief space with pose SLAM. In:2011 IEEE International Conference on Robotics and Automation(ICRA),pp. 78 – 83(2011)

第11章
真实场景下的水下地形导航

Mårten Lager[1,2(✉)], Elin A. Topp[1], and Jacek Malec[1]

[1] Department of Computer Science, Lund University, Lund, Sweden
{marten. lager, elin_anna. topp, jacek. malec} @ cs. lth. se
[2] Saab Kockums AB, Malmö, Sweden

摘要：目前，许多船舶依靠全球导航卫星系统（GNSS）进行导航，其中GPS的应用最为广泛。但是船只所依赖的全球导航卫星系统，可能出现故障、被干扰或被欺骗。现有技术，以贝叶斯计算为例，将海底深度测量值与已知地图进行比较，从而得到位置预估。地图和导航传感器设备同时应用于这些技术，大多数方法都依赖于高分辨率地图，而导航传感器的精度要求不高。

本章提出一种相反的途径，不采用高分辨率地图和低精度导航传感器方案，而是使用低分辨率地图，并且采用高精度导航传感器以及融合海底深度测量和磁场测量的数据来补偿这一点。采用粒子滤波器预估位置，接着采用卡尔曼滤波器进一步提高导航精度。

基于中等精度的惯性系统和高精度的惯性系统，对该算法进行评估和优化。本章比较了多种导航方法性能，本章所描述的模拟试验结果表明，对于高阶惯性系统，在20h试验中，平均位置误差为10.2m，最大位置误差为33.0m，其精度满足大部分导航应用需求。

关键词：粒子滤波；传感器融合；安全导航；卡尔曼滤波

11.1 引言

自1994年第一个GNSS发射以来，GNSS的使用彻底改变了海上导航。它价格实惠，使用方便，并提供准确的位置预估。最大的优点之一是它不使用先前的位置预估作为下一个位置预估的基础，从而避免了使用罗盘或INS进行航位推算时所产生的累积位置误差。这个优势使船无论离开已知位置的港口多久,全球导航卫星系统仍可以准确地定位。

但是,GNSS 仍有一些缺点。一个主要的缺点是,船只依赖与船载接收器接收到的来自 GNSS 卫星的信息进行导航。干扰无线电接收是非常容易的,这导致无法再确定位置。但是,用先进的设备欺骗全球导航卫星系统的传输信息,将导致提供错误的位置给船只[1]。

如果不依赖 GNSS 的计算,可采用贝叶斯计算预估位置,这项技术已经在一些飞机上使用了几十年。例如,文献[2]的作者提出了机载系统测量高度的方法,并用粒子滤波(PF)算法将其与已知地形图进行比较,从而预估位置。也有许多论文描述了船舶使用相同的技术进行导航,其中海底深度是由回声测深系统或声呐系统测量的[3-6]。特别地,由于自主式水下机器人(AUV)无法使用 GNSS,但其非常需要定位信息,学者围绕这一主题开展了许多研究,其中包括各种类型的声呐系统及算法[7-15]。

但是,还有其他信息可供粒子滤波器用于定位。文献[16-17]提出将磁强计测量值与特定房间的已知磁图进行比较并使用 PF 来预估室内环境中的位置。

目前,这一领域主要关注采用低精度的传感器和高分辨的地图实现良好的定位性能的研究。现有的船舶导航研究一段时间内也主要集中在单一传感器上。在本文中,针对在更大的船舶,而不是仅仅使水下机器人的导航问题,本章另辟蹊径提出了一个更符合实际情况的解决方案。于是,本章的主要研究问题是:在没有的情况下,仅仅依靠高性能导航传感器、常规海图和标准磁图,是否有可能实现足够精确地导航?在本章中,同时使用深度数据和磁测数据,融合这些信息,可以提高定位精度,克服海底深度图和水下磁场图精度差的问题。本章还提出使用卡尔曼滤波器(KF),用于进一步提高定位精度。

该算法在使用中等精度、高精度 INS 时,均采用了不同的配置进行了评估。

本章是一篇已经发表的文献[18]的扩展版本,其组织如下:在 11.2 节中,对其他相关工作进行了综述,重点介绍了通过测量海底深度和磁场来预估位置的 PF 方法。在现有研究的基础上,11.3 节描述了这种方法的局限性和优势。11.4 节和 11.5 节描述了我们的工作:首先对软件进行了描述;然后对仿真结果和调试进行了讨论。11.6 节为结论。

11.2 相关工作

在基于融合不同类型测量数据的导航系统中,多种数据类型被用于相似或相关方法,因而本节对如何组织这些数据及其在滤波技术中的应用进行说明。

11.2.1 粒子滤波中的深度数据

文献[3-15]采用高分辨率海底深度图,再利用 PF 算法进行位置预估。不过,这项技术有一些问题:一是拥有高分辨率地图的地区并不多;二是 PF 算法有效工作要求海底地形有足够的变化,然而在某些地区,海底地形相当平坦[3]。解决这两个问题的办法是使用常规的海底深度图,并用其他测量方法补充深度测量数据。

11.2.2 粒子滤波中的磁性数据

地球被一个磁场包围,每个铁磁物都会扰乱这个磁场。对于室内环境,这些干扰甚于地球的自然磁场[16]。对于室内环境,许多铁磁物产生一个复杂的磁场,磁场矢量随位置的不同而变化很大。如果不移动铁磁或铁壁,磁场也相当稳定。可以利用磁场的特点,将磁场测量值与 PF 算法所用的磁图进行比较,并且结合车轮编码器或惯性传感器之类的里程计,可以实现人类或机器人定位[17]。在文献[16]中,只使用廉价的智能手机传感器,磁场和加速度信息可用于确定用户的位置。

尽管文献[16-17]只探索室内环境,但所用技术也适用于室外环境。磁场的波动不像室内环境那样快,但是它更稳定,因为没有像在室内环境中那样移动家具或建筑部件的情况。现有整个地球磁场的卫星地图,以及利用低空飞机获得了部分地区的高分辨率地图可以使用。因此,在 PF 算法中使用了磁场来预估船舶的位置。实验表明,在提高位置预估的精度和稳健性方面,磁场强度是对海底深度测量的一个很好的补充。

11.2.3 使用粒子滤波中的其他数据

在预估位置时,海底深度和磁场强度很适合用于 PF 算法,但还有其他选择。除了海底深度之外,文献[7]还在另一个 PF 算法中使用距离测量来定位物体。这个距离由雷达测量,并与海图数据库进行比较。

如果船上装备了声呐系统,不仅可以直接使用垂直于海底的深度测量数据,也可以同时使用覆盖更大面积的多个海底深度测量数据。这提升了 PF 算法的性能,可以评估海底数据是否与地图匹配,精度更好[11]。另一种提高性能的方法是使用海底的沉积物层,其中较低层的深度通常比海底变化更大[3]。

PF 算法的强大在于,它可以灵活地利用各种类型测量数据。更突出的是,当改变位置时,测量值有足够的变化,并且当创建地图和进行 PF 算法测量时,测量值以相同的方式(或以可预测的方式)变化。其他可用于 PF 算法的候选数据类型如下。

(1)天体导航,如恒星位置,其中一颗恒星在特定的方向出现或消失。

(2)重力,根据船在地球上的位置而变化。

(3)各种测量方位的方法,由船舶配备的传感器决定。例如,如果船上的传感器能够预估到视觉目标、无线电和雷达的方位,那么可以使用已知地图位置的方位测量。

11.3 当前研究的局限性

有关文献表明,如果新获得的测量数据能够同高分辨率的地图比较,就有可能进行准确的位置预估。许多研究还评估了这些利用高分辨率地图预估位置方法的精度。然而,这些方法有一些局限性,因为即使在沿海地区,很少有这样的地图可用。实际情况是,不同区域的地图具有不同的精度,其中高流量区域往往比低流量区域具有更好的精度和分辨率。例如,在文献[17]中定位的算法假设它可以在地图的任何位置获得真实的海底深度,但是对于常规海图来说,通常只能用似然分布来表示某个位置的海底深度。

除了自主式水下机器人之外,那些最有可能需要精确位置预估技术的平台对GNSS 的需要正在弱化,但使用中等导航系统的花费并不便宜。最常见的平台是一艘配备了精确而昂贵的导航传感器的高级船舶,导航传感器可以高精度地测量RD(船舶参考数据)、速度、海底深度和磁场。

本章研究了一种更符合实际情况的方案,即利用高精度传感器、常规海底深度图和磁场图进行位置预估的平台。将深度和磁场结合起来的目的是,仅使用深度数据或磁场数据预估位置的条件因位置而异,通过融合数据,可提高性能,克服其中一个地图精度较低的引起的位置误差。

用于高精度惯导系统的算法也可用于中等精度惯导系统,这是一种更符合实际的惯导系统,通常用于高端水下机器人。也对这些平台的算法性能进行了评估。

11.4 结合深度和磁场数据

本章研究的关键问题是预估船的位置(用 x_t 表示),并且只利用其他相关的测量数据,如船如何移动、海底深度和磁场(用 y_t 表示)。

如果测量函数的转移函数是线性的,测量噪声是服从高斯分布的,那么直接应用KF 将是计算位置的最佳方法[19]。但是,转移函数是非线性的,测量值并非服从高斯分布,而是多模态分布。KF 有一些非最优的扩展方法来处理具有非线性和非高斯分布的问题[20]。然而,PF 算法更灵活,并且本身具有处理多模态分布的能力。因此,方案中最初使用了 PF 算法。然而,正如之前所提,后面的内容说明了在第二级的滤波中应用 KF 来提高精度。

在船舶上,INS 利用加速度计和陀螺仪,在没有外部参考的情况下,高精度地连续计算船舶的方位和速度。INS 将此数据输出为船舶状态模型参考数据(RD)。

可用传感器的数量以及算法的复杂度决定了状态包含多个变量,为了模拟试验具备可行性,在目前研究方案中,省略传感器方向和船舶漂移的补偿操作。因此,状态式(11.1)仅包含位置:

其中,X_t 和 Y_t 为坐标系中某点的横纵坐标。

$$\boldsymbol{x}_t = (X_t \quad Y_t)^{\mathrm{T}} \tag{11.1}$$

状态变化模型为

$$\boldsymbol{x}_{t+1} = f(\boldsymbol{x}_t, \boldsymbol{u}_t, \boldsymbol{w}_t) = \begin{pmatrix} X_t + v_t \Delta \sin(\varphi_t) \\ Y_t + v_t \Delta \cos(\varphi_t) \end{pmatrix} + \boldsymbol{w}_t \tag{11.2}$$

式中:Δ 为离散采样时间;$\boldsymbol{u}_t = (v_t \quad \varphi_t)^{\mathrm{T}}$ 为输入信号,其由速度 v_t 和罗盘角度 φ_t 组成;$\boldsymbol{w}_t$ 为过程噪声。

现已知从一个状态到下一个状态的模型,并且由海底深度图和磁场图能得到深度和磁场 y_t 随状态中的位置信息 x_t 的变化关系。在此设定场景中,PF 算法可用于预估位置。

11.4.1 用于提高性能的卡尔曼滤波

PF 能够提供位置预估结果和测量数据的质量,这些属性可以从粒子云的协方差中获得。由于地图的动态性,PF 的位置预估会在真实位置附近剧烈波动。

将随时间积累的位置误差的动态特性建模为 KF 的噪声(process noise),并将位置预估值当作观测值(observed state)反馈给 KF,KF 能够更平滑、更准确地预估出船舶的位置。

11.4.2 改进算法

改进算法模型已用 Python 实现,用于研究基于深度测量、磁场测量和它们的组合数据的 PF 算法性能。对于深度计算,使用了瑞典卡尔斯克罗纳市周边地区的标准海图,如图 11.1 所示。该程序可以从海图中读取海底深度测量值和海底深度线。同时,模拟船只的深度是从人工绘制的高分辨率地图上读取的,如图 11.2 所示,该地图逼真地模拟了海底的真实地形。为了与海底深度图进行比较,用类似的方法生成了模拟磁场图,另外还使用了公开的低分辨率的磁场图。

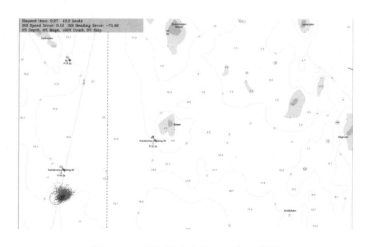

图 11.1　以海图为底的船只位置模拟

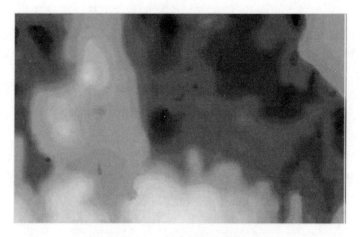

图 11.2　人工创建的高分辨率地图

以下说明使用 PF 算法(图 11.3)的改进算法。

步骤 1:初始化生成 N 个粒子,并围绕人工预估的起始位置给它们一个随机的起始位置。

步骤 2:预测根据 INS 预测的速度矢量移动每个粒子。然后根据一个随机的速度矢量来移动每个粒子,以模拟 INS 的速度矢量误差。

步骤 3:修正根据给定的海底地图和每个粒子的位置计算每个粒子的权重。权重是根据深度、磁场以及两者的组合计算出来的,并归一化。

步骤 4:重采样根据表 11.1 中定义的子集的预定义分布重新采样粒子。

步骤 5:迭代转到步骤 2。

下面介绍修正步骤所需的一些工具。

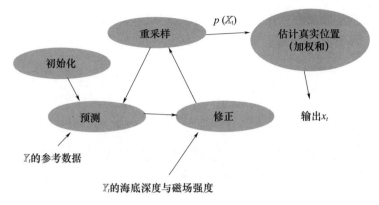

图 11.3 PF 算法流程

1. 地图数据

要使修正步骤具有可操作性,需要一定数据支撑似然函数计算,似然函数能够给出在给定位置进行测量的精度的估值。如果有高分辨率海图,很容易在每个位置看到准确的深度。另外,不能假设高分辨率和高精度的地图能同时用于每一个地区。因此,需要结合高精度地图(深度或磁性)和常规海图(如果只有这些海图可用)来获取海底深度信息。

为了在高分辨率地图不可用的情况下实现 PF 算法,创建了两个函数:一个用于从海图预估海底深度;另一个用于从磁图预估磁场。

预估海底深度,首先需要读取粒子的位置;然后从海图中收集最近的海底深度测量值,根据与粒子的距离对这些测量值进行加权(权重为距离的倒数)。在图 11.4 中,给出了一个预估由星形标记的粒子位置的海底深度的例子。10.6m 的深度测量将得到比其他测量更高的权重。

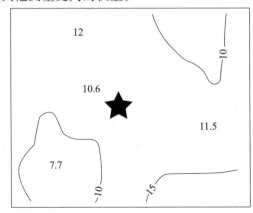

图 11.4 海图样本的细节

由这些测量值,计算加权平均值和加权标准差,用于创建正态分布的概率密度函数。10m 量级的海底深度表面星形标记位置的深度不少于 10.0m。15m 海底深度线表示深度不超过 15m(在某些罕见情况下可能存在)。实际上,我们设置了一个(任意)2.0m 的边距,并将其近似为不能大于 17.0m 的任何深度。因此,图像中的位置的 PDF 将被截断在 10.0m 以下和 17.0m 以上。

磁图和深度图看起来不同。图 11.5 显示了瑞典一个地区的公开地图,该地图是由低空飞行测量磁场所获得的。地图中的每个像素代表 185m×185m 的区域。预估粒子位置磁场的函数首先对低分辨率图像插值,生成高分辨率图像;然后可以从图像中的位置读取磁场值来直接预估磁场。通过将预估的磁场与周围区域的值进行比较,可以预估出标准偏差,这也可以用来建立磁场的正态概率分布。

图 11.5 一张公开的磁场图

2. 传感器数据融合

配备高精度导航传感器的先进船舶在一段时间内不使用全球定位技术,只通过导航传感器进行航迹推算是可行的。经过很长一段时间,INS 的测量才会漂移的足够多,造成失准的定位。因此,在使用 PF 算法进行位置校正时,很重要的一点是不要过于倾向基于 PF 算法的位置预估而忽略了已经运行良好的导航系统。最糟糕的情况是,由于受到局部测量不够精确、地图不够精确、粒子太少或地图测量已经更改等外部影响,会使所有粒子丢失正确的位置。为了应对这一问题,建议在每个重采样步骤前将粒子划分为子集。然后根据特定子集的校正规则对每个子集中的粒子进行校正。在 PF 算法中使用磁性和海底深度数据时,如何将粒子划分成子集有多种不同的选择。本文提出以下 4 个子集。

（1）粒子的一个子集根据海底深度测量值加权。

（2）粒子的一个子集根据磁场测量值与磁场图进行加权。

（3）粒子的一个子集根据海底深度和磁场测量的组合进行加权（通过概率相乘）。通过将磁场和海底深度分布合并为一个联合分布Y，PF 算法将具有更好的概率密度 $p(x_t|Y_t)$ 计算能力。缺点是如果两个子集的任何测量或地图不准确，粒子可能会被错误地丢弃。

（4）粒子的最后一个子集具有相同的权重，其中只有经过航迹推算的位置与 RD 值有关。

通过让不同的子集评估粒子的不同部分，可以从每个解决方案中获得优势。与 RD 值相比，每个子集的大小可以由海底深度和磁图/测量的质量来确定。使用多个子集的优点是，不好的磁性测量或地图不会损坏未考虑磁性的子集；缺点是 PF 收敛到正确的位置需要较长的时间。

如果在某些区域，海底深度能够比磁场提供更好的性能，则可以对粒子进行划分，如表 11.1 所列。

表 11.1　粒子分布示例

子集	粒子分布/%
海底深度数据的粒子滤波	20
磁场强度数据的粒子滤波	10
深度与磁场数据联合的粒子滤波	50
无粒子滤波，仅根据参考数据移动粒子	20

通过这种方式，一半的粒子利用组合数据来提高 PF 算法的强度；另一半的粒子会被更小心地使用，这样即使发生局部测量错误或地图不准确，一些粒子也能存留下来。

11.5　算法的评估和调整

该程序是用 Python 编写的，运行在一台高端笔记本电脑上 VirtualBox 中的 Linux Ubuntu 上。尽管该程序在虚拟环境中获得有限的资源，但它仍然能够在 1h 内用 10000 个粒子模拟 1h。每次迭代持续 7.2s。在试验运行期间，500 个粒子用于高精度 INS，5000 个粒子用于中等精度 INS。该算法目前仅用于模拟，尚未在实际环境中进行测试。

下面首先检验算法基于单一数据源修正所有粒子时的性能；然后研究使用这

些数据源的各种组合时的性能;最后一项研究是对比部分粒子用于航迹推算和 PF 算法的区别。在所有的测试中都会使用 KF,以验证 KF 提升精度的作用。整个测试中采用了中精度 INS 和高精度 INS。

11.5.1 测试设置

在试验中,使用了与公开可用的磁场图(与图 11.5 相当)具有相同分辨率的普通海图和磁场图。回声测深仪数据和磁强计数据是通过读取手动创建的高分辨率地图的值来模拟的,见 11.4.2 节。

如果粒子在地图区域内,则对其进行评估。如果有任何粒子在地图之外,它们将存留到下一次迭代,并且只经过航位推算。由于无法正确评估这些异常值,算法的性能降低。因此,特别是对于高精度 INS 来说,选择这条路线的方式是让粒子很少出现在地图之外。

在每次测试期间,一艘船在地图上航行 60min 或 24h,这取决于所使用的 INS。由于使用了预定义的轨迹,因此可以使用相同的轨迹进行多次测试,从而可以比较两者之间的性能。航行结束后,使用另一个子集的配置重新启动测试。当所有运行完成后,计算平均位置误差和协方差,并绘制出 PF 位置误差、KF 位置误差和 INS 位置误差。测试中的 INS 设置在 1h 后误差为 1nm(1852m)或 24h 后误差为 1nm。这是一些 INS 制造商对其高性能产品的保证(图 11.6)。

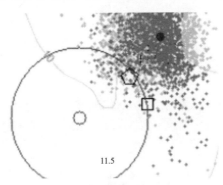

图 11.6 (见彩图)船舶位置预估示意图

注:程序中的符号如表 11.2 所列。粒子用小点表示,在当前迭代过程中,较亮的点被丢弃。
大点表示粒子云的平均值。INS 位置预估由一个圆表示,其中较大的圆随时间变大
以表示位置不确定性;INS 制造商保证船舶位于较大的圆内。正确的位置用正方形表示,
KF 位置预估用五边形表示。因此,希望五边形尽可能地靠近正方形。

程序中使用符号的典型示例可以在图 11.6 中看到,表 11.2 列出了这些符号和含义。

表 11.2　图 11.6 的图例

符号	含义
小灰点	存活粒子
小亮点	丢弃粒子
大灰点	粒子平均值
方形	船只真实位置
五边形	卡尔曼滤波预估位置
圆圈	INS 位置预估与不确定性区域

11.5.2　运行程序的示例图像

图 11.7 所示的图像显示了船舶是如何向西移动的。在通过 20m 深的海底线后,PF 算法能够丢弃许多错误定位的粒子(向东南方向),从而能够更准确地预估位置。

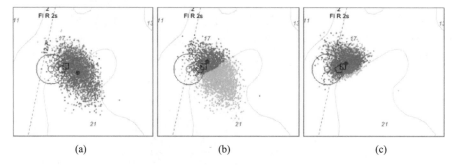

图 11.7　船舶移动示意图(符号图例见表 11.2)
(a)粒子云从真实位置向东扩散;(b)当船上的回声测深系统测量到 20m 以下的深度时,
20m 深的西南方向的粒子是如何被丢弃的;(c)被丢弃的粒子不再显示。

11.5.3　测试 1 – 比较子集方法

在 60min 内进行的三次测试中,100% 的粒子已使用其中一个子集进行了校正;海底深度、磁场和这两者的组合,如图 11.8 所示。实验是用中等精度的 INS 进行的。由于 INS 对粒子速度的预估能力相当有限,且 INS 的性能较差,使得 PF 算法难以准确定位。这一点在图 11.8 的曲线(1)和图 11.8 的曲线(2)中的深度以及图 11.8 的曲线(3)和曲线(4)中的磁场尤为明显。通过将深度和磁场结合起来,根据深度和磁场都与测量值相匹配的子集来校正 PF 算法,粒子不会在相同程度上移动到错误的位置。组合的图 11.8 的曲线(5)具有更好的性能,并且通过使用 KF 进一步提升图 11.8 的曲线(5)的性能,图 11.8 的曲线(6)的平均位置误差仅约为 79m。有关配置和性能的更多信息见表 11-3。

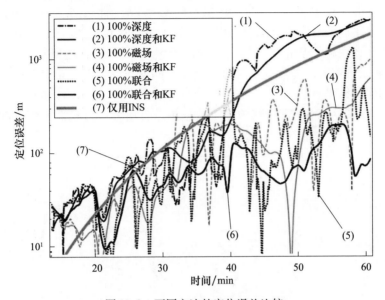

图 11.8 不同方法的定位误差比较

(测试 1:在曲线(1)和曲线(2)中,经过深度修正的 PF 算法无法跟踪到正确的位置。
磁场曲线(3)和曲线(4)的性能也是相当有限。从曲线(5)中可以看出,
深度和磁场的结合,位置预估性能得到提升。通过使用 KF 性能
进一步提升,如曲线(6)所示。关于性能配置的
更多信息可以在表 11.3 中找到)

表 11.3 图 11.8 中图形的测试设置

评价方法	曲线						
	(1)	(2)	(3)	(4)	(5)	(6)	(7)
深度/m	100	100	0	0	0	0	0
磁场	0	0	100	100	0	0	0
深度和磁场	0	0	0	0	100	100	0
跳跃式 PF(只有 INS)	0	0	0	0	0	0	100
PF 平均值/m	917	—	220.8	—	176.3	—	—
PF 协方差	677000	—	41700	—	49800	—	—
KF 平均值/m	—	860.0	—	164.0	—	78.9	—
KF 协方差	—	681000	—	15300	—	1740	—

11.5.4 测试2-比较子集组合方法

在60min测试中用中等精度INS进行的5次实验,对11.5.3节所研究的3个子集使用了不同的分布。其思想是用不同的子集修正粒子的一部分,它们更有可能会克服地图中粒子从正确位置丢失的困难区域。但是,通过研究PF算法的表现,并没有发现明显的差异。不同的分配在不同的情况下似乎是有益的。由于缺乏一个明确的结果,选择了一个中间的分布。如图11.9所示,通过85%的组合分布、10%的深度分布和5%的磁场分布进一步进行研究。有关性能配置的更多信息如表11.4所列。

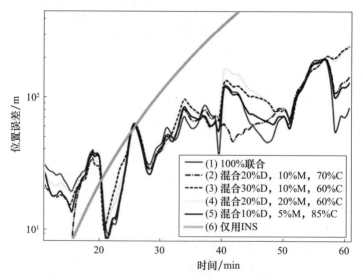

图11.9 各种混合的位置误差比较

(测试2:已经评估了的各种子集的组合。但是在分布上没有明显的区别。
曲线(1)通过使用KF给出最佳均值,但曲线(5)由于协方差较低,
看起来更稳定。有关性能配置的更多信息,请参见表11.4)

表11.4 图11.9中图形的测试设置

评价方法	曲线					
	(1)	(2)	(3)	(4)	(5)	(6)
深度	0	20	30	20	10	0
磁场	0	10	10	20	5	0
深度和磁场	100	70	60	60	85	0
跳跃式PF(只有INS)	0	0	0	0	0	100

续表

评价方法	曲线					
	(1)	(2)	(3)	(4)	(5)	(6)
PF 平均值	176.3	155.2	167.2	165.9	167.4	—
PF 协方差	49800	37500	45451	43000	43000	—
KF 平均值/m	78.9	80.7	99.6	102.0	83.4	—
KF 协方差	1737	1740	2830	3020	1700	—

11.5.5 测试3-比较高精度INS子集的组合方法

在24h中的5次测试中,在11.5.3节已经研究过的3个子集被用来在高精度INS进行测试,以保证了24h后的位置误差小于1nm。在前3次测试中,100%的粒子只使用一个子集进行了评估;海底深度、磁场和它们的组合,如图11.10所示。海图比磁场图具有更高的精度和分辨率,因此海底深度校正应具有更好的性能,这也是符合预期的结果。第三次测试是根据前两次测试的组合来校正100%的粒子,进一步提高性能。在第四次和第五次测试中,使用前3种评估方法的一部分。各部分的大小首先基于各个方法的性能;然后在经验测

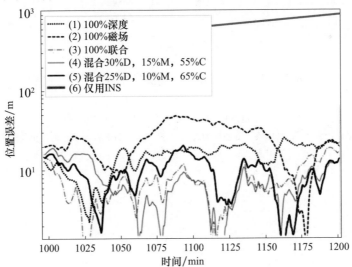

图11.10 各子集的位置误差比较

(测试3:图中为24h测试后半部分的200min。利用高精度的INS,粒子可以准确地跟踪到正确的位置。通过组合曲线(1)和曲线(2)的子集,精度进一步提高。直到22h后,混合子集的位置误差才大于42m。有关性能配置的更多信息见表11.5)

试之后调整子集大小以获得最佳性能。这种方法比第三种方法的效果更好。原因可能是 PF 算法有时以更平滑的方式处理粒子。使用高性能 INS 时,最重要的是不要让粒子云失去对正确位置的跟踪,通过使用多个不同子集的校正,不大可能丢失跟踪目标。在图 11.14 的示例中可以看到正确位置的粒子云跟踪丢失的情形。

下面比较有无 KF 时 PF 算法的性能,进一步研究图 11.10 和表 11.5 中的曲线(5)。在图 11.11 中,可以看到当使用和不使用 KF 来增强位置误差的平滑性能。从该 24h 实验的后半部分研究 200min。INS 的位置误差约为 600m。在这 200min 内,PF 算法给出的位置误差约为 40m,而 KF 增强后的 PF 算法给出的平均误差约为 10m。

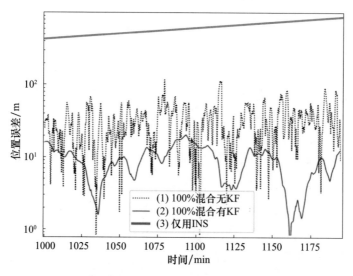

图 11.11 有无 KF 的定位误差比较

(图 11.10 中的曲线(5)在 24h 测试的后半部分,约为 200min。与 INS 的位置预估相比,混合评估方法的 PF 算法显著提高了位置精度。在这 200min 内,通过 KF 将平均位置误差从 40m 左右降低到 10m 左右,位置精度得到了进一步的提高)

表 11.5 图 11.10 中图形的测试设置

评价方法	曲线					
	(1)	(2)	(3)	(4)	(5)	(6)
深度/m	100	0	0	30	25	0
磁场	0	100	0	15	10	0
深度和磁场	0	0	100	55	65	0
跳跃式 PF(只有 INS)	0	0	0	0	0	100

续表

评价方法	曲线					
	(1)	(2)	(3)	(4)	(5)	(6)
PF 平均值	23.8	38.7	25.6	22.2	21.3	—
PF 协方差	635	720	304	279	317	—
KF 平均值/m	22.5	28.9	19.8	17.0	16.8	—
PF 和 KF 协方差	539	217	204	160.4	227	—
24h 的 KF 最大误差/m	120.0	72.9	77.9	74.0	84.9	—

11.5.6 测试 4 – 性能分析

当具备高精度 INS 时，可以长时间不使用 GPS、PF 算法或其他方法来保持位置。在此测试中，当一部分粒子未使用 PF 算法而是被 INS 的速度推算出来时，对性能进行了评估。图 11.12 显示，通过推算大部分粒子，可以提高算法性能。这可能是由于对 INS 的信任度降低而导致无法跟踪正确位置的能力。前 20h 的平均位置误差为 10.2m。有关配置和性能的更多信息，见表 11.6。

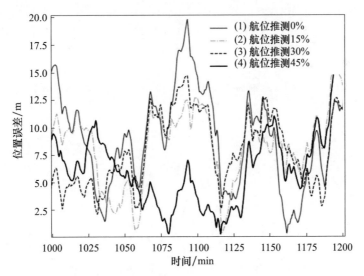

图 11.12 航位推测某些粒子时的位置误差比较

（测试 4：这些图表明，当大量粒子被推算而不是使用 PF 算法时，该算法的性能实际上得到了提高。通过推算得出 45% 的粒子，位置误差在 23h 内保持小于 33m。前 20h 的平均位置误差为 10.2m。表 11.6 中提供了有关性能配置的更多信息）

表 11.6 图 11.12 中的图形的测试设置

评价方法	曲线			
	(1)	(2)	(3)	(4)
深度/m	25	21.25	17.5	13.75
磁场	10	8.5	7	5.5
深度和磁场	65	55.25	45.5	35.75
跳跃式 PF(只有 INS)	0	15.0	30	45.0
PF 平均值/m	21.3	24.8	22.5	18.3
PF 协方差	320	240	255	212.6
KF 平均值/m	16.8	20.2	17.7	14.9
KF 协方差	226.6	197	190	197.5

11.5.7 测试 5 – 进一步的性能分析

当改为使用中精度的 INS 时，就不再可能过多的依赖 INS 的性能。如 11.5.6 节，该测评评估了当部分粒子被推算而不是使用 PF 时的性能。该测试表明，与 INS 相比，信任更多的 PF 更有益，即使没有明显的区别。当完全推算出 7% 的粒子时，可获得最佳的性能，如图 11.13 所示。表 11.7 中提供了有关配置和性能的更多信息。

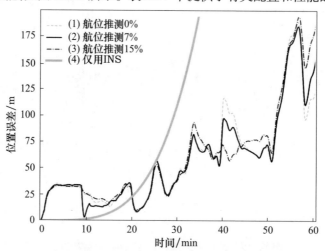

图 11.13　航位推测某些粒子时的位置误差比较

(测试 5：这些图表明，当 7% 的粒子被推算出时，该算法的性能有所提高，但是与使用高精度 INS 时收到的差异相比，没有明显的差异。通过推算出 7% 或 15% 的颗粒，位置误差在 100m 以下保持 50min。
表 11.7 中提供了有关配置和性能的更多信息)

表 11.7 图 11.13 中的图形的测试设置

评价方法	曲线			
	(1)	(2)	(3)	(4)
深度/m	10	9.3	8.5	0
磁场	5	4.65	4.25	0
深度和磁场	85	79.05	72.25	0
跳跃式 PF(只有 INS)	0	7.0	15.0	0
PF 平均值/m	167.4	161.4	150.7	—
PF 协方差	43000	41700	36000	—
KF 平均值/m	83.4	82.4	86.9	—
KF 协方差	1690	1700	2225	—

11.5.8 测试 6 – 不使用底线深度时的性能比较

海底深度线为 PF 算法提供了有关区域中深度间隔的准确信息。一方面，这有助于 PF 算法丢弃深度值不正确的粒子，从而提高 PF 算法的性能；另一方面，在某些情况下，它将删除附近的粒子，从而将均值推离正确的位置。在图 11.14 中可以观察到这种现象。因此，当不使用海底深度线时，会聚速度变慢，粒子散布在较大的区域中，但是粒子的平均值仍位于正确的位置附近。

在许多地区，海图都没有配备底线。考虑到这一点，在不使用它们的情况下评估性能也是很有趣的，这是在这两个测试运行中完成的。图 11.15 所示为比较了第一次测试运行 24h 测试期间高精度 INS 的性能。即使在不使用深度底线时位置误差比较大，但使用 KF 增强功能时的平均位置误差仍保持在 34.0m，并且直到测试的最后几分钟，位置误差才不会超过 70m。

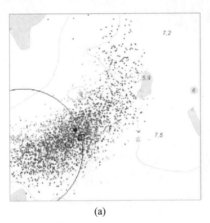
(a)

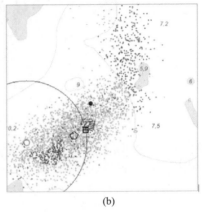
(b)

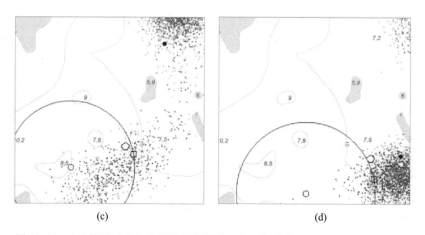

图 11.14 (a)粒子云最初在船舶周围散布(由正方形表示)。(b)通过接地时,
大多数粒子将被丢弃并分成较小的子云。(c)粒子云的均值移动到最大子云,
远离正确位置。片刻后,(d)位于错误位置的粒子在进一步评估后被丢弃。
KF 已使用粒子滤波器的位置估算值和 INS 数据估算了位置。卡尔曼位置
预估由五边形表示。在这 4 幅图中,可以看到 KF 给出了更加稳定和
准确的位置预估,因为它不响应粒子滤波器的快速位置变化。

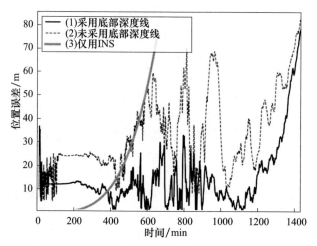

图 11.15 有无采用底部深度线的定位误差比较
(测试 6.1:使用高精度 INS,使用或不使用海图中的海底深度线会影响性能。
即使性能较低,它仍然可以在 24h 测试中跟踪正确的位置,保持 34.0m 的平均位置误差)

中等精度 INS 的算法也显示出良好的性能。直到 40min,它都可以保持与使用深度线相当的位置精度,如图 11.16 所示。大约 45min 后,由于 INS 中的大速度差,它无法跟踪位置。

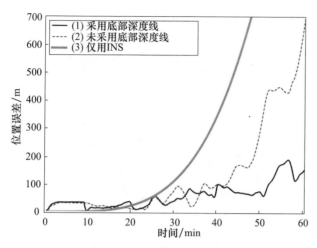

图 11.16 有无采用底部深度线的定位误差比较

(测试 6.2:使用中等精度 INS。即使未使用海底深度线,它在 45min 内仍显示出良好的性能。在这段时间之后,它在跟踪正确位置时遇到问题)

11.5.9 算法的进一步开发和测试

到目前为止,该算法仅使用模拟数据进行了测试,但是未来的计划是使用数字海图和磁图在船上进行测试。然后可以将该位置与 GPS 位置进行比较。在海上测试时,跟踪水位也很重要,因为正确的海底深度非常重要,因此潮汐将严重影响测量性能。

11.6 小结

已经证明,PF 算法可用于预估位置文献[2,17,19-20],甚至已经证明,如果有高分辨率地图可用文献[3-15,21],则可以准确预估船舶位置。本文描述了如何将这一技术应用于更适合现实世界的解决方案中,在现实世界中,只有正常海图和磁场图可用。本文展示了性能如何随 PF 算法只使用一个或多个输入而变化,以及如何通过使用 KF 来提高性能。文中还说明了使用 PF 算法时 INS 的性能如何影响定位精度。

在长达 20h 的测试中融合不同的 PF 算法时,高端 INS 的位置误差平均值经计算为使用海底深度线时为 10.2m,不使用海底深度线时为 30.5m。该精度不如基于 GNSS 的精度,但对于大多数导航目的而言,精度可能足够。当使用中等精度 INS 时,使用海底深度线时 40min 长的测试的平均位置误差为 35.4m,不使用海底深度线时为 37.1m。

没有 GNSS 系统是否仅靠高性能导航传感器以及正常的海图和磁图就可以进行足够准确的导航仍然不清楚，因此有必要使用多个区域的实际船舶数据进行进一步测试。

参考文献

[1] Humphreys, T. E., Ledvina, B. M., Psiaki, M. L., O'Hanlon, B. W., Kintner Jr., P. M.: Cornell: assessing the spoofing threat: development of a portable GPS civilianspoofer. In: Proceedings of the ION GNSS International Technical Meeting of the Satellite Division, vol. 55(2008)

[2] Gustafsson, F., Gunnarsson, F., Bergman, N., Forssell, U., Jansson, U., Karlsson, R., Nordlund, P. - J.: Particle Filters for Positioning, Navigation, and Tracking. IEEE Trans. Signal Process. 50(2), 425 – 437(2002). https://doi.org/10.1109/78.978396

[3] Nygren, I.: Terrain navigation for underwater vehicles. In Ph. D. dissertation, Dept. Electr. Eng., Royal Institute of Technology(KTH), Sweden(2005)

[4] Karlsson, R., Gustafsson, F.: Particle filter for underwater terrain navigation. In: IEEE Workshop on Statistical Signal Processing, pp. 526 – 529, (2003). https://doi.org/10.1109/SSP.2003.1289507

[5] Anonsen, K. B., Hallingstad, O.: Sigma point Kalman filter for underwater terrain based navigation. In: IFAC Proceedings, vol. 40(17), pp. 106 – 110(2007). https://doi.org/10.3182/20070919 – 3 – HR – 3904.00020

[6] Nordlund, P. J.: Sequential Monte Carlo filters and integrated navigation. Ph. D. dissertation, Dept. Electr. Eng., Linköping University, Linköping(2002)

[7] Karlsson, R., Gustafsson, F.: Bayesian surface and underwater navigation. IEEE Trans. Signal Process. 54(11), 4204 – 4213(2006). https://doi.org/10.1109/TSP.2006.881176

[8] Karlsson, R., Gustafsson, F., Karlsson, T.: Particle filtering and Cramer – Rao lowerbound for underwater navigation. In: Proceedings of the IEEE International Conference on Acoustics, Speech, and Signal, vol. 6, pp. 65 – 68. IEEE(2003)

[9] Donovan, G. T.: Position error correction for an autonomous underwater vehicle inertial navigation system(INS) using a particle filter. IEEE J. Oceanic Eng. 37(3), 431 – 445(2012)

[10] Nakatani, T., Ura, T., Sakamaki, T., Kojima, J.: Terrain based localization for pinpoint observation of deep seafloors. In: OCEANS 2009 – EUROPE, pp. 1 – 6(2009). https://doi.org/10.1109/OCEANSE.2009.5278194

[11] Fairfield, N., Wettergreen, D.: Active localization on the ocean floor with multibeam sonar. In: Proceedings of the OCEANS Conference, Quebec City, Canada(2008). https://doi.org/10.1109/OCEANS.2008.5151853

[12] Anonsen, K. B., Hallingstad, O.: Terrain aided underwater navigation using point mass and particle filters. In: 2006 IEEE/ION Position, Location, and Navigation Symposium, pp. 1027 –

1035. IEEE(2006)

[13] Meduna, D. K., Rock, S. M., McEwen, R.: Low-cost terrain relative navigation for long-range AUVs. In: Proceedings of the OCEANS Conference, Quebec City, Canada (2008). https://doi.org/10.1109/OCEANS.2008.5152043

[14] Carren, S., Wilson, P., Ridao, P., Petillot, Y.: A survey on terrain based navigation for AUVs. In: Proceedings of the OCEANS(2010). https://doi.org/10.1109/OCEANS.2010.5664372

[15] Melo, J., Matos, A.: Survey on advances on terrain based navigation for autonomous underwater vehicles. In: Ocean Engineering, vol. 139, pp. 250-264 (2017). https://doi.org/10.1016/j.oceaneng.2017.04.047

[16] Le Grand, E., Thrun, S.: 3-axis magnetic field mapping and fusion for indoor localization. In: 2012 IEEE Conference on Multisensor Fusion and Integration for Intelligent Systems (MFI), pp. 358-364(2012). https://doi.org/10.1109/MFI.2012.6343024

[17] Frassl, M., Angermann, M., Lichstenstern, M., Robertson, P., Julian, B. J., Doniec, M.: Magnetic maps of indoor environments for precise localization of legged and non-legged locomotion. In: 2013 IEEE/RSJ International Conference on Intelligent Robots and Systems (IROS), pp. 913-920(2013). https://doi.org/10.1109/IROS.2013.6696459

[18] Lager, M., Topp, E. A., Malec, J.: Underwater terrain navigation using standard sea charts and magnetic field maps. In: 2017 IEEE International Conference on Multisensor Fusion and Integration for Intelligent Systems (MFI) (2017). https://doi.org/10.1109/MFI.2017.8170410

[19] Robertson, P., Angermann, M., Krach, B., Khider, M.: Inertial-based joint mapping and positioning for pedestrian navigation. In: Proceedings of the ION GNSS 2009(2009)

[20] Daellaert, F., Fox, D., Burgard, W., Thrun, S.: Monte Carlo localization for mobile robots. In: Proceedings of the IEEE International Conference on Robotics and Automation (ICRA 1999), pp. 1322-1338(1999). https://doi.org/10.1109/ROBOT.1999.772544

[21] Klein, L. A.: Sensor and Data Fusion - A Tool for Information Assessment and Decision Making. SPIE Press(2012). ISBN: 9780819491336

第12章
激光雷达激光束增强对比度和强度的监督校准方法

Mohammad Aldibaja[✉], Noaki Suganuma, Keisuke Yoneda, Ryo Yanase, and Akisue Kuramoto Autonomous Vehicle Research Unit, Kanazawa University, Kanazawa 920 – 1192, Japan
amroaldibaja@ staff. Kanazawa – u. ac. jp

摘要:LIDAR 激光束在对比度和强度等级方面的校准对于自动驾驶车辆的地图生成和定位非常重要。在本章中,介绍了一种通过与直方图的形状和分布进行匹配的简单半校准方法。在手动调整其强度和对比度参数来描述具有明显反射率的道路标记之后,首先选择激光束输出作为校准过程的参考;然后将其他激光束的直方图与参考直方图对齐,并获得每个光束的校准参数。实验结果证明,该方法是可靠的,可以大大提高地图图像质量,并可以提高自动驾驶时的定位精度。

关键词:自动驾驶汽车;激光雷达;道路测绘系统;定位;自动驾驶;校准

12.1 引言

自动驾驶总是结合地图和定位来实现的。因此地图必须是高清晰度的,使其能够准确地描述现实中的路面和周围环境。定位则是通过将传感器获得的观测数据与地图进行对比来实现的。较直接的比较策略是根据传感器和地图数据之间的共同特征计算匹配分数。匹配计算是一个三维问题,因为相对于真实世界的定位地图细节、低质量诠释的细节以及观测数据中环境条件的改变都有错误的可能性。一个问题使用非常精确的 GNSS/INS 系统的后处理测量值。此外,一些基于 SLAM 技术的框架正在被开发,用来处理诸如在长隧道内绘制地图等紧急情况[1]。第二个问题可以通过用非常稳健的映射方法在绝对坐标系中累积激光雷达点云[2]来克服。第三个问题很可能发生,研究人员通常会尝试开发能够有效处理观测数据差异的定位方法[3-6]。这些问题在自动驾驶过程中相互影响。然而,还有一个技术因素可以保证定位的稳定性,即激光雷达光束的校准。

环境中的每一个点都会被与车辆运动相对应的每一个光束扫描。因此,对于所有光束,该点的反射值必须相同。从说明道路纹理和结构的角度来看,这提高了地图质量,即不会产生重影,并且道路表面和涂漆标记之间的对比度非常高。Thrun 等主要提出了一种基于学习激光束强度水平方差的无监督校准方法[7]。其核心思想是最小化能量函数,该函数对相邻点之间的强度差进行迭代编码。此外,还引入贝叶斯生成模型,通过滤除具有不确定性的噪声来调整光束反射率。因此,每个光束由 256 个与图像域中灰度级相对应的反射率值表示。通过贝叶斯模型优化参数,并相应地重新生成地图图像。如果参数正确初始化,此方法可以提供良好的图像质量。另外,它使用了一个迭代框架,该框架较为耗时,并且不能保证不同道路模式下计算结果的质量,同时它还会降低道路标记的对比度。

本章介绍了一种可以增强对比度并减少处理时间的简单半校准方法。该方法作为对日本不同城市地图生成系统的补充,已经使用了 3 年。为了对性能评估提供一个完整的思路,绘图和定位系统将分别在 12.2 节和 12.3 节中进行简要说明。

12.2 绘图系统

实现绘图系统的关键问题是在考虑车辆前进方向的情况下累积 LIDAR 点云的策略。因此,所设计的系统应直接在绝对坐标系中积累和生成地图图像。另一个问题是存储的尺寸、保存的策略和为地图数据提供全局标记 ID。这些步骤如图 12.1 所示,并且每一步骤大致描述如下:首先根据像素分辨率将车辆位置近似为图像域中最近的像素。然后通过将点云向下采样到二维图像中来生成激光雷达帧,该二维图像对高度为 30cm 的路面进行编码,如图 12.1(a)所示。再为车辆的下一个移动步骤生成另一个激光雷达帧,如图 12.1(b)所示。通过将最左上角作为映射,将该帧累加到前一个帧,而与方位角无关。将两帧之间的公共像素的强度值取平均值,并获得累积的图像,如图 12.1(c)、(d)所示。由于车辆运动,累积图像的大小增加,首先通过保存过程使累积值超过图 12.1(e)所示的大小阈值;然后将累积图像分割为具有固定大小的子图。如图 12.1(f)所示,这些图像相对于累积图像的左上角被赋予全局标记编码。因此,图像与相应的 ID 以 Bmp 类型保存,并且将连续初始化累积过程。

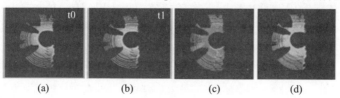

(a)　　　　(b)　　　　(c)　　　　(d)

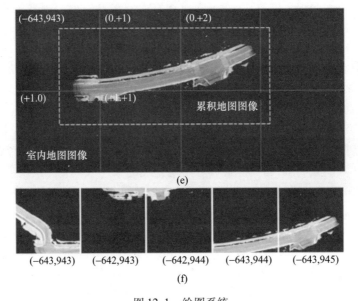

图 12.1 绘图系统
(a)第一个激光雷达框架;(b)第二框架;(c)累积地图;(d)累积图像;
(e)将大地图图像分为子图像;(f)带有标识 ID 的副模拟。

12.3 定位系统

在自动驾驶过程中,可以根据车辆在绝对坐标系中的位置来获取驾驶区域的标识 ID。因此,如图 12.2(a)所示,通过将一个标度单位添加到驾驶区域的 ID 来获取具有对应相同 ID 的保存地图图像以及获得 3 个相邻的子图像。4 个图像组合成一个大图像。如图 12.2(b)所示,该图像在车辆周围被切割为 256×256。切割图像称为小地图图像,并用于定位。定位系统采用航迹推算法估计车辆位置[4]。航迹推算法通过综合车辆速度和先前位置并参考经过时间来估计当前位置。为了提高航迹推算的精度,利用激光雷达的观测数据来计算偏移矢量以校正估计。

由于激光雷达图像描述了实际车辆位置处的环境,因此通过计算激光雷达图像和小地图图像之间的归一化互相关来计算偏移,如图 12.2(c)、(d)所示。最高表示激光雷达图像相对于小地图图像的位置,如图 12.2(e)所示。该系统已应用在日本铃木、金泽和阿巴什里市的公共道路上进行自动驾驶。此外,该系统已进行了改进,以克服各种环境和天气条件变化的紧急情况,并提供了高精度的纵向和横向局部定位[8]。

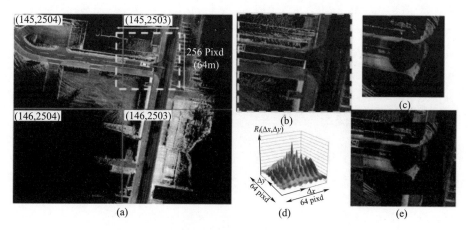

图 12.2 定位系统
(a)4 个副图像的大地图图像；(b)车辆周围的小地图图像；
(c)激光雷达图像；(d)相关矩阵；(e)匹配图像。

12.4 校正系统

12.4.1 问题说明

通过校准以生成地图图像，与道路表面相比，该地图图像以高对比度表示道路标记。这对于实现许多应用和算法非常重要，如车道线检测、路缘提取、油漆标志过滤、航路点/交通标志分配等[9-10]。此外，稳健的校准允许在合理的天气条件变化范围内生成地图。这样可以在不同的日期之间使强度水平保持非常平滑的分布。此外，可以使用校准参数来改善激光雷达图像质量，这些参数会极大地影响自动驾驶过程中激光雷达与地图图像之间的匹配结果。

图 12.3 显示了停车场的谷歌图像和使用原始/未校准激光雷达数据生成的相

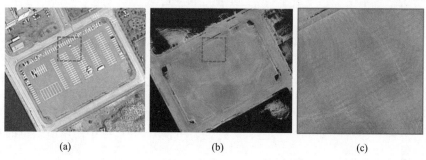

图 12.3 （见彩图）谷歌地图图像和使用未校准的激光雷达相应的图像

应地图图像。我们可以观察到,由于激光束(对比度)的强度变化很小,车道标记很难识别。此外,由于同一个扫描区域内每束激光的反射率值不同,车辆轨迹呈环形。由于没有要提取的显著匹配特征,因此使用该地图图像计算定位偏移是存在风险。

12.4.2 方法提出

每个激光束 LsrID 由两个参数(a_{LsrID}, b_{LsrID})解释,反射率值 I_{LsrID} 的范围在 0 ~ 255。通过组合如式(12.1)中所表示的激光束的贡献来获得地图图像中的像素 I,即

$$I = \frac{1}{N}\sum_{i=0}^{N=63} a_{\text{LsrID}} I_{\text{LsrID}} + b_{\text{LsrID}} \tag{12.1}$$

我们提出了一种简单的校准策略来调整描述强度与对比度关系的线性函数的斜率和截距值。核心思想是在油漆良好的可以清晰表示车道线的路面上收集一些激光雷达帧,如停车场。如图 12.4(a)所示,激光雷达帧被分解为 64 个帧,这些帧用于代表图 12.3 中停车场的每个波束扫描区域。对分解后的帧进行视觉检查,以选择具有高反射率且明显有助于将车道线和道路标记表示为图 12.4(a) 中的 LsrID = 0 的参考帧。重新手动调整所选帧的对比度和强度,以获得更好的道路标记的外观和纹理。用下式简单地解释了调整前后框架的关系:

$$I_{\text{ref,Adj}} = a_{\text{Adj}} I_{\text{LsrID}} + b_{\text{Adj}} \tag{12.2}$$

因此,其他光束/帧必须对齐以反映与调整后的帧具有相同强度的公共像素 M。这可以通过在参考帧和每个激光束输出之间的公共像素数上创建直方图来实现。图 12.4(b)展示了柱状图的图解,柱状图可以用方差 σ 和平均分量 μ 来描述。调整前后的柱状图之间的关系由两个参数控制,如图 12.4(c)所示。为了计算相对于参考框架的这些参数,使用了方程组:

$$\mu_{\text{ref,Adj}} = a_{\text{LsrID}} \mu_{\text{LsrID}} + b_{\text{LsrID}}$$

$$\mu_{\text{ref,Adj}} + \sigma_{\text{ref,Adj}} = a_{\text{LsrID}} (\mu_{\text{LsrID}} + \sigma_{\text{LsrID}}) + b_{\text{LsrID}} \mu = \frac{1}{M}\sum_{i=0}^{M} I(u_i, v_i),$$

$$\sigma^2 = \frac{1}{M}\sum_{i=0}^{M} \{I(u_i, v_i) - \mu\}^2; (u_i, v_i) = \{I_{\text{ref,Adj}}(u_i, v_i) \neq 0, I_{\text{LsrID}}(u_i, v_i) \neq 0\}$$

$$a_{\text{LsrID}} = \frac{\sigma_{\text{ref,Adj}}}{\sigma_{\text{LsrID}}}, b_{\text{LsrID}} = \mu_{\text{ref,Adj}} - a_{\text{LsrID}} \mu_{\text{LsrID}} \tag{12.3}$$

将上述步骤应用于 63 束激光,就可得到每束激光的参数。因此,公共像素的强度值被统一,并且实现了校准过程。此外,在自动驾驶过程中使用所获得的参数来校正激光雷达帧。

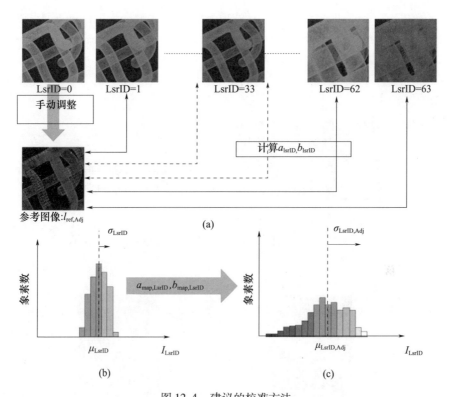

图 12.4　建议的校准方法

（a）将地图图像分解成激光束帧并调整参考帧；（b）、（c）调整前后直方图的均值和方差。

12.5　实验结果与讨论

校准对于保持在不同日期采集的地图数据中的平滑强度分布非常重要。为了识别用于估计车辆位置的横向和纵向特征,路面和喷漆标记之间的对比度必须很高。我们所提出的校准方法非常简单有效,可以满足这些条件,因为它可以处理激光雷达光束的原始输出。该方法作为绘图和定位系统的一个补充组件已经使用了3年。

与其他用 EM 算法[4]求解优化问题的方法相比,我们的理论框架用两个参数来描述每个激光束。因此,总的校正值为 $64 \times 2 = 128$,而其他方法则对 64 束激光使用校正值 $256 \times 64 = 16384$,并且灰度等级为 0～255。虽然这些方法可以达到很高的精度,但它处理的变量很多,计算很复杂。

图 12.5（a）显示了应用新的校准参数后图 12.3 对应的地图图像,可以观察到,径向畸变明显减小,车道线对比度变高。图 12.5（b）、（c）展示了利用金泽大

学校园2017年10月1日和4月7日的原始激光雷达数据生成的两幅地图图像。这些数据是在同一路段晴、雨天气条件下收集的。显然,这些图像质量不好,用于自动驾驶会有风险。图12.5(d)显示了校准后的地图图像,差异很小,道路标记也表现得很好。因此,该方法可用于增强地图图像,以适应不同日期天气条件的变化。

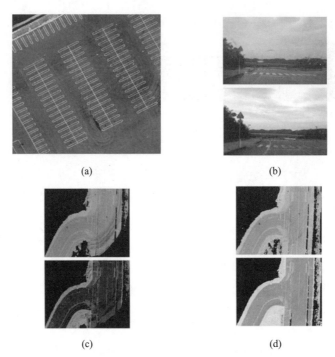

图12.5 (a)图中标定的地图图像;(b)雨天和晴天情况下的摄像机图像;
(c)地图图像;(d)校准图像。

在自动驾驶过程中,利用校准参数改善了激光雷达帧中道路标记的表现。由于在地图和激光雷达图像之间以近似相同的强度级别保留了道路纹理,因此可以有效地提高定位精度。为了突出该方法的效果,在金泽大学校园内选择了一个最优的评价环境。路面长时间没有铺好,路标被部分抹去。在晴天(2016年12月9日)首先收集GNSS/激光雷达数据;然后对其进行定位处理,以获得真实地面的准确位置;最后使用校准参数生成相应的地图图像。图12.6(a)、(b)分别显示了校准前和校准后由地图图像表示的路线的一部分。我们可以观察到,校准后的图像在对比度和存在噪声(环形图案)方面具有更好的质量。

使用两个地图图像的相同激光雷达数据测试了12.3节中介绍的定位系统。这意味着定位精度必须非常高,并且校准参数仅能支配系统性能。图12.6(c)显示了通过将定位系统与地面真实情况进行比较而获得的纵向和横向误差分布。横向定位非常重要,并且在自动驾驶期间必须始终保持正确,因为任何错误都可能干扰道路上的交通运输。例如,图12.6中的道路由两个相对的车道组成,横向偏离可能会影响该相对车道上驾驶员的驾驶计划。使用校准数据的横向定位误差范围为10cm,而未校准数据的横向定位误差范围为20cm。这表明了所提出方法的鲁棒性,且该方法可生成高清地图并在自动驾驶过程中实时使用。

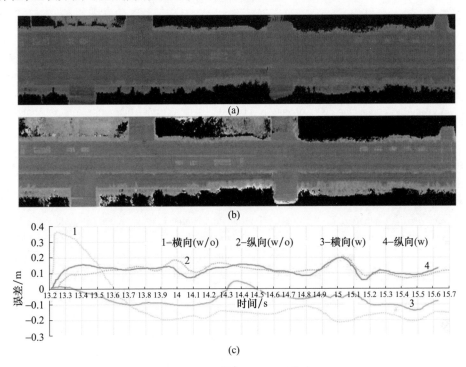

图12.6 横向和纵向位置估计
(a)未校准的地图图像;(b)校准图像;(c)准确性。

另外,我们提出的方法是半操作的,如果天气条件发生很大变化,则必须再次调整激光雷达参数。但是,在多数实验中,手动调整过程大约需要10min。此外,我们所提出的方法可以集成到任何校准系统中,来增强地图图像的对比度。

12.6 小结

自2015年以来,我们提出的校准方法已在绘图和定位系统中使用了3年。通过匹配手动调谐激光束的分布和强度来调整激光雷达光束的直方图,在对比度和反射率方面为地图图像提供了令人印象深刻的改进。这可以通过统一整个校准激光束扫描的道路标记的反射率来观察。因此,减少了环形噪声图案的存在,并且道路标记变得明显。这些道路标记可用作自动驾驶过程中车辆姿态估计的主要匹配特征。因此,实验结果证明了使用校准地图和激光雷达图像可以提高定位精度。另外,可以利用所提出的方法来保持在不同日期生成的地图图像的平滑强度分布。因此,我们所提出的方法是可靠的,并且可以用作任何绘图系统的补充。

参考文献

[1] Riisgaard, S., Blas, M.: SLAM for Dummies: A Tutorial Approach to Simultaneous Localization and Mapping, MIT Notes(2004)

[2] Aldibaja, M., Suganuma, N., Yoneda, K.: LIDAR – data accumulation strategy to generate high defifinition maps for autonomous vehicles. In: IEEE International Conference on Multisensor Fusion and Integration for Intelligent Systems(MFI), pp. 422 – 428(2017)

[3] Urmson, C., Anhalt, J., Bagnell, D.: Autonomous driving in urban environments: boss and the urban challenge. J. Field Robot. 25, 425 – 466(2008)

[4] Suganuma, N., Yamamoto, D.: Map based localization of autonomous vehicle and its public urban road driving evaluation. In: IEEE/SICE International Symposium on System Integration, pp. 467 – 471(2015)

[5] Levinson, J., Montemerlo, M., Thrun, S.: Map – based precision vehicle localization in urban environments. In: Robotics Science and Systems(2007)

[6] Levinson, J., Thrun, S.: Robust vehicle localization in urban environments using probabilistic maps. In: IEEE Conference on Robotics and Automation, pp. 4372 – 4378(2010)

[7] Levinson, J., Thrun, S.: Unsupervised calibration for multi – beam lasers. In: International Symposium on Experimental Robotics(2010)

[8] Aldibaja, M., Suganuma, N., Yoneda, K.: Robust intensity based localization method for autonomous driving on snow – wet road surface. IEEE Trans. Industr. Inf. 13, 2369 – 2378(2017)

[9] Pink. O.: Visual map matching and localization using a global feature map. In: IEEE Computer Vision and Pattern Recognition Workshops, pp. 1 – 7(2008)

[10] Sivaraman, S., Trivedi, M.: Looking at vehicles on the road: a survey of vision – based vehicle detection, tracking, and behavior analysis. IEEE Trans. Intell. Transp. Syst. 14, 1773 – 1795(2013)

第13章
非聚集空间扩展测量中的多层粒子滤波的多目标跟踪应用

Johannes Buyer[✉], Martin Vollert, Mihai Kocsis, Nico Sußmann, and Raoul Zöllner Faculty of Mechanics and Electrical Engineering, Automotive Systems Engineering, Heilbronn University of Applied Sciences, 74081 Heilbronn, Germany {johannes. buyer, mihai. kocsis, nico. sussmann, raoul. zoellner} @ hs – heilbronn. de

摘要： 本章提出了一种基于多层粒子滤波的多目标跟踪方法，该方法能够处理一类非聚类的空间扩展测量。粒子滤波在跟踪空间中使用了一种所谓的自适应层分布，它可以确定粒子的范围。由于粒子范围是用来计算粒子权重的，所以用局部不同的分辨率来近似表示动态物体的多模态后验分布。此外，通过重新初始化步骤，使用层分布来检测新出现的对象。采用期望最大化(EM)聚类算法以从粒子密度中提取出目标列表。通过估计当前所需的簇数对基本算法进行了扩展。利用环形交叉口外的图像测量数据对所提出的跟踪方法进行了评估。与传统方法相比，该方法提高了跟踪质量和鲁棒性。

关键词： 目标跟踪；蒙特卡罗方法；聚类算法；估计；改进算法；概率逻辑；鲁棒性

13.1 引言

对不定数量目标进行跟踪是智能交通系统、自动驾驶汽车以及移动机器人领域的主要任务之一。一种鲁棒、高性能的目标跟踪方法是目标跟踪是复杂(交通)环境可靠态势分析和自主安全导航系统的基础。粒子滤波由于适用于非线性非高斯系统[1]，通常被视为取代卡尔曼滤波的跟踪方法。

文章重点讨论如何使用粒子滤波方法来提高跟踪质量和鲁棒性，该方法基于文献[2]中描述的层概念,在不同分辨率下局部工作。该方法适用于非聚类的空间扩展测量。这意味着它能够处理原始传感器数据,不需要群集对象作为输入测量。首先将所有的动态目标通过一个跨越跟踪空间的多模态概率密度来表示。因此,没有对象列表表示[2]。为了从多模态密度中提取出目标的状态向量,随后需要对粒子进行进一步聚类。

文章的结构如下:13.2 节介绍了相关工作;13.3 节描述了用多峰概率密度表示目标的多层粒子滤波器的原理;13.4 节基于扩展的期望最大化聚类算法处理多模概率密度中的目标提取;13.5 节显示了基于图像的应用示例研究;13.6 节给出了结论,并提到了未来的工作和应用。

13.2 相关工作

粒子滤波跟踪始于 1993 年贝叶斯自适应滤波[3]的发布,随后是 1996 年冷凝算法[4]的发布。随着技术发展,粒子滤波得到了许多改进。文献[5-6]代表了完善的粒子滤波的概述,如规则化粒子滤波、辅助粒子滤波、Rao-Blackwellized 粒子滤波或 Markov Chain Monte Carlo(MCMC)粒子滤波。

在文献[7]中,提出了可分离混联(HJS)模型用于多目标跟踪,描述了粒子滤波的实现。其中,样本集的大小随目标数量线性增加。

概率密度假设(PHD)滤波的顺序蒙特卡罗实现在文献[8]中提出,该方法基于第一时刻而不是整个多目标后验,计算复杂度与目标数量无关。

此外,在文献[9]中提出了基数平衡的多目标多伯努利滤波的顺序蒙特卡罗实现。这种过滤器能够解决经典 MeMBer 过滤过高估计基数(目标数量)的问题。

除了其他内容,文献[10]还讨论了蒙特卡罗联合概率关联(MC-JPDA)过滤。与标准 JPDAF 相比,目标的边缘滤波分布是用粒子而不是高斯近似的。

本文描述了一种多目标跟踪方法,该方法采用自适应采样的粒子滤波来估计整个联合多目标概率密度(JMPD)。此跟踪方法同时估计现有目标数量和状态,无须与目标关联测量。

在其他研究中,文献[12]提出一种分层的粒子滤波,包括连续的自适应均值偏移,以减少粒子数稀少的影响。

文献[13]提出了两层粒子过滤,能够跟踪未知数量和可变数量的目标。一层负责启动;另一层负责维护。目标状态的采样是通过并行分区方法完成的。

参考文献[14-15]通过重新初始化步骤扩展了传统的压缩算法,以检测新出现的目标。所有动目标均以多模概率密度表示。该方法相对简单,可实时应用。然而,该算法的粒子集存在退化问题。在文献[16-17]中,通过自适应的 k-means 聚类得到扩展。

显然,与多目标跟踪相关的粒子滤波方法很多。此外,还存在一些分层方法,但这些方法与下面要介绍的方法相比有所不同。

13.3 用于跟踪应用的多层粒子滤波

本节简要概述了常规的顺序重要性重采样(SIR)粒子滤波,并介绍了用于非聚类空间扩展测量的多层粒子滤波跟踪的概念。

13.3.1 SIR 粒子滤波的基本原理

多层粒子滤波是文献[3]中描述的传统 SIR 或粒子滤波的扩展。后验分布 $\hat{p}(x_t|y_{1:t})$ 用一组粒子 $S_t = \{x_t^i, w_t^i\}$ ($i = 1,2,\cdots,N$) 近似,其中 x_t^i 是动态,而 w_t^i 是在时间点 t 和 $y_{1:t}$ 处的第 i 个粒子的测量顺序的权重[5,18]:

$$\hat{p}(x_t \mid y_{1:t}) = \sum_{i=1}^{N} w_t^i \delta(x_t - x_t^i) \tag{13.1}$$

通常,SIR 粒子滤波是一个迭代过程,包含以下步骤[5,18]。

(1) 重要性抽样:在重要度采样中,后验密度的近似值根据假定的动力学模型传播,这意味着粒子根据下式采样:

$$x_t^i \sim p(x_t|x_{t-1}^i) \tag{13.2}$$

(2) 权重计算:通过用 $p(x_k|x_{k-1}^i)$ 定义重要密度并在每个时间步长进行重采样,可以通过下式计算粒子的权重:

$$w_t^i \propto p(y_t|x_t^i) \tag{13.3(a)}$$

$$\sum_{i=1}^{N} w_t^i = 1 \tag{13.3(b)}$$

(3) 重采样:在重新采样步骤中:首先将根据粒子的权重乘以粒子;然后删除权重极低的粒子。另外,整个 N 个粒子集的初始权重为 $w_t^i = 1/N$。在文献[19]中描述了两种可能的重采样方法。

最初,SIR 粒子滤波被设计为估计单个目标状态。但是根据文献[20],该算法提供了多种假设能力,具有表示多峰分布的能力。13.3.2 节中描述的多层粒子滤波利用了这一事实。

13.3.2 使用多层粒子滤波进行跟踪

设计多层粒子滤波,使其能够处理原始测量数据。因此,粒子滤波不需要分离(群集的)目标测量,并且这些测量可以在空间上扩展并且可以具有任意轮廓,如聚类。该方法可以直接处理消除背景后的二值前景图像。

为了处理这样的原始测量数据,每个粒子都有一个空间范围,该空间范围用于计算粒子权重 $w_t^{i[2]}$。在粒子具有空间范围的假设下,其权重 w_t^i 定义为与粒子在未聚类的目标测量中的重叠百分比成比例:

$$w_t^i \propto p(y_t|x_t^i) \propto A_{O,t}^i \tag{13.4}$$

式中:$A_{O,t}^i \in [0;1]$ 表示第 i 个粒子在非聚集目标测量中的重叠百分比。

因此,粒子的大小间接地指定了 $p(y_t|x_t^i)$ 的形式。例如,图 13.1 所示为二维扩展测量的权重计算原理。

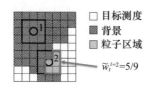

图 13.1 基于非聚集目标测量上的百分比重叠
计算非标准化粒子权重 $\widetilde{w}_t^i$ 的二维示例

多层概念的主要思想是用大粒子表示目标的中间,用小粒子表示感兴趣的边缘区域。为了自动适应粒子的范围,定义了离散的量化层分布 $L(\Omega,t) \in \{1,2,\cdots,N_L\}$,其中 Ω 表示跟踪空间中的位置,t 表示当前点时间和 N_L 指定的层数。该分布局部确定位于跟踪空间中相应区域的粒子范围。如文献[2]中所提出的,粒子 $E_{P,t}^i$ 的范围随着层值的增加而增长,有

$$E_{P,t}^i \propto 2^{2(L(\Omega_i,t)-1)} \tag{13.5}$$

除权重计算原理外,与标准 SIR 粒子过滤器相比,多层粒子过滤还有另外两个步骤。层分配步骤负责调整层分布,而重新初始化步骤则负责检测新目标。

层分配:层分配步骤确定层分布 $L(\Omega,t)$ 的节点是否获得新的层值。在时间步长 $t=0$ 时,每个节点都与默认值 $L(\Omega,0)=1$ 相关联。在随后的时间步长中,这些值可以根据指定的过程(使用未归一化的粒子权重和未聚类的目标测量值)进行更改。

为了实现各层值的自适应处理,在跟踪空间上定义了离散权重函数 $\widetilde{W}(\Omega,t)$。在每个迭代步骤 t 中:首先用 $\widetilde{W}(\Omega,t)=NaN$ 初始化;然后用相应的未归一化粒子权重重新定义被粒子占据的节点[2]:

$$\widetilde{W}(E_{P,t}^i)=\widetilde{w}_t^i, i=1,2,\cdots,N \tag{13.6}$$

式中:$E_{P,t}^i$ 为第 i 个粒子占据的空间。

如果粒子重叠,则

$$\widetilde{W}(E_{P,t}^i \cap E_{P,t}^j \cap \cdots)=\max(\widetilde{w}_t^i,\widetilde{w}_t^j,\cdots) \tag{13.7}$$

基于此预定义的权重函数 $\widetilde{W}(\Omega,t)$ 和未聚类的目标测量值 $Y(\Omega,t)$,图 13.2 中使用状态图显示了层自适应的过程。如图所示,状态为 $L(\Omega,t)=NaN$。此状态仅

与以下描述的重新初始化过程有关。位于与 $L = NaN$ 关联的区域中的粒子与位于与 $L = 1$ 关联的区域中的粒子具有相同的权重。因此,原则上,图示部分与文献[14 - 15]描述的传统方法相同。

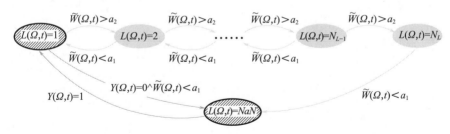

图 13.2 基于权重函数 $\widetilde{W}(\Omega,t)$ 和非聚类目标测量值 $Y(\Omega,t)$ 的层分布 $L(\Omega,t)$ 的适应过程 (其中 $Y(\Omega,t) = 1$ 表示目标空间,$Y(\Omega,t) = 0$ 表示背景空间。变量 a_1 和 a_2 是要确定的阈值,其中 $a_1 < a_2$[2])

重新初始化:标准的粒子滤波具有通过多峰分布表示固定数量的目标的能力,但是它不具有检测新出现的目标的能力,因为完整的 N 个粒子集黏附在已经存在的目标上。为了跟踪数量不断变化的目标群,文献[14 - 15]引入了重新初始化步骤。他们建议从 N 个粒子集中删除权重最低的 M 个粒子,并根据之前的测量结果将它们扔掉,以找到新出现的目标。

与此方法不同,在多层方法中,随机选择 M 个粒子,然后根据层分布 $L(\Omega,t)$ 的概率密度抛出粒子,其中重新初始化的粒子密度按比例减小增加图层值[2]。所选粒子的位置 Ω_t^i 可表示为

$$\Omega_t^i \sim \frac{1}{2^{2(L(\Omega,t)-1)}}, i = 1,2,\cdots,M;L(\Omega,t) \in \{1,2,\cdots,N_L\} \tag{13.8}$$

在与 $L(\Omega,t) = NaN$ 相关的区域中,不会重新初始化任何粒子。

重新初始化后,可以用修改后的形式表示后验分布 $p(x_t|y_t)$:

$$p'(x_t|y_t) = \frac{M}{N}p_r(x_t|y_t) + \left(1 - \frac{M}{N}\right)p(x_t|y_t) \tag{13.9}$$

式中: $\frac{M}{N}p_r(x_t|y_t)$ 是由式(13.8)产生的后验分布的一部分[16 - 17]。

在此重新初始化过程中,粒子的投掷比文献[16 - 17]中描述的过程更具选择性。更多的粒子投在目标的前边缘区域,因为(由于层分配步骤而导致的)这些区域与较低的层值相关联[2]。

13.4 粒子聚类

通过多层粒子滤波,动目标以多模态概率密度表示,而不是以目标列表的形式

表示。为了从粒子密度中提取目标列表,需要对粒子进行聚类。

本节介绍的聚类算法基于文献[21]中发布的著名的EM算法。通过使用该算法,可以将粒子聚类到不同尺寸的物体上,其中簇的方差是一个物体的形状和尺寸度量。例如,这是相对于k-means聚类的一个优势,因为k-means不能处理不同大小的聚类,只适用于凸聚类。

由于标准EM聚类只适用于固定数量的聚类,因此也适用于固定数量的对象,因此该方法得到了扩展,并对必要的聚类数量进行了估计。所提出的方法与文献[22]中的x-means算法有一定的相似性,但与x-means算法不同的是,它不是基于k-means算法,也不符合贝叶斯推理准则。

13.4.1 期望最大化聚类

如文献[21]所述,EM算法是一种基于不完全数据$y \in \mathcal{Y}$计算极大似然的迭代方法。完全数据$x \in \mathcal{X}$不是直接观测到的,而是间接观测到的。假设函数关系为$y = y(x)$。聚类之间的关系密度$f(x|\Phi)$和一个聚类的密度$g(y|\Phi)$可以表示为

$$g(y \mid \Phi) = \int_{\mathcal{X}(y)} f(x \mid \Phi) \, dx \tag{13.10}$$

EM算法的目的是通过$g(y|\Phi)$使用一个相关的聚类$f(x|\Phi)$找到最大化的参数值Φ。这可以通过期望和最大化两步迭代来完成,这两步重复进行,直到出现收敛。

E-step:计算类,$Q(\Phi|\Phi^p) = E(\log(f(x|\Phi))|y, \Phi^p)$,

M-step:选择Φ^{p+1},最大化$Q(\Phi|\Phi^p)$,

其中:p为迭代步长。

在进一步的过程中,在三维或者二维跟踪应用程序中,每个对象应该用椭球表示。因此,$f(x|\Phi)$应表示为一个多高斯分布的形式:

$$f(x \mid \Phi) = \sum_{k=1}^{K} a_k f_k(x \mid \mu_k, \Sigma_k), x \in \mathbb{R}^d \tag{13.11(a)}$$

其中

$$f_k(x|\mu_k, \Sigma_k) = \frac{1}{(2\pi)^{\frac{d}{2}} |\Sigma_k|^{\frac{1}{2}}} e^{-\frac{1}{2}(x-\mu_k)^T \Sigma_k^{-1}(x-\mu_k)} \tag{13.11(b)}$$

计算参数(μ_k, Σ_k)样品的最大似然方法可以执行。$x_1, x_2, \cdots, x_n$因此,似然函数为

$$\mathcal{L}(x_1, x_2, \cdots, x_N \mid \Phi) = \prod_{i=1}^{N} f(x_i \mid \Phi) \tag{13.12}$$

首先需要分别对参数进行对数似然$\log \mathcal{L}(x_1, x_2, \cdots, x_N|\Phi)$的微分,并将其设置为零;然后才能求出参数(比较文献[23])。

为了严格地分离紧密间隔的物体,假设每个粒子只能与一个高斯分布相关联。第 i 个粒子对应的高斯 k 可表示为

$$\hat{k}_i = \underset{k}{\mathrm{argmax}}(f_k(x_i|\mu_k, \Sigma_k)) \tag{13.13}$$

基于这样的假设,最大似然估计提供了以下结果的预期 μ_k 和协方差矩阵 Σ_k,聚类 $k = 1, 2, \cdots, K$:

$$\mu_k = \frac{1}{N_k} \sum_{i=1}^{N} \gamma_{k,i} x_i \tag{13.14(a)}$$

$$\Sigma_k = \frac{1}{N_k} \sum_{i=1}^{N} \gamma_{k,i} (x_i - \mu_k)(x_i - \mu_k)^{\mathrm{T}} \tag{13.14(b)}$$

其中

$$\gamma_{k,i} = \begin{cases} 1, k = \hat{k}_i \\ 0, 其他 \end{cases} 和 \quad N_k = \sum_{i=1}^{N} \gamma_{k,i} \tag{13.14(c)}$$

综上所述,表 13.1 简要地表示了对于固定数量的对象,基于多模态高斯分布的 EM 聚类。

表 13.1 基于多模态高斯分布的固定数目的 EM 聚类

初始化聚类参数 $\Phi = [\mu_1, \mu_2, \cdots, \mu_K, \Sigma_1, \Sigma_2, \cdots, \Sigma_K]$
循环迭代 $p = 1, 2, \cdots$(直到 Φ 收敛)
E 步 对于所有可能的 (i, k) 组合,计算所有粒子对每一类的隶属度: $$\log(f_k(x_i|\mu_K, \Sigma_k)) = -\frac{1}{2}\log((2\pi)^d|\Sigma_k|) - \frac{1}{2}(x_i - \mu_k)^{\mathrm{T}} \sum_k^{-1}(x_i - \mu_k)$$ 其中 $i \in \{1, 2, \cdots, N\}, k \in \{1, 2, \cdots, K\}$ 将粒子 i 归为隶属度最大的类 $\hat{k}$: $$\hat{k}_i = \underset{k}{\mathrm{argmax}}(\log(f_k(x_i|\mu_K, \Sigma_k))), i = 1, 2, \cdots, N$$
M 步 利用式(13.14(a))、(13.14(b))和(13.14(c))计算 $\Phi^{p+1} = [\mu_1, \mu_2, \cdots, \mu_K, \Sigma_1, \Sigma_2, \cdots, \Sigma_K]$

13.4.2 当前聚类数量的估计

如前所述,标准 EM 算法只能处理固定且已知数量的对象。由于在实际的跟踪应用程序中,对象的数量是先验未知的,并且随着时间的变化而变化,因此需要估计必要的聚类的数量。所实现的估计算法实质上是基于两个实例的聚类分割和聚类合并。

(1)聚类分裂。第一个实例的基本思想是:每个现有的聚类分成了两个新的聚类,计算聚类参数,根据评估率,确定这两个新聚类保持或者对应的主聚类应该恢复。如果恢复了主聚类,标记为完成。这个过程是迭代执行的,直到所有聚类都

完成。

定义用于聚类分割决策的评价率：

$$B_{k,q} = \frac{\sqrt{|\Sigma_{k,q-1}|} - (\sqrt{|\Sigma_{k1,q}|} + \sqrt{|\Sigma_{k2,q}|})}{\sqrt{|\Sigma_{k,q-1}|}} \quad (13.15)$$

式中：$\Sigma_{k1,q}$和$\Sigma_{k2,q}$两个新聚类的协方差矩阵是在当前迭代步骤中q和$\Sigma_{k,q-1}$对应的主聚类的协方差矩阵。

因为一般$\sqrt{|\Sigma|}$可以看作是描述一个聚类的大小，式(13.15)计算减少整个聚类大小的百分比来自聚类分裂。例如，在二维聚类，$\sqrt{|\Sigma|}$量化的椭圆截面区域高斯[23]。如果$B_{k,q}$是高于确定阈值$B_{\lim}$（这意味着这两个新聚类的总大小超过$B_{\lim} \cdot 100\%$小于相应的主聚类）的大小，这两个新聚类c_{k1}和c_{k2}将保留，其他相应的主聚类c_k从迭代步骤$q-1$将恢复和标记为完成。为了避免过拟合，通常应确定$B_{\lim}$的值大于零。值的具体选择应取决于可预期的对象大小、对象密度和测量质量。

当两个新的初始簇$N_{k1},q + N_{k2},q$的粒子数等于相应的初始簇$N_{k,q-1}$的粒子数时，评价率(15)是有效的，但这不是自动给出的。可能发生的情况是，原星系团中的粒子并不属于两个新的起源星系团中的一个。反过来说，也有可能原星系团以外的粒子是两个新形成的星系团中的一个。这种可能的粒子迁移会使评价率的结果不真实(15)。为了近似补偿迁移效应，将评价率修正为

$$B_{k,q} = \frac{\sqrt{|\Sigma_{k,q-1}|} - r(\sqrt{|\Sigma_{k1,q}|} + \sqrt{|\Sigma_{k2,q}|})}{\sqrt{|\Sigma_{k,q-1}|}} \quad (13.16)$$

式中：启发式修正因子采用$r = \frac{N_{k,q-1}}{N_{k1,q} + N_{k2,q}}$。

为了便于说明，图13.3给出了二维聚类情况下聚类分裂的示例。

显然，聚类分割方法只保留或增加聚类的总数。但是，当场景中动态对象的数量减少时，聚类的数量就减少。在这种情况下，当没有为相应的簇分配粒子时，会自动删除它们。

(2)聚类合并。有时可能会在第一个实例之后用两个聚类表示单个对象。在这种情况下，必须在第二个实例中合并这两个聚类。如果这些聚类的重叠超过一个可接受的阈值，就会这样做。给出了簇合并必须满足。

$$a_m(\sigma_{k1} + \sigma_{k1}) > \Delta c_{k1,k2} \quad (13.17)$$

式中：$\Delta c_{k1,k2}$为两簇中心之间的欧几里得距离c_{k1}和c_{k2}；数量σ_{k1}和σ_{k2}的标准差是聚类欧几里得距离的方向。m为需要确定的可调值。

例如，如果该值定义与$a_m:m=2$，两个聚类将被合并的2σ – hyperellipsoids 两个聚类（椭圆体的三维物体或椭圆的二维对象）是重叠聚类中心之间的直接连接。图13.4通过一个二维空间中的示例说明了聚类合并的条件。

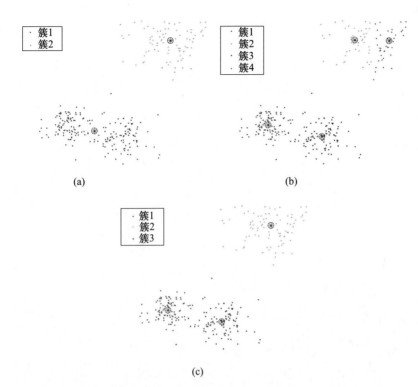

图13.3 (见彩图)聚类分裂的任意二维示例(说明了一个迭代步骤的过程)
(a)来自上一个迭代步骤的初始集群配置(并非所有簇都标记为完整);(b)通过分裂产生新的集群;(c)迭代步骤结束时的群集配置。由于 $B_{1,q}>B_{\lim}$,新的簇1和3保持不变。因为 $B_{2,q}<B_{\lim}$,主簇2被恢复。

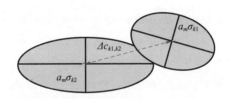

图13.4 二维空间簇合并条件的说明。自一个 $n\sigma$-ellipses 聚类重叠聚类中心之间的直接连接,聚类将被合并

13.4.3 聚类预测

EM算法收敛前的迭代次数很大程度上依赖于初始的簇状态。为了尽可能少的迭代进行聚类,增加了聚类预测步骤。在下一个时间步开始之前,用恒定速度模型预测簇。预测的聚类状态将在下一个时间步骤中用作初始值。

表13.2给出了基于多层粒子滤波和扩展EM聚类的多目标跟踪方法的完整循环。

表 13.2 基于多层粒子滤波和扩展 EM 聚类的多目标跟踪方法

时间步 $t=0$ 时	
粒子滤波初始化	产生初始化采样集合 $S=\{x_0^i \sim p(x_0), w_0^i=1/N\}$，以及初始层分布 $L(\Omega,0)=1$
聚类初始化	利用 μ_1、Σ_1 产生一个初始聚类 c_1
时间步 $t=1,2,3,\cdots$ 时	
重初始化	从集合 S 中随机取出 M 个粒子，按照分布 $\Omega_t^i \sim \dfrac{1}{2^{2(L(\Omega,t)-1)}}$, $i=1,2,\cdots,M$ 抛出
重要性采样	对于 $i=1,2,\cdots,N$，根据动态模型（如带有噪声的匀速模型）构造分布 $x_t^i \sim p(x_t\|x_{t-1}^i)$，其是后验密度传播后的近似值
权重计算	对于 $i=1,2,\cdots,N$，计算 $\widetilde{w}_t^i = A_{O,t}^i$，并归一化 $w_t^i = \widetilde{w}_t^i / \sum_{i=1}^N \widetilde{w}_t^i$ 其中，$A_{O,t}^i \in [0;1]$ 为第 i 个粒子在未聚类对象上重叠百分比的测量值
层分配	定义 $\widetilde{W}(\Omega,t) = \mathrm{NaN}$，并重定义粒子覆盖区域 $\widetilde{W}(E_{P,t}^i) = \widetilde{w}_t^i$，根据偏差 $\widetilde{W}(\Omega,t)$ 和测量值 $Y(\Omega,t)$ 调整层值 $L(\Omega,t)$
重采样	根据重要性权重 w_t^i（如残差重采样[19]），生成新的粒子群 $S=\{\breve{x}_t^i, \breve{w}_t^i=1/N\}$ ($i=1,2,\cdots,N$)
EM	根据表 13.1，聚类所有粒子
持续迭代 $q=1,2,3,\cdots$ 直到所有聚类完成	
聚类分裂	对于 $k=1,2,\cdots,K_{q-1}$，如果聚类 c_k 没有被标记完成，复制 $c_k: c_{k1}, c_{k2} \leftarrow c_k$；将两个聚类的协方差减半：$\Sigma_{k1}=\Sigma_{k2}=\Sigma_k/2$；重新定义两个聚类中的任意状态向量（$\mu_{k1}$ 或 μ_{k2}），使得该粒子的状态向量值与原始聚类 c_k 隶属度最低
EM	根据表 13.1，聚类所有粒子
聚类评价	对于 $k=1,2,\cdots,K_{q-1}$，根据式(13.16)计算 $B_{q,k}$，如果 $B_{q,k} > B_{\lim}$，保留 c_{k1},c_{k2}，否则恢复原始聚类 c_k 并标记完成
聚类合并	对于所有的 (k_1,k_2) 组合对，$k_1,k_2 \in \{1,2,\cdots,K\}$，计算 c_{k1}、c_{k2} 两聚类间的欧几里得距离：$$\Delta c_{k1},c_{k2} = \sqrt{\sum_{j=1}^{\dim(\mu)}(\mu_{j,k1}-\mu_{j,k2})^2}$$ 计算欧几里得距离方向上 σ_{k1}（σ_{k2} 同理）：$$\sigma_{k1} = \dfrac{\Delta c_{k1},c_{k2}}{\sqrt{(\mu_{k_1}-\mu_{k_2})\sum_{k_1}^{-1}(\mu_{k_1}-\mu_{k_2})^2}}$$ 如果 $a_m(\sigma_{k1}+\sigma_{k2}) > \Delta c_{k1},c_{k2}$，则合并 c_{k1}、c_{k2}
聚类预测	对于 $k=1,2,\cdots,K$，利用动态模型预测状态向量 μ_k 以为下一时间步初始化聚类中心

13.5 实验研究

在环形交叉口外的真实交通场景中,对该跟踪算法的性能进行了评价。所提出的结果来自于一个由约 500 张彩色图像组成的切片,这些图像来自于一个分辨率为 640×512 像素的固定单镜头相机。评价时,选择表 13.3 中指定的参数。

表 13.3 对环形交叉口图像数据进行多层粒子滤波跟踪检测的选取参数

参数名称	数值
粒子数 N	600
重初始化数量 M	180
层适应度第一阈值 a_1	0.25
层适应度第二阈值 a_2	0.50
最大层数 N_L	3
聚类分裂阈值 B_{lim}	0.25
聚类合并阈值 a_m	2

为了从彩色图像中提取有用的测量值,采用了一种基于高斯混合模型的背景减去算法。应用形态学开闭后,图像在粒子滤波器中流动。为了增强性能,背景减法不是在 RGB(红、绿、蓝)颜色空间中进行,而是在 HSV(色调、饱和度、值)空间中进行;其中只有色相和饱和度用于背景减除。如图 13.5 所示,可以较好地滤除动态物体的阴影,作为前景可以较可靠地检测动态物体上的反射区域。

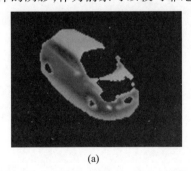 

(a) (b)

图 13.5 (见彩图)对比基于 RGB 通道的前景检测和基于 HSV 空间色相和饱和度通道的前景检测(利用 RGB 通道检测汽车挡风玻璃上的反射作为背景,检测汽车周围的阴影作为前景。通过使用色相和饱和度通道,这些问题得到了最广泛的解决)

对于多层(3层)和常规(1层)粒子滤波方法,图13.6显示了带有重叠粒子和标记椭圆簇的环形场景框架。正如在文献[2]中已经描述的,特别是小对象通常可以通过3层方法更好地跟踪,而且可以更早地找到新出现的对象。

为了加强这些表述,图13.7中给出了基于被检测对象与真实对象数量差异的1层和3层方法的比较。大多数情况下,这两种方法检测的对象都少于实际存在的对象的数量,但是1层方法检测的对象甚至少于3层方法。有时检测到的对象的数目比实际的数目要多。在这种情况下,对象由两个未合并的聚类表示。当测量区域有较大的间隙时就会发生这种情况。

图13.6 一个带有重叠粒子和标记椭圆聚类的环形场景的示例框架
(a)传统的1层方法。(b)3层方法。在这里,3层方法比1层方法多检测3个对象,而且它不仅检测底部行人的一部分,而且是完全检测到行人。

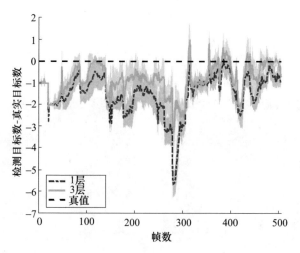

图13.7 (见彩图)传统的1层粒子滤波方法与3层粒子滤波方法的比较(基于真实目标数与被检测目标数的差异。大多数情况下,3层方法比传统的1层方法更接近基本事实。半透明的颜色表示20分的标准偏差)

为了进一步比较1层和3层方法,随机选择了环形交叉口外7帧的截面。为了生成地面测量数据,对这些帧进行了完美的背景差分。将这些地面测量结果与跟踪方法得到的相应椭圆簇区域进行了比较。

首先考虑的是所有目标的未探测目标面积总和与所有目标的地面真实目标面积总和之比。这个量称为未检测到的目标区域的总和,单位为%。如图13.8所示,在图中的所有帧中,与使用1层方法相比,使用3层方法的未检测对象区域的总和更小。这一事实的一个原因是,使用3层方法(图13.7)检测到的物体平均数量更高;另一个原因是在低质量测量上的粒子分布更好[2]。

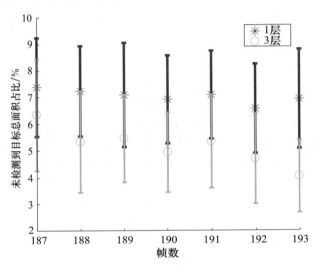

图13.8 (见彩图)基于未检测到目标总面积,比较了传统的1层粒子滤波法和3层粒子滤波法的优缺点(在所提出的所有帧中,当使用3层方法时,未检测到的目标区域的总和平均较小。误差线表示60次运行的标准偏差)

另一个可供比较的量是所有目标剩余探测目标面积总和与所有目标地面真实目标面积总和之比。此数量称为检测到的剩余目标区域总数的百分比。如图13.9所示,对于1层及3层,剩余检测对象区域的总和相对较高,这在椭圆簇形式中是合理的。由于真实物体一般没有椭圆形状,因此簇对物体的完全覆盖会自动导致多余的检测区域。通过对1层和3层方法的比较,表明3层方法检测到的剩余目标面积之和较大。原因之一是3层方法通常比1层方法检测更多的对象(图13.7)。因此,剩余检测区域的可能性更高。

为了评估算法的成本,对1层和3层方法进行了运行时测量。算法在MAT-LAB中实现,并在Intel Core i5-5200U处理器(2×2.2GHz)和4GB RAM的PC上运行。图13.10显示了这两种方法的运行时。从图中可以看出,这两种速度都不是很快。这样做的一个主要原因是,根据所使用的数据结构,在MATLAB中数据访问可能相对较慢。

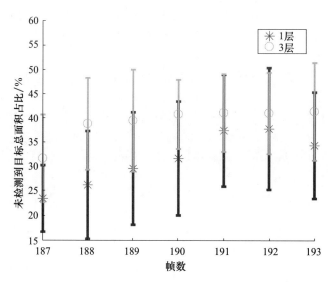

图 13.9 （见彩图）比较了传统的 1 层粒子滤波法和 3 层粒子滤波法在检测对象剩余面积总和的基础上的优缺点（在所有提出的帧中，当使用 1 层方法时，剩余检测对象区域的总和平均较小。误差线表示 60 次运行的标准偏差）

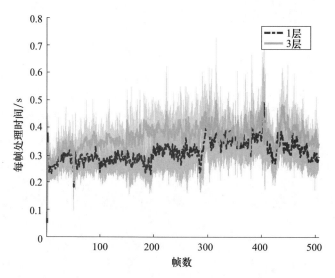

图 13.10 （见彩图）传统 1 层和 3 层粒子过滤器的运行时比较
（半透明的颜色显示了 20 次运行的标准差）

图 13.11 通过百分比运行时比较了这两种方法，其中 100% 等于 1 层方法。3 层方法的运行时并不比 1 层方法的运行时长多少。

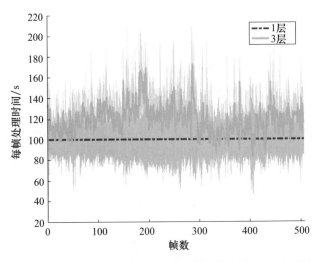

图 13.11 （见彩图）传统 1 层和 3 层粒子过滤器之间的百分比运行时比较
（半透明的颜色表示 20 次运行的标准差）

13.6 小结与展望

13.6.1 节给出了一个简短的结论,并展望了未来的工作,包括跟踪方法的其他应用。

13.6.1 小结

本章提出了一种对先验未知且目标个数不断变化的多目标跟踪方法。该方法能够处理非聚类空间扩展测量中的问题。这种方法有两个主要组成部分。第一部分是多层粒子滤波,它通过多模态概率密度来表示对象。它使用所谓的层分布,以便对不同的分辨率进行局部处理,并查找新出现的对象。

第二部分是一个从粒子密度中提取出物体的状态向量聚类算法。这是通过 EM 聚类来实现的,EM 聚类是通过估计当前所需聚类数的算法来扩展的。估计算法是一个分簇合并的两阶段过程。

以环形交叉口场景为例对该跟踪方法进行了评估,结果表明,该方法通过增强多层概念产生的粒子分布,提高了跟踪的鲁棒性和性能。特别是在低质量测量、目标尺寸不同和新目标出现的情况下,新方法的性能优于传统方法。例如,与传统方法相比,检测到的目标数量更接近于实际的目标数量,并且未检测到的目标区域的总数减少。

13.6.2 展望

未来的工作将集中于评价该跟踪方法的其他应用。例如，为了进一步提高鲁棒性，可以通过多个图像传感器从不同角度对跟踪空间进行冗余监测。因此，可以在平面坐标系下融合测量数据并进行跟踪。

但是，应用的可能性并不限于二维图像数据的融合，而是可以扩展到未经分类的三维扩展测量数据，如激光雷达传感器的融合数据或立体相机数据的不同视角数据。

另一点可以是应用来自驾驶车辆或移动机器人的动态参考系统的测量数据，而不仅仅是来自静态参考系统的测量数据。

参考文献

[1] Rao, G. M., Satyanarayana, C.: Visual object target tracking using particle filter: a survey. Int. J. Image Graph. Sig. Process. 5(6), 1250(2013)

[2] Buyer, J., Vollert, M., Haas, A., Kocsis, M., Zöllner, R. D.: An adaptive multi-layer particle filter for tracking of traffic participants in a roundabout. In: 2016 IEEE 19th International Conference on Intelligent Transportation Systems(ITSC), pp. 2625-2631(2016). https://doi.org/10.1109/ITSC.2016.7795978

[3] Gordon, N. J., Salmond, D. J., Smith, A. F.: Novel approach to nonlinear/nonGaussian Bayesian state estimation. IEE Proc. F(Radar and Signal Processing)140, 107-113(1993)

[4] Isard, M., Blake, A.: Contour tracking by stochastic propagation of conditional density. In: Computer Vision-ECCV 1996, pp. 343-356. Springer(1996)

[5] Arulampalam, M., Maskell, S., Gordon, N., Clapp, T.: A tutorial on particle filters for online nonlinear/non-gaussianbayesian tracking. IEEE Trans. Sig. Process. 50(2), 174-188(2002). https://doi.org/10.1109/78.978374

[6] Chen, Z.: Bayesian filtering: from kalman filters to particle filters, and beyond. Statistics182(1), 1-69(2003)

[7] Lanz, O., Manduchi, R.: Hybrid joint-separable multibody tracking. In: 2005 IEEE Computer Society Conference on Computer Vision and Pattern Recognition, CVPR 2005, vol. 1, pp. 413-420(2005). https://doi.org/10.1109/CVPR.2005.178

[8] Vo, B. N., Singh, S., Doucet, A.: Sequential Monte Carlo implementation of the PHD filter for multi-target tracking. In: 2003 Proceedings of the Sixth International Conference of Information Fusion, vol. 2, pp. 792-799(2003). https://doi.org/10.1109/ICIF.2003.177320

[9] Vo, B. T., Vo, B. N., Cantoni, A.: The cardinality balanced multi-target multibernoulli filter and its implementations. IEEE Trans. Sig. Process. 57(2), 409-423(2009). https://doi.org/

10. 1109/TSP. 2008. 2007924

[10] Vermaak, J., Godsill, S., Perez, P.: Monte Carlo filtering for multi target tracking and data association. IEEE Trans. Aerosp. Electron. Syst. 41(1), 309 – 332(2005). https://doi.org/10.1109/TAES.2005.1413764

[11] Kreucher, C., Kastella, K., Hero, A. O.: Multitarget tracking using the joint multitarget probability density. IEEE Trans. Aerosp. Electron. Syst. 41(4), 1396 – 1414(2005). https://doi.org/10.1109/TAES.2005.1561892

[12] Wei, Q., Xiong, Z., Li, C., Ouyang, Y., Sheng, H.: A robust approach for multiple vehicles tracking using layered particle filter. AEU – Int. J. Electron. Commun. 65(7), 609 – 618(2011). https://doi.org/10.1016/j.aeue.2010.06.006, http://www.sciencedirect.com/science/article/pii/S1434841111000070

[13] Garcia-Fernandez, A. F., Grajal, J., Morelande, M. R.: Two – layer particle filter for multiple target detection and tracking. IEEE Trans. Aerosp. Electron. Syst. 49(3), 1569 – 1588(2013). https://doi.org/10.1109/TAES.2013.6558005

[14] Meier, E. B., Ade, F.: Using the condensation algorithm to implement tracking for mobile robots. In: 1999 Third European Workshop on Advanced Mobile Robots(Eurobot 1999), pp. 73 – 80(1999). https://doi.org/10.1109/EURBOT.1999.827624

[15] Koller-Meier, E. B., Ade, F.: Tracking multiple objects using the condensation algorithm. Robot. Auton. Syst. 34(2 – 3), 93 – 105(2001). https://doi.org/10.1016/ S0921 – 8890(00) 00114 – 7. European Workshop on Advanced Mobile Robots

[16] Romera, M. M., Vázquez, M. A. S., García, J. C. G.: Tracking multiple and dynamic objects with an extended particle filter and an adapted k – means clustering algorithm. In: Proceedings of the 5th IFAC/EURON Symposium on Intelligent Autonomous Vehicles(IAV 2004), Lisbon, Portugal(2004)

[17] Marron, M., Garcia, J. C., Sotelo, M. A., Fernandez, D., Pizarro, D.: "XPFCP": an extended particle filter for tracking multiple and dynamic objects in complex environments. In: 2005 IEEE/RSJ International Conference on Intelligent Robots and Systems, pp. 2474 – 2479(2005). https://doi.org/10.1109/IROS.2005.1544987

[18] Ristic, B., Arulampalam, S., Gordon, N.: Beyond the Kalman Filter – Particle Filters for Tracking Applications. Artech House(2004)

[19] Hol, J. D., Schon, T. B., Gustafsson, F.: On resampling algorithms for particle filters. In: 2006 IEEE Nonlinear Statistical Signal Processing Workshop, pp. 79 – 82(2006). https://doi.org/10.1109/NSSPW.2006.4378824

[20] Isard, M. A.: Visual motion analysis by probabilistic propagation of conditional density. Ph. D. thesis. Department of Engineering Science, University of Oxford(1998)

[21] Dempster, A. P., Laird, N. M., Rubin, D. B.: Maximum likelihood from incomplete data via the EM algorithm. J. Roy. Stat. Soc. Series B(Methodological) 39, 1 – 38(1977)

[22] Pelleg, D., Moore, A. W., et al.: X – means: Extending k – means with efficient estimation of the number of clusters. In: ICML, vol. 1, pp. 727 – 734(2000)

[23] Bishop, C. M.: Pattern Recognition and Machine Learning. Springer, Boston(2006)

第14章
集成卡尔曼滤波在多目标跟踪中的应用

Fabian Sigges(✉) ID and Marcus Baum

Institute of Computer Science, University of Goettingen, 37077 Goettingen, Germany {fabian.sigges, marcus.baum}@cs.uni-goettingen.de http://www.fusion.informatik.uni-goettingen.de

摘要:集成卡尔曼滤波(EnKF)是在地球科学中发展起来的,可用于多目标跟踪领域。本章提出了一种基于集成卡尔曼滤波的多目标跟踪方法。有噪声情况下的测量采用最优子模式分配(OSPA)度量,虚警出现异常值情况下采用 FastMCD 进行协方差估计,漏检情况下采用选通技术机型处理。本章还讨论了最新提出的 JPDA-EnKF 思想。以最近邻卡尔曼滤波器(NN-KF)作为基线,本章利用假设检测对有无杂波情况下的滤波器进行了评估。

关键词:集成卡尔曼滤波;OSPA 度量;虚警漏检;多目标跟踪

14.1 引言

多目标跟踪是当前军民两用等多个领域普遍存在的一个问题。传感器在噪声情况下对物体位置的估计已广泛应用在空中监视雷达、交通监视摄像头和自动驾驶的环境感知。在不同情况和不同计算复杂度条件下,用于解决 MOT 问题的多种滤波器已经得到开发[1,3,10,18]。

集成卡尔曼滤波器(EnKF)是在地球科学中发展起来的[14],可用于多目标跟踪。在进行天气预报或海情监控时,通过离散化空间切片区域偏微分方程生成状态空间。因此,状态空间的维数可能达到数百万。由于无法存储状态空间的高维协方差矩阵或维数灾难,常见的卡尔曼滤波或粒子滤波等滤波技术无法处理该问题。EnKF 利用多个系统成员(类似于粒子过滤器中的粒子)表示状态的方法来规避大协方差的问题,即利用自适应卡尔曼滤波公式和系统成员的协方差估计来更新系统。

文献[11]提出了 MOT-EnKF 方法,通过 JPDA 采样来解决数据关联问题。

由于 EnKF 不提供任何隐式数据关联,因此本章使用最优子模式分配(OSPA)度量[16]对每个集成成员的对象关联进行适当的"最近邻"度量。基于最小平均 OSPA 思想[2,7,9]迭代地重置对象状态来解决接近目标的标记问题。本章将样本协方差替换为利用 FastMCD 算法计算的协方差[15],用于协方差的稳健估计。

另外,本章增加了一个额外的选通步骤,允许算法在某些情况下处理漏检问题。由于 MOT-EnKF 算法使用极低的粒子数,这使得该算法特别适用于计算量复杂的估计。

本章的内容如下:14.2 节介绍了 EnKF 算法和该算法与常用卡尔曼滤波器的区别;14.3 节详细描述利用 EnKF 与 OSPA 度量以及 FastMCD 解决 MOT 的方法,并介绍了 JPDA-EnKF 的主要思想和处理漏检的方法;14.4 节展示了在有杂波和无杂波情况下的模拟结果、漏检情况,并模拟了关于 OSPA EnKF 的正确阈值大小;14.5 节是对本章的总结。

14.2 集成卡尔曼滤波

在传统的集成卡尔曼滤波(EnKF)文献[8]中,集成卡尔曼滤波是从确定性反问题的角度推导出来的。这里我们只提供随机 EnKF 的更新公式,它清楚地显示了与卡尔曼滤波器的关系。

一个标准的线性高斯状态空间模型的过程模型和测量方程如下:

$$x_{k+1} = A x_k + w_k, w_k \sim \mathcal{N}_n(0, R) \tag{14.1}$$

$$z_k = H x_k + v_k, v_k \sim \mathcal{N}_m(0, Q) \tag{14.2}$$

式中:$x_k \in R_n$ 为 n 维状态;$z_k \in R_m$ 为 m 维测量;w_k 和 v_k 分别为过程噪声和测量噪声。

状态 x_k 将基于测量值递归地估计。卡尔曼滤波器通过均值和协方差来表示估计值。因此,卡尔曼滤波器提供了利用过程模型预测下一个时间步的状态(均值和协方差)的公式,然后根据测量方程合并测量值。当考虑一个维数为数百万级的状态时,由于内存限制,是无法存储和迭代协方差矩阵的。

为了避免这个问题,EnKF 将估计值表示为可能状态集合的平均值。每个系统成员由一个完整的状态向量组成,但不存储协方差矩阵。通常,集成成员的数目与状态维度相比非常小,这样就可实现高效率的存储。

EnKF 中的预测类似于卡尔曼滤波。每个成员 $\hat{x}_k^1, \cdots, \hat{x}_k^N$($N$ 为集合成员数)通过过程模型迭代:

$$\tilde{x}_{k+1}^i = A \hat{x}_k^i + w_k^i, \ i = 1, 2, \cdots, N \tag{14.3}$$

如果在时间 k 处的集合平均值表示正确的后验,则对于时间 $k+1$,预测系统将是从正确的前验得出的。测量更新也类似于卡尔曼滤波器:

$$\hat{x}_{k+1}^i = \tilde{x}_{k+1}^i + K_{k+1}(\tilde{z}_{k+1}^i - H\tilde{x}_{k+1}^i) \tag{14.4}$$

这里,出现了两个主要的区别。由于 EnKF 不存储协方差矩阵,但需要一个协方差矩阵来计算卡尔曼增益,因此通常计算系统成员的样本协方差。对于近似高斯分布的集合,这是一个很好的协方差近似估计。另一个区别是使用模拟测量:

$$\tilde{z}_{k+1}^i = z_{k+1} + v_{k+1}^i, i = 1, 2, \cdots, N \tag{14.5}$$

为了获得正确的状态后验样本协方差,需要用高斯噪声对测量值进行扰动。有关数学推理,见文献[6]。样本均值和样本协方差提供状态估计。

14.3 用于多目标跟踪集成卡尔曼滤波

14.3.1 问题描述

本节将对多目标跟踪问题进行简要描述,并指出一些关键的挑战。考虑式(14.1)中的线性高斯系统,只要测量被标记,即测量和物体之间的关联是明确的,MOT 就可以通过将物体堆叠成一个大的状态来处理。当测量对象关联未知时,问题就变得更加困难。

测量方程如下:

$$\begin{bmatrix} z_{k,\pi(1)} \\ \vdots \\ z_{k,\pi(M_c)} \end{bmatrix} = \underbrace{\begin{bmatrix} H_1 & & 0 \\ & \ddots & \\ 0 & & H_M \\ \mathbf{0}^{c \times M} \end{bmatrix}}_{=H} \cdot \underbrace{\begin{bmatrix} x_{k,1} \\ \vdots \\ x_{k,M} \end{bmatrix}}_{x_k} + \underbrace{\begin{bmatrix} v_{k,1} \\ \vdots \\ v_{k,M} \\ \tilde{v}_{k,1} \\ \vdots \\ \tilde{v}_{k,c} \end{bmatrix}}_{=v_k} \tag{14.6}$$

式中:$x_k = [x_{k,1}^T, x_{k,2}^T, \cdots, x_{k,M}^T]^T$ 表示第 k 个目标 M 个状态的叠加向量,每个目标的状态可能由位置和速度组成。所有的测量都被叠加成一个整体的测量向量 $z_k = [z_{k,1}^T, z_{k,2}^T, \cdots, z_{k,M}^T]^T$,$M_c$ 是假设检测的状态数。

由于没有测量标记,我们认为 $\pi \in \prod_{M_c}$ 是未知测量。$\tilde{v}_{k,i}(i=1,2,\cdots,c)$,表示在计算域上均匀分布的假设检测,$c$ 表示可能的时变假设检测。

14.3.2 集成最优子模式分配度量的卡尔曼滤波

拓展算法包括 4 个步骤:首先,简化测量对象关联情况;其次,假设测量值没有标记,必须计算赋值;然后,在测量中加入额外的假设检测;最后,在第四步中,假设目标的检测率小于 1。虽然简化的案例很直观,但最后 3 个步骤增加了难点,乍一看来并不明显。

第一步:可以直接应用前一节所述的 EnKF。对于已知的样本集合,更新样本协方差可提供正确的解。事实上,对于一个不断增长的集合大小 $N \to \infty$, EnKF 估计收敛于卡尔曼滤波器估计[12]。

第二步:认为测量的排列是未知的。因此,在某个时间点(time step)的集合被预测后,需要一个数据关联步骤。使用 OSPA 距离最小化的排列是合理的选择[16]。在这里,我们以每个集合成员为基础建立一个关联:

$$d(\widetilde{x}_k^i, z_k) = \min_{\pi \in \Pi_M} \sum_{m=1}^{M} \| \widetilde{x}_{k,m}^i - z_{k,\pi(m)} \|_2, i = 1, 2, \cdots, N \tag{14.7}$$

这可以认为是每个粒子的最近邻关联。

注意,距离是相对于预测集合成员 $\widetilde{x}_k^i$ 计算的,为了简单起见,假设这里的测量可以直接与状态进行比较。这通常是不可能的,必须采取一些预处理步骤,如将方位范围测量转换为笛卡儿坐标。

虽然每个集合上的关联赋予了大量的灵活性,特别是在杂波的情况下,它也会产生相同的粒子标记问题[5]。事实上,EnKF 可以视为粒子滤波器,其中加权基于卡尔曼滤波器的测量更新。虽然普通的粒子过滤器也有标签问题,但迭代和加权并不受此影响。对于 EKKF 混合标签在计算过程中已经存在问题,因为卡尔曼更新需要计算样本协方差。在图 14.1 中可以看到混合标记对预测集合的样本协方差的影响。如果没有解析标记,则样本协方差取决于轨迹的距离,因此对协方差矩阵的估计很差。特别是,当轨迹相距很远时,协方差变得非常大,测量值几乎不再影响估计值。

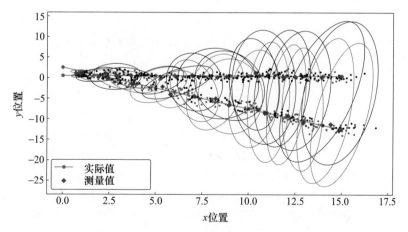

图 14.1 (见彩图)含混合标签预测集合的采样协方差(实际值、测量值)

为了解决这个问题,本节还提出了一个基于 OSPA 距离的重标号,它迭代地确定 OSPA 估计的最小平均值(MMOSPA)[2,7,9]。重新标记如下。

(1) 计算预测的平均值:

$$\widetilde{\overline{x}}_k = \frac{1}{N}\sum_{i=1}^{N}\widetilde{x}_k^i \qquad (14.8)$$

(2) 根据平均值和每个系统成员之间的 OSPA 距离重新标号:

$$d(\widetilde{x}_k^i,\widetilde{\overline{x}}_k) = \min\sum_{m=1}^{M}\|\widetilde{x}_{k,\pi_i(m)}^i - \widetilde{\overline{x}}_{k,m}\|_2, i=1,2,\cdots,N \qquad (14.9)$$

(3) 重复步骤(1)以确定迭代次数。

这个重标号过程收敛得很快。如图 14.2 所示,算法解决了这个问题,并且样本协方差现在给出了真实协方差的合理近似。该算法类似于 k - 均值聚类,即用欧几里得距离代替 OSPA 距离,以确保每个集合成员准确地表示 M 个对象。

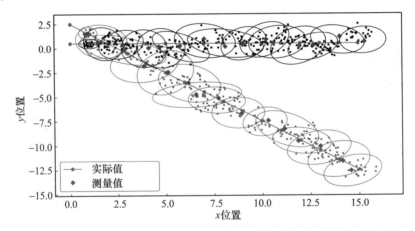

图 14.2 (见彩图)应用重标号算法预测集合的样本协方差(实际值、测量值)

第三步:添加额外的假设检测或杂波测量。这个量通常是从泊松分布中得到的,其平均值是固定的,并且每一个错误检测都均匀地分布在整个计算域中。

然而,EnKF 不包括与错误检测相关联的集成成员的任何重采样步骤。这导致了 3 个问题:①当没有其他信息可用时滤波估计变得更糟;②与重标号问题类似,如果系统成员远离假设检测的平均值相关联,则样本协方差会增加;③目前没有办法找回"丢失"的成员。每个集合成员将与测量相关联,即使在接近预测的情况下没有测量。对于具有大量杂波的环境,这导致集合成员不能随机走近没有标注的区域。由图 14.3 中可见,其中一些粒子远离轨迹,将来也不太可能恢复。

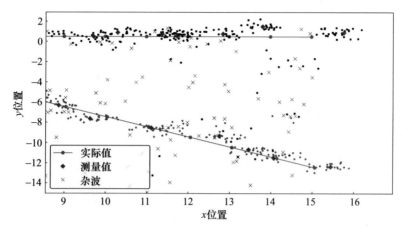

图14.3 （见彩图）每个时间步的杂波的示例

为了解决这一问题，可以对离估计值"很远"的集合成员重新采样。FastMCD算法[15]是一种稳健的协方差估计器，其中数据中假设有离群值。FastMCD基于Mahalanobis距离和完整数据集的子集以迭代方式计算协方差。除了协方差的稳健估计（其中在协方差的计算中不考虑离群值，只与假设检测相关联系统成员）之外，它还提供了包含离群值的列表。在此基础上，根据估计的均值和协方差对协方差外的系统成员进行重采样。

第四步：除了最后一层的错误检测之外，现在还处理对象的丢失检测。对于不保留多个假设或在几个时间步后解决歧义的算法，在混乱环境中丢失检测通常会导致跟踪丢失。该算法在计算关联之前包含一个选通步骤。每个轨道只能用阈值上的测量值来更新。如果没有测量值，则将预测值作为时间步长的最终估计值。选通区域的常用选项是矩形或椭圆。虽然矩形提供了非常快速的计算，但椭圆通常捕获预测周围测量值的分布，在许多情况下，高斯分布更好。利用Mahalanobis距离和卡方分布的适当值，给出了一种计算椭球面区域的简便方法。

假设对时间点 k 有一个后验集合，下一个时间点 $k+1$ 的算法可以在算法1中找到。

算法1　EnKF

1：根据式(14.3)将每个系统成员从时间点 k 迭代到 $k+1$ 以获得下一个预测。
2：基于迭代重新标记过程重新标记对象状态。
3：计算选通区域并确定每个对象的有效测量值。
4：使用OSPA距离式(14.7)计算每个系统的测量到对象的关联。
5：使用扰动测量式(14.5)和样本协方差对每个系统成员执行测量更新

式(14.4)。

6:使用 FastMCD 算法计算后验协方差。

7:利用后验均值和协方差对 FastMCD 标记为异常值的集合成员重新采样。

14.3.3 集成数据概率分布卡尔曼滤波

文献[11]也提出了将 EnKF 用于 MOT 的想法,使用集成数据概率分布(JPDA)采样处理未知数据关联。假设预测步骤已经发生,因为它类似于通常的 EnKF 算法。然后,每个目标 $l = 1,2,\cdots,M$ 与每个测量值 $j = 1,2,\cdots,M_c$ 的关联的权重 β_{jl} 必须根据下式进行估计:

$$\beta_{jl} = \alpha \sum_{\theta \in \Theta_{jl}} \gamma^{(M_c - M_\theta)} \prod_{(a,b) \in \theta} \frac{1}{N} \sum_{i=1}^{N} p(z_{k,a} | \widetilde{x}_{k,b}^i) \quad (14.10)$$

式中:α 为一个标准化常数;γ 为错误检测概率;M_θ 为假设 θ 中检测对象的数目,因此在检测概率为 1 的情况下,我们得到 $M_\theta = M$,而 Θ_{jl} 都是测量值 j 与目标 l 相关联的假设。

在权重为 β_{jl} 的情况下,测量值更新为

$$\hat{x}_{k,l}^i = \widetilde{x}_{k,l}^i + K_l \sum_{j=1}^{M_c} \beta_{jl}(z_{k,j} - H\widetilde{x}_{k,l}^i), i = 1,2,\cdots,N, l = 1,2,\cdots,M \quad (14.11)$$

由式(14.11)可知,每个系统成员都用相同的权重进行更新。因此,所有系统成员都与相同的测量相关联,并且在更新步骤之后不需要重新标记。上述权重公式不包括漏检。为了比较缺少检测的场景中的滤波,将常用的 JPDA 滤波公式放入 EnKF 框架中。使用与文献[13]中类似的符号,联合关联事件 θ 的概率计算为

$$P(\theta | Z^k) = \frac{1}{c} \prod_j \left(\lambda^{-1} \frac{1}{N} \sum_{i=1}^{N} p(z_{k,j} | \widetilde{x}_{k,l}^i) \right)^{\tau_j(\theta)} \prod_l (P_D^l)^{\delta_l(\theta)} (1 - P_D^l)^{1-\delta_l(\theta)}$$

(14.12)

权重 β 可由下式计算,即

$$\beta_{jl} = \sum_{\theta \in \Theta_{jl}} P(\theta | Z^k) \quad (14.13)$$

更新的工作原理类似于式(14.11)。虽然基于 JPDA 公式的关联具有良好的数学背景,但它也继承了 JPDA 过滤的一些问题。除了随着测量次数的增加,计算时间呈指数增长外,在某些情况下,它还受到轨道合并的影响[4]。

下一节将给出使用该方法的原因,然后将滤波与全局最近邻卡尔曼滤波器进行比较。

14.4 评价

该算法在一个有3个运动目标的场景中进行了评估。两个目标在整个观测过程中相距很近,进行平行移动,而第三个物体一次穿过它们的路径。在图14.4中可以看到场景的说明。常用的目标的一维运动建模是使用的近似等速模型(NCV)。一维状态由位置和速度组成,并根据方程改变:

$$\begin{bmatrix} x_k \\ \dot{x}_k \end{bmatrix} = \begin{bmatrix} 1 & \Delta T \\ 0 & 1 \end{bmatrix} \begin{bmatrix} x_{k-1} \\ \dot{x}_{k-1} \end{bmatrix} + \begin{bmatrix} \frac{1}{2}\Delta T^2 \\ \Delta T \end{bmatrix} w_{k-1} \quad (14.14)$$

式中:Δt 为时间步长的大小。

对于该假设的测量,已经进行了预处理步骤,因此,已经在笛卡儿坐标系中进行了测量。然后,测量矩阵只将状态空间缩小到目标 $H = \begin{bmatrix} 1 & 0 \end{bmatrix}$ 的位置。

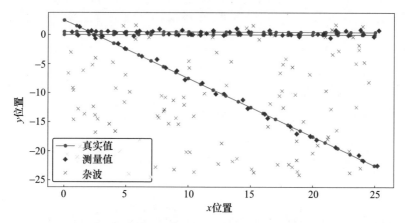

图14.4 (见彩图)3个物体按照NCV模型移动,每个时间步进平均有5个错误检测的测试场景(实际值、测量值、杂波)

在将该算法与其他滤波器进行比较之前,首先给出使用FastMCD重采样步骤的简短理由。由图14.5可知,在每个时间步中平均有15个错误检测的情况下,运行FastMCD和不运行FastMCD之间的比较。由此可知,FastMCD算法有助于跟踪正确的目标路径,而没有FastMCD的算法经常会将集成成员丢失到错误检测中。跟踪周期越长,没有FastMCD的滤波器的误差就越大,因为丢失的系统成员通常无法恢复,而带有FastMCD的滤波器在整个时间跨度内的误差几乎是恒定的。

另一个尚未讨论的问题是模拟中使用的系统成员数。由于系统成员向测量方向移动,并且不仅像在其他粒子滤波器中那样加权,因此通常需要较低数量的系统成员来获得良好的结果。在图 14.6 中,比较了不同集合大小的平均误差。由图可以看出,对于大于 20 的系统规模,误差几乎没有改善。

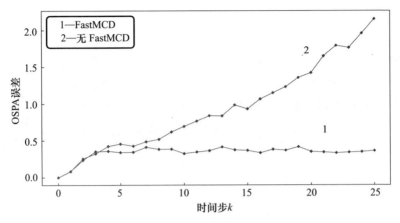

图 14.5　平均 30 次以上的 OSPA 误差蒙特卡罗运行,有无 FastMCD,
平均每一时间步有 15 次错误检测

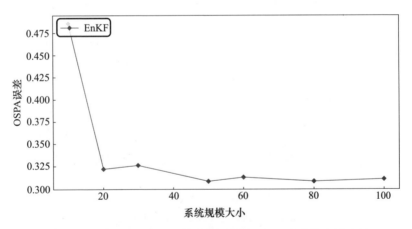

图 14.6　对于不同的系统规模,平均误差超过 30 次蒙特卡罗运行,
每个时间步有 10 次错误检测

除了多次蒙特卡罗运行的平均误差外,本节还测试了算法在单次运行中的稳定性。图 14.8 显示了 100 次单次运行的错误,每个时间步平均有 10 次错误检测。这里,误差在整个轨迹上取平均值。可以看出,除一次运行外,每次运行的平均误差为 0.25 ~ 0.4。因此,在这种情况下,算法似乎是稳定的。

本节将 EnKF 与全局最近邻卡尔曼滤波器(NN – KF)和 JPDA – EnKF 进行了比较。NN – KF 的工作原理与 EnKF 滤波器类似,使用 OSPA 距离来测量对象之间的关联,但只存储一个状态向量及其协方差。对于时变测量更新,使用常用的卡尔曼滤波公式。由于过程模型和测量方程都是线性的,因此在给出正确关联的情况下,NN－KF 提供了最佳结果。对于模拟,协方差 R 和 Q 被选择为 $0.3 \cdot Id$ 的对角线,并且每个场景的集合成员数固定为 30。所有过滤器都用 $k=0$ 时的正确起始值初始化。由图 14.7 可得滤波器 20 个时间步的 OSPA 误差,平均每个时间步有 15 个假设检测均匀分布在计算域上,结果平均超过 30 次。虽然 EnKF 滤波器的误差在时间上上升很小,但 NN－KF 似乎在某一点失去了轨迹,误差上升很快。与此类似,在大多数情况下,OSPA EnKF 产生的误差略大于 JPDA EnKF 的误差。这也可以在图 14.9 中看到,在不同的杂波数量下,可以看到相同场景的错误。误差在整个轨迹上平均,每个景物超过 20 次。对于比这里显示的更多的杂波,没有一个滤波器产生可接受的结果。

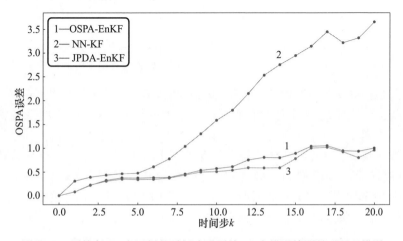

图 14.7 平均每 30 次运行的时间步进平均 15 次错误检测的 OSPA 错误

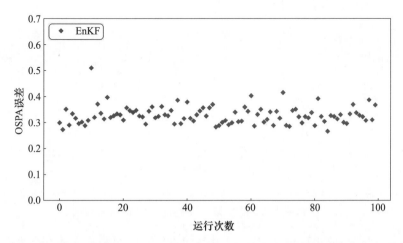

图 14.8 在整个轨迹上平均误差为 100 次,每一时间步进平均错误检测 10 次

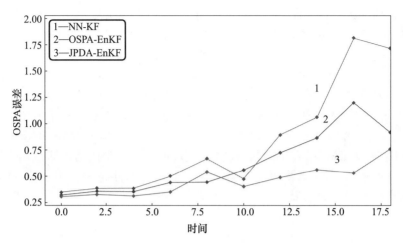

图 14.9　NN－KF 和 EnKF 在不同错误检测次数下的比较
（误差在整个轨迹上取平均值，并进行 20 次蒙特卡罗模拟）

除了以前同文献[17]中的实验外，现在还可以给出漏检等的结果。在图 14.10 中，可以看到滤波的结果是 3 个平行移动对象的场景，它们被检测到的概率仅为 0.9。此外，实验还增加了一些错误检测。这两个滤波器都应用更新协方差 $HPH' + R$ 的阈值，该阈值使用预测集合的样本协方差计算。这导致椭圆阈值严重依赖于过程模型和系统噪声，有时会导致门控区域小于预期。两种滤波器的性能都比 NN－KF 好，但误差曲线上升到了时隙的末端。这是由运行引起的，其中误检和漏检以某种方式分布，滤波器丢失一个或多个轨迹，并且发散。

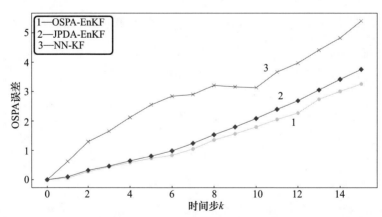

图 14.10　比较 NN－KF、OSPA－EnKF 和 JPDA－EnKF 在 10 次误检和检测
概率为 0.9 的情况下，平均运行 50 次以上

在复杂性方面，可以说，OSPA－EnKF 的运行时间与测量次数存在立方关系，这来自于 OSPA 距离的计算，并且 JPDA－EnKF 需要指数时间来计算权重。

14.5 小结

基于文献[17]的结果,本章扩展了这两种算法,使其能够在简单的场景中处理丢失的检测。OSPA – EnKF 现在具有基于 OSPA 的数据关联,FastMCD 用于异常点检测,阈值控制步骤用于处理丢失的检测。此外,本章还简要介绍了最近出现的 JPDA – EnKF 方法,并扩展了检测缺失的权重计算。本章进行了多次数值试验,结果表明所提出的滤波器具有良好的性能,但同时也表明了目前形式的局限性。特别是阈值控制区域需要特殊处理,并且应该针对每个不同的场景进行重新更新。

参考文献

[1] Bar – Shalom, Y., Willett, P. K., Tian, X.: Tracking and Data Fusion: A Handbook of Algorithms. YBS Publishing, Storrs(2011)

[2] Baum, M., Willett, P., Hanebeck, U. D.: On Wasserstein barycenters and MMOSPA estimation. IEEE Sign. Process. Lett. 22(10), 1511 – 1515(2015). https://doi.org/10.1109/LSP.2015.2410217

[3] Blackman, S. S., Popoli, R. F.: Design and Analysis of Modern Tracking Systems. Artech House, Norwood(1999)

[4] Blom, H., Bloem, E.: Probabilistic data association avoiding track coalescence. IEEE Trans. Autom. Control 45(2), 247 – 259(2000). https://doi.org/10.1109/9.839947

[5] Boers, Y., Sviestins, E., Driessen, H.: Mixed labelling in multitarget particle filtering. IEEE Trans. Aerosp. Electron. Syst. 46(2), 792 – 802(2010). https://doi.org/10.1109/TAES.2010.5461657

[6] Burgers, G., van Leeuwen, P. J., Evensen, G.: Analysis scheme in the ensemble Kalman filter. Mon. Weather Rev. 126(6), 1719 – 1724(1998)

[7] Crouse, D. F.: Advances in displaying uncertain estimates of multiple targets. In: SPIE – Signal Processing, Sensor Fusion, and Target Recognition XXII, vol. 8745, pp. 874,504 – 874,504 – 31 (2013). https://doi.org/10.1117/12.2015147

[8] Evensen, G.: Data Assimilation: The Ensemble Kalman Filter. Springer Science & Business Media, New York(2009)

[9] Guerriero, M., Svensson, L., Svensson, D., Willett, P.: Shooting two birds with two bullets: how to find minimum mean OSPA estimates. In: Proceedings of the 13th International Conference on Information Fusion(Fusion 2010)(2010)

[10] Hanebeck, U. D., Baum, M.: Association – free direct filtering of multi – target random finite sets with set distance measures. In: Proceedings of the 18th International Conference on Information Fusion(Fusion 2015), Washington, USA(2015)

[11] Jinan, R., Raveendran, T.: Particle filters for multiple target tracking. Procedia Technol. 24, 980–987(2016)
[12] Mandel, J., Cobb, L., Beezley, J. D.: On the convergence of the ensemble Kalman filter. Appl. Math. 56(6), 533–541(2011)
[13] Romeo, K., Crouse, D. F., Bar–Shalom, Y., Willett, P.: The JPDAF in practical systems: approximations. In: Proceedings of SPIE 7698, Signal and Data Processing of Small Targets 2010, vol. 7698, pp. 76,981I–76,981I–10(2010). https://doi.org/10.1117/12.862932
[14] Roth, M., Hendeby, G., Fritsche, C., Gustafsson, F.: The Ensemble Kalman filter: a signal processing perspective. EURASIP J. Adv. Sign. Process. 2017 (1), 56 (2017). https://doi.org/10.1186/s13634-017-0492-x
[15] Rousseeuw, P. J., Driessen, K. V.: A fast algorithm for the minimum covariance determinant estimator. Technometrics 41(3), 212–223(1999)
[16] Schuhmacher, D., Vo, B. T., Vo, B. N.: A consistent metric for performance evaluation of multi-object filters. IEEE Trans. Sign. Process. 56 (8), 3447–3457 (2008). https://doi.org/10.1109/TSP.2008.920469
[17] Sigges, F., Baum, M.: A nearest neighbour Ensemble Kalman Filter for multiobject tracking. In: 2017 IEEE International Conference on Multisensor Fusion and Integration for Intelligent Systems (MFI), Daegu, South Korea, pp. 227–232(2017). https://doi.org/10.1109/MFI.2017.8170433
[18] Vo, B. N., Mallick, M., Bar–Shalom, Y., Coraluppi, S., Osborne, R., Mahler, R., Vo, B. T., Webster, J. G.: Multitarget Tracking. Wiley, New York (2015). https://doi.org/10.1002/047134608X.W8275

第15章
基于非侵入式红外阵列传感器的摔倒检测系统

Xiuyi Fan[1], Huiguo Zhang[2(✉)], Cyril Leung[3], and Zhiqi Shen[2]

[1] Swansea University, Swansea, UK

[2] Nanyang Technological University, Singapore, Singapore
hgzhang@ntu.edu.sg

[3] The University of British Columbia, Vancouver, Canada

摘要:世界人口老龄化的加剧使得摔倒已成为公共卫生领域的重大问题,同时也是老年人面临的主要风险之一。近年来已经开发了许多摔倒检测技术,例如从可穿戴设备到环境感知和视频检测。基于机器学习的摔倒检测分类器已被用于处理不同的传感器数据。本章提出了一种基于红外阵列传感器的摔倒检测系统,该系统采用多种深度学习方法,包括长短期记忆和门控循环单元模型,通过对两组不同配置收集的数据进行评估。实验结果表明,在使用相同的红外阵列传感器的前提下,本章提出的方法具有明显进步。

关键词:摔倒检测;机器学习;非侵入式传感器

15.1 引言

人口老龄化是世界上许多国家面临的重大挑战。老龄化的快速增长对各种传感器-执行器系统的相关辅助技术提出了更高要求[15]。生活中辅助使用的传感器有多种类型,包括摄像机[24]、光传感器、加速计[38]、温度传感器、陀螺仪、气压计、红外传感器[31]等。这些传感器为用户日常生活提供了丰富的数据信息,例如从健康监测、个人特征认证、导航和定位[25]。在这种背景下,摔倒检测技术已成为一个重要问题。摔倒是老年人面临的主要风险,平均每3个老年人中就有一个遭遇摔倒[12,40]。一旦摔倒就需要立即对伤者展开治疗。因此,快速检测摔倒情况对伤者及时治疗十分重要[37]。

摔倒检测技术长期以来备受关注,各国研究者对它进行了广泛研究并推动了远程监控系统的发展,使得人们能够对摔倒情况进行早期判断[27]。Mubashir将摔倒检测系统分为三类:可穿戴设备、环境感知和摄像机系统[25]。第一类检测系统需要被关注对象始终佩戴,而后两类检测系统只需部署在被关注对象附近。

伴随着传感器的发展,适用于摔倒检测的数据分类技术也已开发。大量文献提出了多种数据处理算法。根据目前的研究情况,摔倒检测算法可分为两类:基于规则的方法,利用领域知识检测摔倒;基于机器学习的方法,从训练数据中"学习摔倒特征"[15,27]。

本章提出了一种低成本、低分辨率红外热像温度传感器的栅格眼阵列摔倒检测系统。相比于红绿蓝(RGB)相机这样的高分辨率传感器,低分辨率传感器具有较低的隐私侵入性。传感器数据处理采用几种主流的深度学习模型,包括长短期记忆(LSTM)[11]和门控循环单元(GRU)模型[6],并采用文献[7]中所提的注意机制对这些模型进行实验。由于文献[22]中也使用了相同的栅格眼传感器,我们将该方法与文献[22]中的摔倒检测系统进行了比较。结果表明本章方法比现有方法有所进步。

本章其余部分安排如下:15.2 节介绍了一些现有的摔倒检测工作。15.3 节介绍了我们在这项工作中开发的深度学习分类器。15.4 节介绍了摔倒检测系统的性能评估。15.5 节对全文进行总结,并对今后的研究工作进行展望。

15.2 发展现状

现有的摔倒检测系统可归纳为三种类型:可穿戴设备、摄像机系统和环境传感器[25]。可穿戴设备利用附着在人体上的传感器收集信息并识别活动。大量可穿戴设备使用加速度计和陀螺仪传感器[4,16]。在这些摔倒检测系统中,传感器需放置在用户身体的不同部位,如腰部[40]、胸部[12]和脚部[30]。可穿戴设备检测系统的主要问题是用户必须始终佩戴。这会给用户造成很大不便,并且用户也时常忘记佩戴。

基于摄像机的摔倒检测系统通常使用 RGB 摄像机[28]。近期一些研究也使用了 Microsoft Kinect[23,32]。基于摄像机的检测设备需部署在老人家或公共场所。该系统具有两大局限:一是视频监控带来的隐私入侵;二是缺乏系统的稳定性。

人们还研究了基于环境传感器的摔倒检测系统。大量的传感器或设备,例如多普勒雷达[19]、被动红外传感器[5,20,22,36]、压力传感器[14,34]、声音传感器[18]和

WiFi 路由器[35]等均已用来进行摔倒检测。

目前,许多研究都致力于摔倒检测分类算法[1,37]。该项研究主要分为两类:一是在很大程度上依赖于领域知识的基于规则的方法;二是从传感器数据中识别摔倒特征[15,27]的机器学习方法。例如,文献[2-3,13,17]是一些早期使用阈值的摔倒检测算法。如果系统检测到超过阈值中的任意设定值,则触发摔倒警报。这些方法的主要缺点是缺乏适应性和灵活性。

与此同时,各种基于机器学习的摔倒检测分类器也得到了快速发展[21]。主流的机器学习方法,如决策树[29]、支持向量机(SVM)[33]、k 近邻(k-NN)[8]和隐马尔可夫模型[10]已经应用于摔倒检测,如文献[5,9,26,39]。但是,它们中许多方法依赖于手动设计分类特征。

以下工作与我们的研究最为相关。Liu 等研制了双多普勒雷达摔倒检测系统[19]。该系统将 k-NN、SVM 和贝叶斯 3 种分类器中两个传感器的判决信息进行融合,形成基于梅尔倒谱系数(MFCC)特征的摔倒/非摔倒判决。AUC 指标分别为 0.88 和 0.97。

Liu 等提出了一种基于 5 个不同墙面高度的被动式红外传感器的两层隐马尔可夫模型[20]。该算法的灵敏度和检测率分别为 92.5% 和 93.7%。

Chen 等使用 16×4 热电堆阵列传感器进行老年人摔倒检测[5]。该系统具有两个传感器与 k-NN 分类器,灵敏度达到 95.25%,检测率达到 90.75%,准确率达到 93%。Sixsmith 和 Johnson[31]开发了一种基于阵列的智能静止监视器,也可应用于摔倒检测。

Mashiyama 等提出了一种基于红外阵列传感器的摔倒检测系统[22]。该系统从固定窗口中获得数据序列,并从序列中提取 4 个人工设计特征:连续帧的数目、最大像素数、温度的最大方差和最大温度像素的距离,随后使用 k-NN 算法进行摔倒或非摔倒判决。实验结果和测试数据表明,该系统达到了 94% 的准确率。

15.3 摔倒检测分类

本摔倒检测系统的核心是红外阵列传感器、栅格眼(AMG8832)。该传感器在其 60° 视场中以每秒 10 帧的速率输出 8×8 像素的温度分布图。若前景对象和背景环境之间存在不小于 4℃ 的温度差,则其最大检测距离为 5m。我们使用 ZigBee CC2530 作为微处理器,使用 I2C 总线控制传感器,如图 15.1 所示。传感器测量到的数据以每秒 10Hz 的速率发送给另一个 ZigBee CC2530。随后使用标准 PC 进行数据处理和分类。

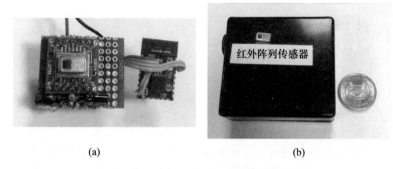

图 15.1　实验中使用的栅格眼传感器

虽然栅格眼传感器可测量的温度范围很大（−20～100℃），但其温度精度只有 3.0℃。基于热图像的摔倒检测技术依赖于正确识别人体的突发移动，因此识别人体和周围环境间的细微温差能力是确保正确检测的关键。如图 15.2 所示，栅格眼传感器获得的数据存在噪声（图中暖色表示高温）。为此我们开发了一种具有两个主要组件的摔倒检测系统：①用于数据预处理的滤波器；②用于分类的神经网络。如图 15.3 所示，使用滤波器对栅格眼获得的数据进行滤波，将过滤后的数据传递给神经网络分类器。

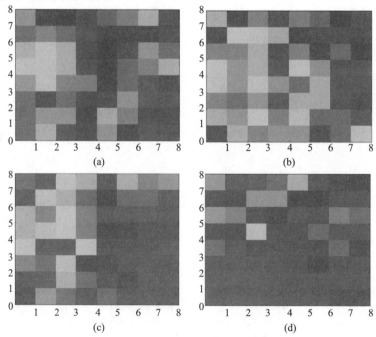

图 15.2　（见彩图）栅格眼图像说明
(a)栅格眼的视野中没有人；(b)站在右手边的人；
(c)从右手边摔下来的人；(d)一个人躺在栅格眼前。

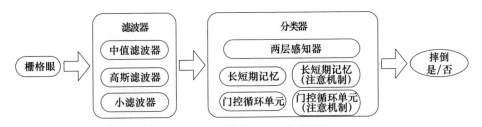

图 15.3 摔倒检测分类工作流程图

本章实验了中值滤波器、高斯滤波器和小波滤波器。对于神经网络分类器,我们实验了两层感知器网络(图 15.4)、长短期记忆(LSTM)网络和门控循环单元(GRU)网络(图 15.5),每种网络都具有或没有注意机制。

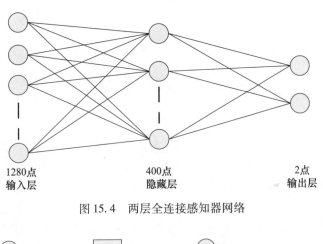

图 15.4 两层全连接感知器网络

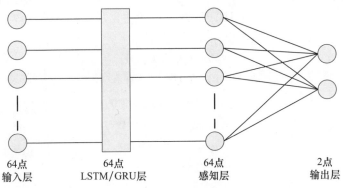

图 15.5 LSTM/GRU 网络

我们开发的系统如图 15.6 所示。每隔时间 t,栅格眼输出代表温度读数的 1×64 维矢量。为检测摔倒与否,我们检查了 2s(外部)窗口中收集的数据。由于栅格眼以 10Hz 的频率运行,因此在每个(外部)窗口中收集了 20 组 1×64 维矢量。随后我们用某一个滤波器过滤存储在这一外部窗口中的数据。中值滤波器和高斯滤波器都使用大小为 5 的内窗口,小波滤波器使用多贝西四抽头小波基函数。滤波过程不会更改数据的大小。滤波后的数据发送到神经网络进行分类。

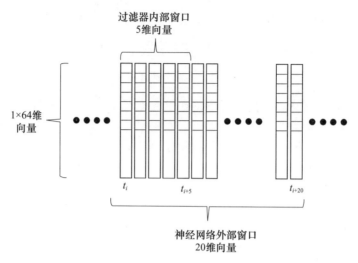

图 15.6 滤波器和分类器的数据布局

我们选用具有以下结构的两层感知器网络。输入层包含 64 × 20 = 1280 个节点(64 是栅格眼输出向量的维度,20 是外部窗口的大小)。连接的隐藏层包含 400 个节点。输出层包含 2 个节点(分别表示摔倒和非摔倒)。

LSTM 和 GRU 网络近年来取得了较大发展,它们都包含存储历史信息的"记忆结构",即 LSTM 单元和 GRU 单元。如图 15.5 所示,LSTM 和 GRU 网络的输入层都包含 64 个节点。在 LSTM/GRU 输入层和输出层之间还有一个 64 节点的全连接感知器层。LSTM 模型可以用以下方程描述:

$$i = \sigma(x_t U^i + s_{t-1} W^i) \quad (15.1(a))$$

$$f = \sigma(x_t U^f + s_{t-1} W^f) \quad (15.1(b))$$

$$o = \sigma(x_t U^o + s_{t-1} W^o) \quad (15.1(c))$$

$$g = \tanh(x_t U^g + s_{t-1} W^g) \quad (15.1(d))$$

$$c_t = c_{t-1} \circ f + g \circ i \quad (15.1(e))$$

$$s_t = \tanh c_t \circ o \quad (15.1(f))$$

式中:σ 为 sigmoid 函数;$\circ$ 表示元素相乘;x_t 为 t 时刻的输入向量;s_t 为单元格在时刻 t 的输出向量;U_s 和 W_s 是连接各个分量的权重矩阵。具体在我们的系统中,x_t 是一个 1×64 的向量;s_t 是一个 1×64 的向量;

近期提出的 GRU[6] 是 LSTM 模型的一个变形。二者主要区别在于,GRU 单元只使用两个门,而不是使用 3 个门来控制内存更新。从形式上讲,GRU 模型可以用以下方程描述：

$$z = \sigma(\boldsymbol{x}_t \boldsymbol{U}^z + \boldsymbol{s}_{t-1} \boldsymbol{W}^z) \quad (15.2(a))$$

$$r = \sigma(\boldsymbol{x}_t \boldsymbol{U}^r + \boldsymbol{s}_{t-1} \boldsymbol{W}^r) \quad (15.2(b))$$

$$h = \tanh(\boldsymbol{x}_t \boldsymbol{U}^h + (\boldsymbol{s}_{t-1} \circ r) \boldsymbol{W}^h) \quad (15.2(c))$$

$$s_t = (1 - z) \circ h + z \circ s_{t-1} \quad (15.2(d))$$

式中：σ 为 sigmoid 函数；x_t 为 t 时刻的输入向量；h 为输出；s_t 为 GRU 单元在时刻 t 的内部状态。$\boldsymbol{U}_s$ 和 $\boldsymbol{W}_s$ 大小与 LSTM 的相同。

本质上我们使用与 LSTM 相同的网络结构，仅用 GRU 单元替换 LSTM 单元。

在 LSTM 模型和 GRU 模型中引入注意机制是十分简单的。从概念上讲，注意机制提供了一种方法来判定分类窗口中每帧的相对重要性（本例中是 20 帧）。例如，在式（15.1(f)）中，s_t 在 $t = 20$ 的值不仅依赖于 s_{19}，而且（直接）依赖于先前所有的 $s_i (1 \leq i \leq 19)$，即

$$s_{20} = \sum_{0 \leq i < 20} \omega_i s_i \quad (15.3)$$

同 U 和 W 一样，ω_i 也是通过时间反向递推。

15.4 性能评估

为评估所开发系统的实际性能，我们在实验室进行了摔倒检测实验（图 15.7）。实验中我们创建了两组共有 312 次摔倒的数据集，如图 15.8 所示。在第一组实验中，被测对象所在的 A、B、C 3 个位置垂直于栅格眼传感器。在第二组实验中，被测对象也在 A、B、C 3 个不同位置，但与栅格眼传感器平行。两组配置中的负面影响包括在房间中随机行走、缓慢坐下、跳跃、跑步和在传感器前躺下。该数据集的创建背景是持续数天且温度从 19~23℃ 不等的环境。

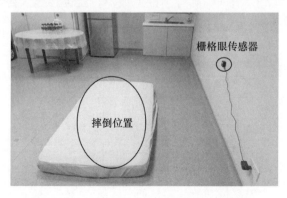

图 15.7 测试环境（为一个测试配置演示）

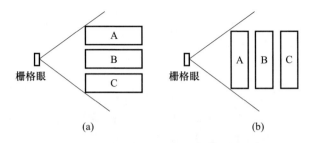

图 15.8 实验配置说明

(a) 所示的配置中,被测对象在 A、B 和 C 处垂直于栅格的方向上下落。
(b) 所示的配置中,被测对象在 A、B 和 C 处平行于栅格的方向上下落。

为了进行评估,将数据集划分为 240 次摔倒的训练集和 72 次摔倒的测试集,每个摔倒位置包含相同的摔倒次数。由于稳定的摔倒检测要求较高的准确率和敏感度,我们将结果与每个测试用例的 F_1 分数进行比较,定义如下:

$$准确率 = \frac{真阳}{真阳 + 假阳}$$

$$敏感度 = \frac{真阳}{真阳 + 假阴}$$

$$F_1 = 2 \times \frac{准确率 \times 敏感度}{准确率 + 敏感度}$$

式中:真阳表示摔倒的样本被检测为摔倒的数量;假阳表示没有摔倒的样本被检测为摔倒的数量;假阴表示摔倒的样本被检测为没有摔倒的数量。

实验结果如表 15.1～表 15.5 所列。在每个表格中,标有(H)和(V)的行分别是平行和垂直于栅格眼传感器的摔倒检测实验结果。可以得出以下结论:

(1)以 F_1 分数衡量,所有分类器在用户与传感器平行的设置下表现更好。这表明,相比垂直于传感器的下落,平行于传感器下落更容易分类。

(2)在某些情况下,引入消除噪声的滤波器可提高性能。在测试的 3 种滤波器中,简单中值滤波器的性能优于其他两种。

表 15.1　MLP 分类器的实验结果

分类器	F_1 分数	准确率	召回率	总计	真阳性	假阴性
无滤波器(H)	0.972	0.972	0.972	36	35	1
无滤波器(V)	0.679	0.522	0.972	67	35	1
中值滤波器(H)	0.986	0.972	1	37	36	0
中值滤波器(V)	0.666	0.619	0.722	42	26	10
高斯滤波器(H)	0.972	0.972	0.972	36	35	1
高斯滤波器(V)	0.693	0.666	0.722	39	26	10

续表

分类器	F_1 分数	准确率	召回率	总计	真阳性	假阴性
小波滤波器(H)	0.972	0.947	1	38	36	0
小波滤波器(V)	0.658	0.568	0.75	46	27	9

表 15.2　LSTM 分类器的实验结果

分类器	F_1 分数	准确率	召回率	总计	真阳性	假阴性
无滤波器(H)	0.956	1	0.916	33	33	3
无滤波器(V)	0.864	0.777	0.972	45	35	1
中值滤波器(H)	1	1	1	36	36	0
中值滤波器(V)	0.805	0.805	0.805	36	29	7
高斯滤波器(H)	0.986	0.972	1	37	36	0
高斯滤波器(V)	0.805	0.805	0.805	36	29	7
小波滤波器(H)	0.986	0.972	1	37	36	0
小波滤波器(V)	0.746	0.659	0.861	47	31	5

表 15.3　LSTM－ATT 分类器的实验结果

分类器	F_1 分数	准确率	召回率	总计	真阳性	假阴性
无滤波器(H)	0.972	0.947	1	38	36	0
无滤波器(V)	0.857	0.804	0.916	41	33	3
中值滤波器(H)	0.947	0.9	1	40	36	0
中值滤波器(V)	0.819	0.723	0.944	47	34	2
高斯滤波器(H)	0.96	0.923	1	39	36	0
高斯滤波器(V)	0.735	0.627	0.888	51	32	4
小波滤波器(H)	0.944	0.944	0.944	36	34	2
小波滤波器(V)	0.749	0.681	0.833	44	30	6

表 15.4　GRU 分类器的实验结果

分类器	F_1 分数	准确率	召回率	总计	真阳性	假阴性
无滤波器(H)	0.972	0.9447	1	38	36	0
无滤波器(V)	0.825	0.75	0.916	44	33	3
中值滤波器(H)	0.935	0.878	1	41	36	0
中值滤波器(V)	0.819	0.723	0.944	47	34	2
高斯滤波器(H)	0.972	0.972	0.972	36	35	1
高斯滤波器(V)	0.722	0.638	0.833	47	30	6

续表

分类器	F_1 分数	准确率	召回率	总计	真阳性	假阴性
小波滤波器(H)	0.911	0.837	1	43	36	0
小波滤波器(V)	0.692	0.642	0.75	42	27	9

表 15.5　GRU – ATT 分类器的实验结果

分类器	F_1 分数	准确率	召回率	总计	真阳性	假阴性
无滤波器(H)	0.935	0.878	1	41	36	0
无滤波器(V)	0.904	0.891	0.916	37	33	3
中值滤波器(H)	0.986	0.972	1	37	36	0
中值滤波器(V)	0.742	0.764	0.722	34	26	10
高斯滤波器(H)	0.945	0.921	0.972	38	35	1
高斯滤波器(V)	0.739	0.729	0.75	37	27	9
小波滤波器(H)	0.933	0.897	0.972	39	35	1
小波滤波器(V)	0.722	0.638	0.833	47	30	6

(3) LSTM 和 GRU 模型的记忆能力都很好。

(4) 在 LSTM 和 GRU 模型中引入注意机制并不能持续提高检测性能。这表明检测会从所有包含同样摔倒的帧中获取信息,在摔倒的单一时刻进行聚焦不会带来任何好处。

(5) 当分类问题很容易(并行设置)时,MLP 并没有暴露出它的弱点;但是,当问题变得更困难(垂直设置)时,准确记录历史信息的模型会表现更好。

为使我们的研究结果更具前瞻性,我们将本章提出的方法与文献[22]中提出的模型进行了比较,该模型使用了相同的栅格传感器和带有 4 个手动特征的 k – NN 分类器。我们复制了他们的系统并在我们的数据集上进行了实验,比较结果如表 15.6(垂直于传感器)和表 15.7(平行于传感器)所列。在这两个表中,通过选择最合适的滤波器,我们的方法达到了最佳性能(表 15.1 ~ 表 15.5)。通过这两个表可以看出,当摔倒方向与传感器平行时,文献[22]中的方法表现更好。总的来说,文献[22]中具有人工特征的 k – NN 分类器性能都弱于基于神经网络的数据分类方法。

表 15.6　摔倒检测性能(垂直于栅格眼传感器)

模型	准确率	召回率	F_1 分数
GRU – ATT	0.891	0.916	0.904
GRU	0.75	0.916	0.825
LSTM – ATT	0.804	0.916	0.857

续表

模型	准确率	召回率	F_1 分数
LSTM	0.777	0.972	0.864
MLP	0.666	0.722	0.693
k-NN[22]	0.52	1	0.68

表 15.7 摔倒检测性能(平行于栅格眼传感器)

模型	准确率	召回率	F_1 分数
GRU-ATT	0.972	1	0.986
GRU	0.972	0.972	0.972
LSTM-ATT	0.947	1	0.972
LSTM	1	1	1
MLP	0.972	1	0.986
k-NN[22]	0.83	0.97	0.9

我们还使用四种不同的分类器对不同的外窗大小进行了摔倒检测实验。外部窗口初始设置为20(图15.6),这意味着每次摔倒检测都发生在一个2s的窗口内,网格以10Hz的频率运行。在表15.8和表15.9中,我们给出了外窗为30时的摔倒检测结果。我们发现四种分类器的性能都会降低很多(始终使用中值滤波器)。这一现象可以解释为:由于摔倒是一个瞬时事件,增加窗口大小并不能提高检测性能。

表 15.8 具有3s检测窗口的摔倒检测性能(垂直于栅格眼传感器)

模型	准确率	召回率	F_1 分数
GRU-ATT	0.632	0.861	0.729
GRU	0.731	0.833	0.779
LSTM-ATT	0.695	0.888	0.780
LSTM	0.82	0.888	0.853

表 15.9 具有3s检测窗口的摔倒检测性能(平行于栅格眼传感器)

模型	准确率	召回率	F_1 分数
GRU-ATT	0.7	0.972	0.813
GRU	0.809	0.944	0.871
LSTM-ATT	0.875	0.972	0.921
LSTM	0.947	1	0.972

15.5 小结

摔倒是老年人健康的一大威胁。一旦摔倒需立即对受伤人员进行救治。本章提出了一种基于栅格红外阵列传感器的摔倒检测系统。由于其低空间分辨率,红外阵列传感器几乎不会入侵隐私,并且可以布置到洗手间等敏感区域。在数据处理方面,采用了两步方法:①数据预处理滤波;②神经网络机器学习分类。在滤波方面,用小波、高斯和中值滤波器进行了实验。在学习分类方面,尝试了几种深度学习模型,包括多层感知器、LSTM 和 GRU。为了评估该方法,创建了一个包含 300 多个不同配置的数据集。然后使用相同的红外阵列传感器,但使用不同分类技术的现有工作进行了比较,结果表明该方法明显提高了分类准确率。之后的工作中,希望:①进行深入的理论研究,包括所提出的方法的复杂性分析;②部署该系统到养老院进行实际实验;③探索使用其他环境传感器系统和配置进行摔倒检测。

参考文献

[1] Bagala, F., Becker, C., Cappello, A., Chiari, L., Aminian, K., Hausdorff, J. M., Zijlstra, W., Klenk, J.: Evaluation of accelerometer – based fall detection algorithms on real – world falls. PLoS ONE 7(5),e37062(2012)

[2] Bourke, A. K., Lyons, G. M.: A threshold – based fall – detection algorithm using a bi – axial gyroscope sensor. Med. Eng. Phys. 30(1),84 – 90(2008)

[3] Bourke, A. K., O'Brien, J. V., Lyons, G. M.: Evaluation of a threshold – based tri – axial accelerometer fall detection algorithm. Gait Posture 26(2),194 – 199(2007)

[4] Chen, J., Kwong, K., Chang, D., Luk, J., Bajcsy, R.: Wearable sensors for reliable fall detection. In: 2005 IEEE Engineering in Medicine and Biology 27th Annual Conference,pp. 3551 – 3554(2005)

[5] Chen, W. – H., Ma, H. – P.: A fall detection system based on infrared array sensors with tracking capability for the elderly at home. In:2015 17th International Conference on E – health Networking, Application Services(HealthCom), pp. 428 – 434, October 2015

[6] Cho, K., van Merrienboer, B., Gül, cehre, C., ., Bahdanau, D., Bougares, F., Schwenk, H., Bengio, Y.: Learning phrase representations using RNN encoder – decoder for statistical machine translation. In:Proceedings of the 2014 Conference on Empirical Methods in Natural Language Processing, EMNLP 2014, Doha, Qatar, 25 – 29 October 2014, A meeting of SIGDAT, a Special Interest Group of the ACL, pp. 1724 – 1734(2014)

[7] Chorowski, J., Bahdanau, D., Serdyuk, D., Cho, K., Bengio, Y.: Attention – based models for

speech recognition. CoRR, abs/1506. 07503(2015)

[8] Dudani, S. A. : The distance – weighted k – nearest – neighbor rule. IEEE Trans. Syst. Man Cybern. 6(4),325 – 327(1976)

[9] Ganti, R. K. , Jayachandran, P. , Abdelzaher, T. F. , Stankovic, J. A. : Satire: a software architecture for smart attire. In: Proceedings of the 4th International Conference on Mobile Systems, Applications and Services, MobiSys 2006, pp. 110 – 123. ACM, New York(2006)

[10] Ghahramani, Z. : An introduction to hidden Markov models and Bayesian networks. IJPRAI 15 (1),9 – 42(2001)

[11] Hochreiter, S. , Schmidhuber, J. : Long short – term memory. Neural Comput. 9(8),1735 – 1780 (1997)

[12] Hwang, J. Y. , Kang, J. M. , Jang, Y. W. , Kim, H. C. : Development of novel algorithm and real – time monitoring ambulatory system using Bluetooth module for fall detection in the elderly. In: 2004 26th Annual International Conference of the IEEE Engineering in Medicine and Biology Society, IEMBS 2004, vol. 1, pp. 2204 – 2207, September 2004

[13] Kangas, M. , Konttila, A. , Winblad, I. , Jamsa, T. : Determination of simple thresholds for accelerometry – based parameters for fall detection. In: 2007 Conference Proceedings: IEEE Engineering Medicine and Biology Society, pp. 1367 – 1370(2007)

[14] Klack, L. , Möllering, C. , Ziefle, M. , Schmitz – Rode, T. : Future care floor: a sensitive floor for movement monitoring and fall detection in home environments, pp. 211 – 218. Springer, Heidelberg(2011)

[15] Kozina, S. , Gjoreski, H. , Gams, M. , Lustrek, M. : Efficient activity recognition and fall detection using accelerometers, pp. 13 – 23. Springer, Heidelberg(2013)

[16] Li, Q. , Stankovic, J. A. , Hanson, M. A. , Barth, A. T. , Lach, J. , Zhou, G. : Accurate, fast fall detection using gyroscopes and accelerometer – derived posture information. In: 2009 Sixth International Workshop on Wearable and Implantable Body Sensor Networks, pp. 138 – 143, June 2009

[17] Li, Q. , Zhou, G. , Stankovic, J. A. : Accurate, fast fall detection using posture and context information. In: Proceedings of the 6th ACM Conference on Embedded Network Sensor Systems, SenSys 2008, New York, NY, USA, pp. 443 – 444(2008)

[18] Li, Y. , Zeng, Z. , Popescu, M. , Ho, K. C. : Acoustic fall detection using a circular microphone array. In: 2010 Annual International Conference of the IEEE Engineering in Medicine and Biology, pp. 2242 – 2245, August 2010

[19] Liu, L. , Popescu, M. , Skubic, M. , Rantz, M. : An automatic fall detection framework using data fusion of Doppler radar and motion sensor network. In: 2014 36th Annual International Conference of the IEEE Engineering in Medicine and Biology Society, pp. 5940 – 5943, August 2014

[20] Liu, T. , Guo, X. , Wang, G. : Elderly – falling detection using distributed directionsensitive pyroelectric infrared sensor arrays. Multidimension. Syst. Sig. Process. 23(4),451 – 467(2012)

[21] Lustrek, M. , Kaluza, B. : Fall detection and activity recognition with machine learning. Informatica(Slovenia) 33,197 – 204(2009)

[22] Mashiyama, S. , Hong, J. , Ohtsuki, T. : A fall detection system using low resolution infrared array sensor. In: 2014 IEEE 25th Annual International Symposium on Personal, Indoor, and Mobile Ra-

dio Communication(PIMRC),pp. 2109 – 2113,September 2014

[23] Mastorakis,G. ,Makris,D. :Fall detection system using kinect's infrared sensor. J. Real – Time Image Process. 9(4),635 – 646(2014)

[24] Miaou,S. G. ,Sung,P. – H. ,Huang,C. – Y. :A customized human fall detection system using omni – camera images and personal information. In:1st Transdisciplinary Conference on Distributed Diagnosis and Home Healthcare,2006. D2H2,pp. 39 – 42,April 2006

[25] Mubashir,M. ,Shao,L. ,Seed,L. :A survey on fall detection:principles and approaches. Neurocomputing 100,144 – 152(2013)

[26] Nait – Charif,H. ,McKenna,S. J. :Activity summarisation and fall detection in a supportive home environment. In:2004 Proceedings of the 17th International Conference on Pattern Recognition, ICPR 2004,vol. 4,pp. 323 – 326,August 2004

[27] Noury,N. ,Fleury,A. ,Rumeau,P. ,Bourke,A. K. ,Laighin,G. O. ,Rialle,V. ,Lundy,J. E. :Fall detection – principles and methods. In:2007 29th Annual International Conference of the IEEE Engineering in Medicine and Biology Society,pp. 1663 – 1666,August 2007

[28] Rougier,C. ,Meunier,J. ,St – Arnaud,A. ,Rousseau,J. :Fall detection from human shape and motion history using video surveillance. In:2007 21st International Conference on Advanced Information Networking and Applications Workshops, AINAW 2007, vol. 2, pp. 875 – 880, May 2007

[29] Rasoul Safavian,S. ,Landgrebe,D. A. :A survey of decision tree classifier methodology. IEEE Trans. Syst. Man Cybern. 21(3),660 – 674(1991)

[30] Sim,S. Y. ,Jeon,H. S. ,Chung,G. S. ,Kim,S. K. ,Kwon,S. J. ,Lee,W. K. ,Park,K. S. :Fall detection algorithm for the elderly using acceleration sensors on the shoes. In:2011 Annual International Conference of the IEEE Engineering in Medicine and Biology Society,pp. 4935 – 4938, August 2011

[31] Sixsmith,A. ,Johnson,N. :A smart sensor to detect the falls of the elderly. IEEE Pervasive Comput. 3(2),42 – 47(2004)

[32] Stone,E. E. ,Skubic,M. :Fall detection in homes of older adults using the Microsoft kinect. IEEE J. Biomed. Health Inf. 19(1),290 – 301(2015)

[33] Suykens, J. A. K. , Vandewalle, J. : Least squares support vector machine classifiers. Neural Process. Lett. 9(3),293 – 300(1999)

[34] Tzeng,H. – W. ,Chen,M. – Y. ,Chen,J. Y. :Design of fall detection system with floor pressure and infrared image. In:2010 International Conference on System Science and Engineering,pp. 131 – 135,July 2010

[35] Wang,H. ,Zhang,D. ,Wang,Y. ,Ma,J. ,Wang,Y. ,Li,S. :Rt – Fall:a real – time and contactless fall detection system with commodity WiFi devices. IEEE Trans. Mob. Comput. 16(2), 1 (2016)

[36] Wojtczuk,P. ,Binnie,D. ,Armitage,A. ,Chamberlain,T. ,Giebeler,C. :A touchless passive infrared gesture sensor. In:Proceedings of the Adjunct Publication of the 26th Annual ACM Symposium on User Interface Software and Technology, UIST 2013 Adjunct, New York, NY, USA, pp. 67 – 68. ACM(2013)

[37] Yu, X. : Approaches and principles of fall detection for elderly and patient. In:10th International Conference on e – health Networking, Applications and Services, HealthCom 2008, pp. 42 – 47, July 2008

[38] Zhang, T. , Wang, J. , Liu, P. , Hou, J. : Fall detection by embedding an accelerometer in cellphone and using KFD algorithm. Int. J. Comput. Sci. Netw. Secur. (IJCSNS) (2006)

[39] Zhang, T. , Wang, J. , Xu, L. , Liu, P. : Fall Detection by Wearable Sensor and One – Class SVM Algorithm, pp. 858 – 863. Springer, Heidelberg(2006)

[40] Zheng, J. , Zhang, G. , Wu, T. : Design of automatic fall detector for elderly based on triaxial accelerometer. In:2009 3rd International Conference on Bioinformatics and Biomedical Engineering, pp. 1 – 4, June 2009

第 16 章
基于惯性传感器的精细手部动作识别

Yanyan Bao[1,3], Fuchun Sun[2,3], Xinfeng Hua[1], Bin Wang[4(✉)],
and Jianqin Yin[5]

[1] School of Information and Control Engineering, Xi'an University of
Architecture and Technology, Xi'an 710055, China
[2] Department of Computer Science and Technology,
Tsinghua University, Beijing 100084, China
[3] State Key Laboratory of Intelligent Technology and Systems,
Tsinghua University, Beijing 100084, China
[4] Beijing Little Wheel Co., Beijing 100084, China
wangbinth@tsinghua.edu.cn
[5] Automation School, Beijing University of Posts and
Telecommunications, Beijing 100876, China

摘要: 手部动作的识别在工厂中起着重要的作用。如何改进双手动态手势识别方法,实现手势语的自动识别是很有意义的。本文提出了一种基于两个包含惯性传感器的可穿戴设备的动作识别方法。我们采用了一种利用加速度和陀螺仪数据的同时分解动作的新思想,这一思想将提高分解技术的精度。手部动作识别系统的主要工作包括数据采集、手部分解、手部特征提取和手势识别。为了系统地对数据进行预处理,提取了由谱熵、加速度、角速度和角度组成的特征。我们为了实现所提出的目标在真实环境中进行了大量的实验。为了验证分析的正确性,我们采用了支持向量机(SVM)、k-邻近、朴素贝叶斯和极限学习机(extreme learning machine, ELM)4 种分类算法。仿真结果表明,ELM 具有较好的可扩展性。

关键词: 手部动作识别;分解技术;特征提取;极限学习机

16.1 引言

人机交互(HCI)技术在计算机与互联网结合的时代越来越受到用户的青睐。在过去的几年中,人们更多的注意力集中在将这些人类活动翻译成计算机可理解的语言上。活动识别是指识别人类有意义的运动表达,涉及手、手臂、脸、头和身体[1]。手势提供了一种自然直观的交流方式,包含了丰富的交互信息[2]。手势识别的应用是多种多样的,可应用于手语、医学康复和虚拟现实等。

经过实践调查和文献调查,目前已有多种处理手部活动识别的方法,如基于摄像头的图像信息处理、基于数据手套的关节数据采集等。在复杂情况下和距离较大时会影响使用相机识别动作操作的清晰度[3]。数据手套牺牲了用户在工厂操作的便利性[2]。Gavrilova 等对使用 Kinect 传感器进行手势和活动识别的最新方法进行了概述,并讨论了 Kinect 传感器在家庭监控、医疗保健、生物统计监视和情感识别方面的应用[4]。但是,开放的问题包括需要在基于上下文的手势识别研究领域中进行其他研究,以及在传感器之间进行通信时确保数据隐私。

开发一种基于 Kinect 捕获的跟踪记录手势的估计方法模型,用于评估工厂工人的进度。但操作结果显示出一些错误。原因是 Kinect 传感器无法处理工作场景中的干扰和遮挡。

由于手势的复杂性,手势识别仍然是一个具有挑战性的问题,由于人手具有高度的自由性,手势具有丰富的多样性。如何改进双手动态手势识别方法,实现手语的自动识别,是一个很有意义的问题。Barshan 等介绍了一种使用从微型惯性传感器和磁强计信号中提取的特征进行人类活动分类的对比研究[5],这项研究提出了一种利用腕带的轮廓特征(WBCF)识别复杂静态手势的框架,但这需要一些限制条件,需要具有明显的尺度和旋转不变性[6]。他们建议使用分布在身体各处的多个加速度传感器,因为它们质量轻、体积小且价格便宜[7]。他们得出的结论,通过考虑一种克服 Kinect 传感器的许多限制条件的方法,可以有效地进行手势识别,并有可能为无约束环境下的低成本手势识别铺平道路[8]。当这些技术应用于手势识别时,大多数都可以单独使用,并取得良好的效果。但是,在手势跟踪方面,由于准确性、延迟、噪声和跟踪范围的限制,它们都无法完美地跟踪运动[3]。

基于这些局限性,希望寻找一种能够识别手部动作并且对惯性传感器干扰小的替代装置。在文献[9]中,他们提出了 3 种不同的手势识别模型,能够根据 MEMS 三轴加速度计的输入信号识别 7 种手势,即上、下、左、右、勾、圆和十字。Alessandra 等设计了名为 IWT(index finger + wrist + thumb,食指 + 手腕 + 拇指)的戒指和手镯[10]。这项研究的目的是识别日常的动作,比如拿杯子、拿手机和刷牙。Zhu 等介绍了一个 SAIL 系统,研究了手势识别和日常活动识别两个问题。实现了一个用于手势识别的神经网络,并开发了一种多传感器融合方案来处理从人的脚和腰部采集的运动数据,以用于日常活动识别[11]。

相比之下,孤立运动识别技术已经在各个领域得到了应用。例如,已提出了一个算法框架来处理手势识别的加速度和表面肌电信号;为移动设备开发了一个交互程序以实现手势识别,并以识别结果为指令对移动设备进行操作[12]。在文献[13]中,提出了一种新的适合于动态手势表示的特征向量,并给出了仅用跳跃运动控制器(LMC)识别动态手势的令人满意的解决方案。Trabelsi 等提出了一种利用惯性可穿戴传感器测量的原始加速度数据进行人类活动识别的新的无监督学习方法[14]。

本章提出的基于惯性传感器的设备,解决了利用设备捕捉手势动作的问题,既使工人感到舒适,且每个人都能使用。该方法是为了解决工人在工作场所完成动作操作的情况,无论他们是左撇子还是右撇子,在他们的手腕上分别佩戴两个设备。

综上所述,本章的贡献如下。

(1)为可穿戴技术提供了更舒适、实用的方法。惯性传感器成本低、质量轻和体积小,可吸引大众市场的消费者。

(2)假设只有一个人,我们要求用户在双手手腕上佩戴一对设备;可以识别工厂中的多个工人,不受环境约束的干扰。

(3)它可以解决 Kinect 对象与用户的手相重叠的问题,为应用和控制领域提供了一定的分类依据。

本章的内容安排如下:16.2 节调研了工厂的相关工作;16.3 节介绍了腕带的硬件组成,并对数据采集和预处理进行了描述;16.4 节介绍了手部动作的分解技术;16.5 节不仅提取了手势识别的特征,还提出了分类算法;16.6 节给出了实验结果;16.7 节对本章做了总结。

16.2 发展现状

在本节中,通过发表在期刊上的大量论文来追踪手势识别的应用技术。

研究人员开发了一些方法来扩展惯性传感器的应用,手势识别技术具有不同的应用场景。例如,可穿戴式传感器设备用于测量和管理每个工人操作的周期时间[15]。将单个佩戴在手腕上的惯性测量单元连接到工人的活动手腕,然后可将其用于主动式教学系统或确保执行所有需要的工作阶段[16]。可自动跟踪维护身体磨损的传感器或组装任务的进度,这已在木材店中使用[17]。Junker 等提出的方法可能会促进活动识别情景在现实生活中的广泛应用[18]。有人已经将该技术应用到日常生活或装配工作中。从这种系统中检测到的信息还可用于行为医学领域的自动饮食检测。可以使用惯性传感器对手臂手势进行聚类和检测[19]。文献[20]提出了一种利用可感知功率的可穿戴式传感器识别环境背景声音的新方法。

手势识别系统的主要工作包括数据采集、手势分割、手势特征提取和手势识别。现有的分割方法包括滑动窗口、自上而下、自下而上和滑动窗口自下而上[21]。Nguyen等提出了一种通过识别这些峰值的右侧和左侧的第一个最小值或最大值的时间差来实现的分割方法[22]。文献[23]提出了两种新的在线分段分割方法：可行空间窗方法和逐步可行空间窗方法。SwiftSeg是一种用于在线时间序列分割的技术，它不仅速度极快，而且所产生的表示结果与最优技术非常接近。分割方法是基于正交多项式，基于滑动或增长时间窗口中时间序列的最小二乘近似[24]。

文献表明，活动识别技术包括以下内容：Jing等介绍了一种识别手势的算法[25]。FDSVM方法用在与用户有关和无关的情况下均达到最佳识别性能[26]。这项研究的数据用于训练和测试五种典型的机器学习算法：C4.5、CART、朴素贝叶斯、多层感知和支持向量机。使用朴素贝叶斯分类器，当使用两个传感器融合数据时，可以获得100%的真实分类率。在手势和活动识别问题中使用的其他分类技术是k-最近邻(k-NN)、朴素贝叶斯(NB)、人工神经网络(ANN)、支持向量机(SVM)[28]和极限学习机[29]，使用智能手表的加速度传感器进行学习非常方便且可扩展。使用三星GEAR智能手表通过分级支持向量机(H-SVM)分类器进行分类，并识别人类活动分类[30]。通过使用智能加速度计数据可以为离线活动识别做出非常准确的预测。k-NN和k-Star算法都获得了99.01%的整体精度[31]。Ayachi等开发了利用基于惯性传感器的全身运动信息来自动检测和分割ADL任务的算法[32]。使用6个最相关的传感器，并结合使用EMD、非线性变换和自适应阈值策略，能够检测在模拟公寓中自由执行的ADL任务，这具有很高的准确性。

有一种利用可感知功率的可穿戴式传感器识别环境背景声音的新方法。王文等提出了一种使用活动的基本动态特征的人类活动极限学习机(ELM)识别框架[33]。为了解决这个问题，提出了一种快速而健壮的人类活动识别模型，称为迁移学习混合精简内核极限学习机(Trans M-RKELM)。实验结果表明，提出的模型可以使分类器快速适应新的传感器位置，并获得良好的识别性能[34]。从理论上讲，与ELM相比，LS-SVM和PSVM实现了次优解决方案，并且需要更高的计算复杂度[35]。提出了一种基于在线顺序极限学习机的活动分类器，该分类器用于识别跌倒、奔跑、上楼、躺下、下楼、行走、站立和坐下的情况，并且实验结果对体育活动的识别令人鼓舞[36]。

如相关工作部分所述，先了解手部活动识别知识的整体结构，并知道该主题的细分方法。然后，搜集大量有关手部活动识别的算法，该阶段的手部活动识别方法已经被研究过。我们的研究主题是实用领域的一种新装置，它专注于使用普通传感器和可穿戴系统进行精细手部活动识别，这对于工厂的工人而言既舒服又合理。

16.3 基本组成

本节阐明腕带识别手势的基本组成。该系统由模块化协作和多任务同步操作的软硬件组成。硬件包括智能腕带移动终端和个人计算机(PC)接收终端两个部分;软件包括特征提取和分类算法选择等,最后完成终端识别手势的任务。

16.3.1 硬件说明

图 16.1 所示腕带模块中主要包括蓝牙模块、电池和惯性传感器。在构建手势自动分类系统时要考虑的第一个重要方面是传感器的选择。惯性传感器小巧轻便,便于在不影响用户舒适度的前提下固定在手上,并尽可能使它在不受约束的情况下进行操作。之所以推荐 6 轴 MPU – 6050 传感器,是因为该传感器不受包括加速度和陀螺仪在内的任何电磁干扰环境的影响。传感器收集加速度和陀螺仪的 x 轴、y 轴和 z 轴数据。然后从该数据中获得由欧拉公式计算出的姿态角数据。角度数据包括横摇角、俯仰角和偏航角,这些数据均使用地面水平坐标系。用蓝牙模块从移动终端无线传输到 PC 上进行数据接收。腕带固定在手臂或手腕上。在本节中,设备的采样频率设置为 100Hz[37]。设备的数据包括加速度、陀螺仪和角度数据。腕带收集的数据包括 x 轴、y 轴和 z 轴的加速度和陀螺仪数据,x 轴、y 轴和 z 轴的角度数据以及传感器的温度数据。

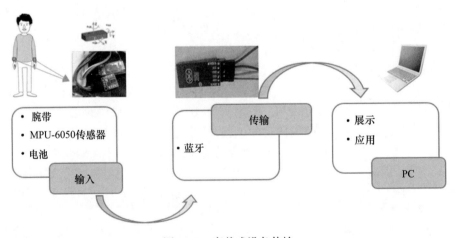

图 16.1 穿戴式设备传输

该设备包括腕带、MPU – 6050 传感器和电池,传输设备是蓝牙,可用 PC 处理来自 MPU – 6050 的数据和腕带佩戴位置。

16.3.2 软件结构

如图 16.2 所示,从腕带设备中获取手部动作序列,需要进行预处理。这些措施包括过滤噪声、原始数据的归一化、缩小特征尺寸以及从连续手势中去除无关的动作。由于收集的是低频数据,手部活动数据信息已有部分损失,手势识别预处理至关重要。先将数据滤除噪声[38]后,利用模板数据归一化[39]。选择主成分分析(PCA)进行特征提取。数据分割和特征提取是本文要解决的重点问题,后续介绍数据分割和特征提取方法。

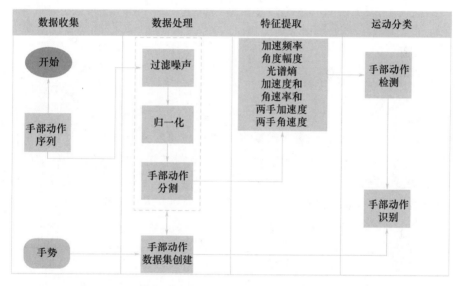

图 16.2　PC 端数据处理流程(包括数据采集、数据处理、特征提取和运动分类)

16.4　数据分割

16.4.1　数据采集

本节主要任务是介绍图 16.3 中的手部活动的类别。为惯性传感器收集可靠的细微手部活动数据,实验参与者应在数据采集期间遵循以下规则。

(1)在整个数据收集过程中,传感器设备应紧握在手中,并且必须固定惯性传感器的位置(x 轴和食指在水平方向,y 轴和食指在垂直方向,z 轴和手腕在垂直方向并向上)。

(2)微妙的手部活动必须按顺序完成,以便分段程序可以正确地分割活动。

图16.3　4个实时动作(包括螺丝、扳手、钻头和胶枪。我们展示以下手势:用两只手拧紧螺丝,通过扳手拧紧螺丝,通过钻头拧紧螺丝,通过胶枪固定螺丝)

16.4.2　手部动作分割

本节是关于手势的分割技术。分割技术的目的是在手势序列的数据集中找到每个手势的终点。该算法检查不同条件下采集的所有数据点,并挑选出最可能的数据点作为手势终止点[9]。阅读大量文献后,发现了几种基于惯性传感器的连续手部动作处理方法。例如,Gupta等提出了一种连续手势识别技术,该技术能够使用智能设备中的三轴加速度计和陀螺仪传感器来连续识别手势[41],开发了一种自动手势识别算法来检测有意义的手势片段的起点和终点。我们通过滤波方法处理噪声。他们提供了一种新颖的方法,可以捕获窗的在线特性,同时保留自上而下(SWAB)的特性。该特性随数据集的大小线性缩放,只需要恒定的空间并产生高质量的数据近似值[21]。从这一观点出发,理解分割手部动作是有效的。

SWAB分段算法具有出色的优势,包括在线处理数据、保持较小的缓冲区,并为不同的手部动作找到最佳线条。在本节中,将加速度和陀螺仪数据用于细分手部动作。关于四个手部动作的数据如图16.4所示。我们提出了一个新想法,即使用加速度和陀螺仪数据,同时分割动作。这个想法与SWAB算法结合,提高分割技术的精度。

在细分阶段,设置加速度自下而上的停止准则是a_e,陀螺仪的是ω_e。加速度的开始点是a_{th},陀螺仪的是ω_{th},加速度的分割值是M_{at_1},陀螺仪$M_{\omega t_2}$。加速度的分割时间是t_1,陀螺仪的分割时间是t_2,有

$$|a_{th} - M_{at_1}| \leqslant a_e \tag{16.1}$$

$$|\omega_{th} - M_{\omega t_2}| \leqslant \omega_e \tag{16.2}$$

如果将式(16.1)和式(16.2)组合在一起,则表示手部动作将是同时分段的。允许加速度和陀螺仪中的时间延迟大于0.1s。当从起点检验到终点时,数据可以

存储在计算机中。

该方法可以消除不相关的动作,减少抖动,提高分割精度;下一步是介绍特征提取方法和算法。

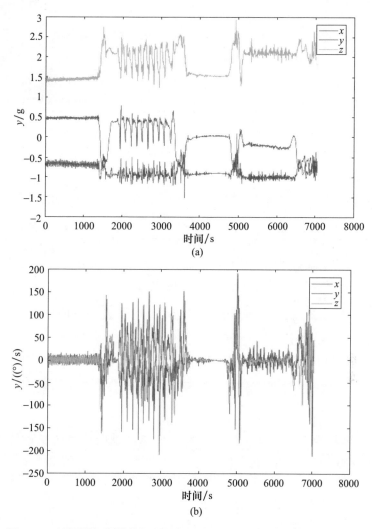

图 16.4 （见彩图）原始数据包括加速度(x、y、z 轴)和陀螺仪(x、y、z 轴)
(a)部分显示了与四个动作有关加速度的连续数据;(b)部分显示了与四个动作有关陀螺仪的连续数据。

16.5 分类器的功能和描述

经过几项研究发现最适合手势识别的是手腕位置。尝试在腕部佩戴两个提取手部动作腕带[42]。在文献[43]中,均值、标准差、相关性(x、y轴)、均值交叉以及均值等特征通过正向、反向搜索进行了测试,这是众所周知的特征选择算法。我们从腕带收集数据,包括加速度、陀螺仪和姿态角。表16.1列出在论文中考虑的统计特性[44-45]。

表16.1 表格上方具有简要说明的统计功能

特征	描述
SA	x、y、z轴和加速度数据
SG	x、y、z轴和陀螺仪数据
光谱熵	频率的测量
滚转角	x轴姿态角数据
俯仰角	y轴姿态角数据
偏航角	z轴姿态角数据
加速度和	左右手加速度之和
角速率和	陀螺仪的左右手之和

在提取过程中,我们使用以下公式。

(1)三维加速度由加速度 SA 的公式合成为

$$SA = \frac{1}{T}(\sum_{t=1}^{T}|a_x(t)| + \sum_{t=1}^{T}|a_y(t)| + \sum_{t=1}^{T}|a_z(t)|) \quad (16.3)$$

式中:a_x、a_y、a_z分别是x、y、z轴的加速度;T为窗的长度。

(2)三维陀螺仪由角速度矢量 SG 的公式合成为

$$SG = \frac{1}{T}(\sum_{t=1}^{T}|g_x(t)| + \sum_{t=1}^{T}|g_y(t)| + \sum_{t=1}^{T}|g_z(t)|) \quad (16.4)$$

式中:g_x、g_y、g_z分别为x、y、z轴的陀螺仪数据。

(3)频谱熵:频谱熵被评估为来自每个传感器轴的信号的快速傅里叶变换(FFT)分量大小的加速度矢量和。

FFT等效于离散傅里叶变换(DFT)的快速算法[46],其原理由下式解释:

$$X(\omega) = \int_{-\infty}^{+\infty}x(t)\mathrm{e}^{-j\omega t}dt \quad (16.5)$$

式中:$x(t)$为连续时间的非周期信号;$X(\omega)$为信号$x(t)$的连续频谱。

(4)横滚角:这是由欧拉公式根据 MPU-6050 传感器的坐标轴得出的x轴姿态角。

(5)俯仰角和偏航角分别是y轴和z轴的姿态角。

(6)加速度总和:

$$SA_s = SA_L + SA_R \quad (16.6)$$

式中:SA_s为左手和右手的总加速度;SA_L为左手x、y、z轴总和的加速度数据;SA_R

为右手 x、y、z 轴总和的加速度数据。

(7)角速度之和的计算方法与加速度之和相同。

表 16.1 详细列出的功能子集可以提高手势的识别准确度,并减少错误判断的可能性。在此表中,测试了手势识别的结果。得出的结论是,工厂中的手势识别效果更好。

16.6 实验

进行实验评估,使用由两个惯性传感器和蓝牙模型组成的腕带记录了各种不同的数据,腕带装置连在手腕上。使用该设备,独立地记录参与者的连续数据集。招募 7 名志愿者(4 名女性/3 名男性,其中 1 名为左撇子),名为 T1 - T7。他们都有工厂工作的经验,其中两人有使用标准手势的经验。参与者遵循工作场景并尽可能准确地连续选择 4 个实验手势,后续还会介绍具体的手部动作。为了在工厂获取手部动作的数据,参与者需要按照顺序完成四个手部动作。

在本文中,考虑不同的分类算法。接下来,通过实验[48]比较了 KNN、NB、ELM 和支持向量机算法[47]。通过开发一种极端核稀疏学习方法来解决该问题,该方法结合了极限学习机和核稀疏学习的优点,同时解决了字典学习和分类器设计问题[49]。

本研究所使用的分类器可用于 4 种机器学习算法。通过搭建实验环境,验证了新系统的结论,并对系统的安全性进行了深入分析。开发环境是基于 MATLAB 为项目解决问题。在实验中,将验证特征提取和识别算法是否可以改进。为了评估我们的方法,使用了评估指标。这些指标的推导如下:

$$\text{acc} = 1 - \frac{\text{error}}{\text{total}} \qquad (16.7)$$

某一个操作的测试数据,错误数据与模板数据不同。acc 是结果的精确度量。

在案例研究 1 中,按照 Xu 和 Zhou 提出的方法,用一只手评估了加速度和陀螺仪的特性[9]。该方法是识别简单动作的基本方法。在简单实验的基础上,我们得到了图 16.5(a)中 55.49% 的结果。

在案例研究 2 中,从一个结果中增加了实验的特征,我们用一只手评估了包含角度数据的特征。使用等量的手部动作来建立由加速度和陀螺仪数据计算的角度,使用卡尔曼滤波器[50]。提高精细手动作识别的精度是显而易见的。在图 16.5(b)中,修正结果为 65.93%。

在案例研究 3 中,考虑了一些工人由于个人习惯而使用左手工作的问题。因此,使用双手数据对特征进行评估,从个人习惯上解决问题,遵循 Alessandra 等提出的方法[28]。在图 16.5(c)中确认了两只手的识别结果。

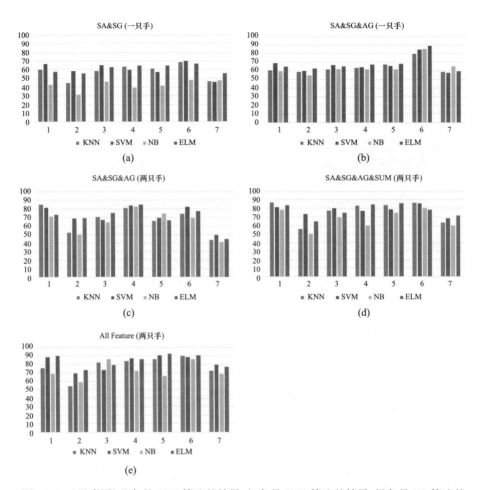

图 16.5 （见彩图）蓝色是 KNN 算法的结果,红色是 SVM 算法的结果,绿色是 NB 算法的结果,紫色是 ELM 算法的结果。(a)加速度和陀螺仪的一种特性;(b)加速度和陀螺仪角度的一种特性;(c)加速度、陀螺仪和角度的第二种特性;(d)加速度、陀螺仪和角度的第二种特性;(e)谱熵特征

在案例研究 4 中,用两只手将加速度和陀螺仪数据结合起来。结果表明,ELM 算法对精细手动作识别效果较好。

在案例研究 5 中,使用表 16.1 中的所有特征来评估性能。该系统在使用 KNN、支持向量机和 ELM 分类算法时,能够实现精确分类。NB 分类算法得到的精度最小。在这种情况下,结果显示为 79.12%,其中图 16.5(e)中的 ELM 结果为 84.07%。

在这一部分中,用一个腕带装置来识别细微的手部动作,结果达不到工厂要求。考虑到个人习惯的影响,选择了两种腕带装置来完成研究。在这个过程中,

ELM算法和特征是垂直的,提高了精细手动作识别的精度。

16.7 小结

考虑到多传感器融合,提出了双手在传感器中的细微动作。值得注意的是,两个腕带装置可获得最佳性能。而且腕带装置为工厂工人提供了更多的便利。主要工作是分割技术和特征提取,做了大量实验来证实我们的建议。通过实验比较了k-NN、NB、ELM和支持向量机算法。结果表明,单手精确度为65.93%,双手精确度为79.12%(ELM精确度为84.07%)。为了提高对微小手部动作的识别精度,可以尝试增加惯性传感器的频率,我们的方法可能有助于在现实生活中广泛应用活动的识别。

参考文献

[1] Mitra, S., Acharya, T.: Gesture recognition: a survey. IEEE Trans. Syst. Man Cybern. Part C 37(3), 311-324(2007)

[2] Dardas, N. H., Georganas, N. D.: Real-time hand gesture detection and recognition using bag-of-features and support vector machine techniques. IEEE Trans. Instrum. Meas. 60(11), 3592-3607(2011)

[3] Zhou, S., Fei, F., Zhang, G., et al.: 2D human gesture tracking and recognition by the fusion of MEMS inertial and vision sensors. IEEE Sens. J. 14(4), 1160-1170(2014)

[4] Gavrilova, M. L., Wang, Y., Ahmed, F., et al.: Kinect sensor gesture and activity recognition: new applications for consumer cognitive systems. IEEE Consum. Electron. Mag. 7(1), 88-94(2017)

[5] Barshan, B., Yüksek, M. C.: Recognizing daily and sports activities in two open source machine learning environments using body-worn sensor units. Comput. J. 57(11), 1649-1667(2014)

[6] Lee, D. L., You, W. S.: Recognition of complex static hand gestures by using the wristband-based contour features. IET Image Proc. 12(1), 80-87(2018)

[7] Kern, N., Schiele, B., Schmidt, A.: Multi-sensor activity context detection for wearable computing. In: EUSAI. LNCS, pp. 220-232(2003)

[8] Gowing, M., Ahmadi, A., Destelle, F., et al.: Kinect vs. Low-cost inertial sensing for gesture recognition. In: Multimedia Modeling, pp. 484-495. Springer International Publishing(2014)

[9] Xu, R., Zhou, S., Li, W. J.: MEMS accelerometer based nonspecific-user hand gesture recognition. IEEE Sens. J. 12(5), 1166-1173(2012)

[10] Guo, M., Wang, Z.: A feature extraction method for human action recognition using bodyworn inertial sensors. In: IEEE International Conference on Computer Supported Cooperative Work in Design, pp. 576-581. IEEE(2015)

[11] Zhu,C. ,Sheng,W. :Wearable sensor – based hand gesture and daily activity recognition for robot – assisted living. IEEE Trans. Syst. Man Cybern. Part A Syst. Humans 41(3), 569 – 573 (2011)

[12] Lu,Z. ,Chen,X. ,Li,Q. ,et al. : A hand gesture recognition framework and wearable gesturebased interaction prototype for mobile devices. IEEE Trans. Hum. Mach. Syst. 44(2),293 – 299(2017)

[13] Lu,W. ,Tong,Z. ,Chu,J. : Dynamic hand gesture recognition with leap motion controller. IEEE Signal Process. Lett. 23(9),1188 – 1192(2016)

[14] Trabelsi, D. , Mohammed, S. , Chamroukhi, F. , et al. : An unsupervised approach for automatic activity recognition based on hidden Markov model regression. IEEE Trans. Autom. Sci. Eng. 10(3),829 – 835(2013)

[15] Nakai,D. ,Maekawa,T. ,Namioka,Y. :Towards unsupervised measurement of assembly work cycle time by using wearable sensor. In: IEEE International Conference on Pervasive Computing and Communication Workshops,pp. 1 – 4. IEEE(2016)

[16] Koskimaki,H. ,Huikari,V. ,Siirtola,P. ,et al. :Activity recognition using a wrist – worn inertial measurement unit: a case study for industrial assembly lines. In: Mediterranean Conference on Control and Automation,Med 2009,pp. 401 – 405. IEEE(2009)

[17] Lukowicz,P. ,Ward,J. A. ,Junker,H. ,et al. :Recognizing workshop activity using bodyworn microphones and accelerometers. J. Tsinghua Univ. 3001,18 – 32(2004)

[18] Junker,H. ,Amft,O. ,Lukowicz,P. ,et al. :Gesture spotting with body – worn inertial sensors to detect user activities. Pattern Recogn. 41(6),2010 – 2024(2008)

[19] Amft, O. ,Junker,H. ,Troster, G. :Detection of eating and drinking arm gestures using inertial body – worn sensors. In: Proceedings of the IEEE International Symposium on Wearable Computers,pp. 160 – 163. IEEE(2005)

[20] Zhan, Y. , Kuroda, T. : Wearable sensor – based human activity recognition from environmental background sounds. J. Ambient Intell. Humaniz. Comput. 5(1),77 – 89(2014)

[21] Keogh,E. ,Chu,S. ,Hart,D. ,et al. :An online algorithm for segmenting time series. In: IEEE International Conference on Data Mining. IEEE Computer Society,pp. 289 – 296(2001)

[22] Nguyen, H. P. , Ayachi, F. , Lavigne – Pelletier, C. , et al. : Auto detection and segmentation of physical activities during a Timed – Up – and – Go(TUG) task in healthy older adults using multiple inertial sensors. J. Neuroeng. Rehabil. 12(1),36(2015)

[23] Liu, X. , Lin, Z. , Wang, H. : Novel online methods for time series segmentation. IEEE Trans. Knowl. Data Eng. 20(12),1616 – 1626(2008)

[24] Fuchs,E. ,Gruber,T. ,Nitschke,J. ,et al. :Online segmentation of time series based on polynomial least – squares approximations. IEEE Trans. Pattern Anal. Mach. Intell. 32(12), 2232 – 2245 (2010)

[25] Lei,J. ,Wenjun,M. A. ,Chang,D. :Gesture acceleration signals recognition based on dynamic time warping. Chin. J. Sens. Actuators 269(1),99 – 110(2012)

[26] Wu,J. ,Pan,G. ,Zhang,D. ,et al. :Gesture recognition with a 3 – D accelerometer. In: International Conference on Ubiquitous Intelligence and Computing,pp. 25 – 38. Springer(2009)

[27] Guiry,J. J. ,de van Van,P. ,Nelson,J. :Multi – sensor fusion for enhanced contextual awareness

of everyday activities with ubiquitous devices. Sensors 14(3),5687 – 5701(2014)

[28] Alessandra,M. ,Laura,F. ,Dario,E. ,et al. :Recognition of daily gestures with wearable inertial rings and bracelets. Sensors 16(8),1341(2016)

[29] Huang,G. B. :What are extreme learning machines? filling the gap between frank rosenblatt's dream and john von neumann's puzzle. Cogn. Comput. 7(3),263 – 278(2015)

[30] Tang,T. ,Zheng,L. ,Weng,S. ,et al. :Human activity recognition with smart watch based on H – SVM. In:Frontier Computing(2018)

[31] Wannenburg J,Malekian R. :Physical activity recognition from smartphone accelerometer data for user context awareness sensing. IEEE Trans. Syst. Man Cybern. Syst. PP(99),1 – 8(2016)

[32] Ayachi,F. S. ,Nguyen,H. P. ,Brugiere,E. G. D. ,et al. :The use of empirical mode decomposition – based algorithm and inertial measurement units to auto – detect daily living activities of healthy adults. IEEE Trans. Neural Syst. Rehabil. Eng. 24(10),1060 – 1070(2016)

[33] Wang,W. ,Yu,L. ,Liu,H. ,et al. :Extreme learning machine for linear dynamical systems classification:application to human activity recognition. In:Proceedings of ELM – 2014,vol. 2,pp. 11 – 20. Springer International Publishing(2015)

[34] Wang,Z. ,Wu,D. ,Gravina,R. ,et al. :Kernel fusion based extreme learning machine for cross-location activity recognition. Inf. Fusion 37(C),1 – 9(2017)

[35] Huang,G. B. ,Zhou,H. ,Ding,X. ,et al. :Extreme learning machine for regression and multiclass classification. IEEE Trans. Syst. Man Cybern. Part B 42(2),513 – 529(2012)

[36] Liu,Z. ,Song,Y. ,Wang,J. ,et al. :Physical activity recognition based on time windowselection and online sequential ELM. Int. J. Res. Surv. 8(1),1 – 9(2017)

[37] Bao,Y. ,Sun,F. ,Hua,X. ,et al. :Operation action recognition using wearable devices with inertial sensors. In:IEEE Multisensor Fusion and Intelligent Systems(2017)

[38] Suto,J. ,Oniga,S. ,Sitar,P. P. :Comparison of wrapper and filter feature selection algorithms on human activity recognition. In:International Conference on Computers Communications and Control,pp. 124 – 129. IEEE(2016)

[39] Abdel Hady,M. F. :Combining committee – based semi – supervised and active learning and its application to handwritten digits recognition. LNCS(2010)

[40] Yang,Q. ,Qiu,K. :Gait recognition based on active energy image and parameter – adaptive Kernel PCA. In:IEEE Information Technology and Artificial Intelligence Conference,pp. 156 – 159 (2011)

[41] Gupta, H. P. , Chudgar, H. S. , Mukherjee, S. , et al. : A continuous hand gestures recognition technique for human – machine interaction using accelerometer and gyroscope sensors. IEEE Sens. J. 16(16),6425 – 6432(2016)

[42] Muhammad,S. A. , Klein, B. N. , Laerhoven, K. V. , et al. :A feature set evaluation for activity recognition with body – worn inertial sensors. In:The Workshop on Interactive Human Behavior Analysis in Open or Public Spaces,p. 1(2011)

[43] Pirttikangas,S. ,Fujinami,K. ,Nakajima,T. :Feature selection and activity recognition from wearable sensors. In:International Conference on Ubiquitous Computing Systems,pp. 516 – 527. Springer(2006)

[44] Wu, J., Sun, L., Jafari, R.: A wearable system for recognizing american sign language in realtime using IMU and surface EMG sensors. IEEE J. Biomed. Health Inform. 20(5), 1(2016)

[45] Zhang, M., Sawchuk, A. A.: A feature selection – based framework for human activity recognition using wearable multimodal sensors. In: ACM Conference on Ubiquitous Computing, pp. 1036 – 1043(2011)

[46] Xue, Y., Hu, Y., Jin, L.: Activity recognition based on an accelerometer in a smartphone using an FFT – based new feature and fusion methods. IEICE Trans. Inf. Syst. E97. D (8), 2182 – 2186 (2014)

[47] Adankon, M. M., Cheriet, M.: Model selection for the LS – SVM. Appl. Handwrit. Recognit. 42 (12), 3264 – 3270(2009)

[48] Pradeep Kumar, B. P., Manjunatha, M. B.: Performance analysis of KNN, SVM and ANN techniques for gesture recognition system. Indian J. Sci. Technol. 9 (S1), December 2016. https://doi.org/10.17485/ijst/2017/v9is1/111145

[49] Liu, H., Qin, J., Sun, F., et al.: Extreme kernel sparse learning for tactile object recognition. IEEE Trans. Cybern. PP(99), 1 – 12(2016)

[50] Welch, G., Bishop, G.: An Introduction to the Kalman Filter. University of North Carolina at Chapel Hill(2001)

第17章
上肢外骨骼康复机器人的运动学、动力学和控制研究

Qingcong Wu(✉) and Ziyan Shao
College of Mechanical and Electrical Engineering,
Nanjing University of Aeronautics and Astronautics,
Nanjing 210016, Jiangsu Province, China
wuqc@nuaa.edu.cn

摘要：外骨骼康复系统主要为中风后产生偏瘫等后遗症的患者开发。该系统可以辅助乃至最终替代医生提供持续有效的康复治疗。本章介绍了一种采用波顿拉线驱动系统的7自由度上肢外骨骼康复系统及其机械构造。采用 Denavit - Hartenburg(D - H)方法和蒙特卡罗方法分析了外骨骼运动学和工作空间，采用凯恩方法对机器人的动力学特性进行了分析。提出了一种导纳控制算法，用于虚拟环境下为患者提供主动康复训练。通过初步的对比实验，验证了所开发系统和控制策略的有效性。

关键词：运动学；动力学；控制；上肢外骨骼康复

17.1 引言

中风是一种严重的神经系统疾病，可导致偏瘫等后遗症，使患者患侧肢体产生运动功能障碍[1-2]。近年来，康复机器人[3-4]结合了人体解剖学和机器人理论设计出来。结合人体运动的智能控制策略，为患者提供有效的重复性训练。它们可以帮助病人重建神经功能达到康复疗效。另外，使用康复机器人也可以缓解人力医疗资源的不足。

外骨骼机器人是一种佩戴在人体上帮助患者进行日常康复训练的机器人系统。通过跟踪患者肢体进行康复治疗,完成训练动作。与一般的工业机器人不同,外骨骼机器人在特定的环境中工作。外骨骼机器人的设计必须满足不同患者的需求,遵循临床康复训练的原则。同时机器人必须最大限度地保证系统的安全。设计时应充分考虑机器人的适应性和患者的可接受性[5-9]。

为了更精确地设计驱动和控制系统,需要对机械结构进行动力学分析,有助于进一步了解肢体的运动机制。近年来出现的多体系统动力学[10-12]迅速发展,由于它的独特性,更适合采用计算技术开发,与传统算法相比,有效简化了复杂系统的动力学计算。随着日益复杂的系统建模和控制需求,需要建立更加简洁的参数方程。如果参数易于获取,就更容易建立复杂的动力学模型[13-14]。

康复机器人有多种控制策略,基本上可以分为病人被动控制和病人主动控制两种。患者被动控制策略用于帮助患者沿着预定的轨迹进行重复性的伸展训练。为保证轨迹跟踪精度,人们提出了许多控制策略,如 PID 控制器[15]、神经元前馈 PI 控制器[16]和自适应 PD 滑模控制器[17]。患者主动控制方案适用于恢复部分运动功能的患者,并诱导患者积极参与康复训练[18-20]。

本章设计了一种上肢外骨骼康复机器人,可用于上肢外骨骼功能障碍患者的康复训练。第一部分对外骨骼机器人的机械结构进行了全面描述,采用 D-H 方法建立了运动学模型,利用蒙特卡罗方法对工作空间进行了分析。采用凯恩方法建立动力学模型。还设计了用于虚拟环境康复训练的导纳控制器,并进行了初步实验,对控制效果进行了评价。

17.2 外骨骼硬件

由于外骨骼康复机器人需要附着在手臂上才能使用,因此该结构在人体骨骼构建的基础上进行运动学设计。众所周知,单臂拥有 27 个自由度(DOF),手上有 20 个自由度。康复机器人的设计实现了手臂 7 个自由度的功能。外骨骼机器人的机械结构如图 17.1 所示。该系统由执行机构、被动移动平台、套索驱动模块、移动支架、升降椅、工控机及其显示模块组成。执行机构由肩关节运动模块、肘关节运动模块和腕关节运动模块 3 部分串联而成。肩关节运动模块连接到被动移动平台。套索驱动模块安装在移动支架上,用于驱动关节运动。训练患者可以坐在高度可调的活动椅上,借助外骨骼机器人进行康复训练。工控机用来控制外骨骼机器人进行不同策略的康复训练。采用特制的支架结合尼龙搭扣带将外骨骼固定在人体肢体上,减少外骨骼与人体之间的刚性相互作用。

与球关节绕肩关节旋转不同,肩关节有 3 个独立关节协同工作以实现其功能,包括向内/外、外展/内收和弯曲/伸展。3条旋转中心线在肩关节中心相交。这3个接头使用钢丝绳套(称为波顿拉线驱动系统)驱动。随着肩膀移动,肩带的移动也会引起位置的变化。采用被动移动平台保证人体和外骨骼的关节在重合过程中保持不变。此外,该平台有助于消除由两个肩关节错位造成的潜在危害。该平台可实现三自由度直线运动。平台上的弹簧有助于让系统保持平衡状态。主动自由度和被动自由度用于实现肘关节的弯曲/伸展和旋前/旋后。这两种自由度也是由钢丝绳驱动的。在作为重力平衡系统的肘关节上放置辅助平行杆和零长弹簧,辅助平行连接也有助于保持外骨骼的姿态。腕关节的屈伸和尺桡功能分别由两个独立的自由度来实现。由于康复训练过程中腕部驱动力矩较小,因此直接在关节上使用两个电机驱动器。

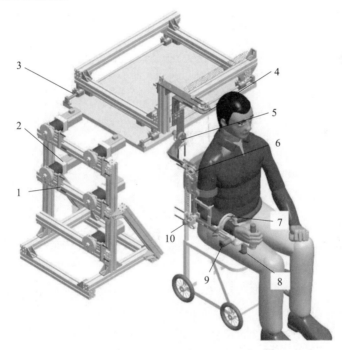

图17.1 上肢外骨骼康复机器人架构
1—波顿拉线部件;2—交流伺服电机;3—自对准平台;4—肩膀向内/外;5—肩外展/内收;6—肩膀弯曲/伸展;7—前臂旋前/旋后;8—手腕尺偏/桡偏;9—腕部弯曲/伸展;10—肘部弯曲/伸展。

为了进一步降低外骨骼的重量和能量消耗,机器人采用了高转矩质量比的波顿拉线驱动系统[21-22]。系统的示意图如图17.2所示。波顿拉线用于连接近端皮带轮与远端皮带轮。近端滑轮与驱动马达连接,远端滑轮与外骨骼上的关节连接。当电机驱动近端滑轮旋转时,驱动扭矩被传递到远端滑轮以拉动外骨骼关节旋转。预紧装置提供带有定位孔和定位槽的运动限制。预紧螺栓通过改变进动来调节预紧力,以防止波顿拉线松弛。可以在拉线支架之间添加几个固定零部件,帮助保持波顿拉线的特定姿态。该系统可以实现关节的双向旋转。交流伺服电机能够提供 35N·m 的最大扭矩,满足旋转运动的驱动要求。电机和减速器固定在支撑架上,以减轻外骨骼的负荷。

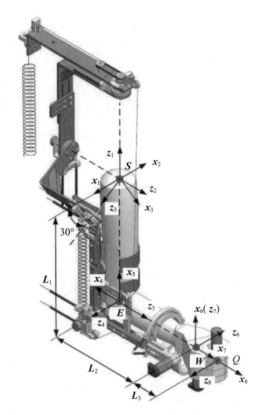

图 17.2 研制的人手臂外骨骼康复的运动学构型和 D-H 参数

17.3 外骨骼运动学

图 17.2 描述了所提的外骨骼机器人的正向运动学配置。D-H 约定策略用于描述机器人坐标系[23],相应的 D-H 参数如表 17.1 所列。从基础坐标系(肩部的内部/外部关节)到末端效应器的转换可以给出,即

$$^1T_8 = {}^1T_2(\theta_1)\,{}^2T_3(\theta_2)\,{}^3T_4(\theta_3)\,{}^4T_5(\theta_4)\,{}^5T_6(\theta_5)\,{}^6T_7(\theta_6)\,{}^7T_8(\theta_7) \quad (17.1)$$

式中:^iT_j 表示 4×4 齐次变换矩阵;θ_i 表示关节旋转变量。L_1 表示上臂的连杆长度。L_2 表示前臂的连杆长度。L_3 表示手掌的连杆长度。

详细的转换矩阵可以表示为

$$\begin{cases} {}^1T_2 = \begin{bmatrix} c_1 & 0 & s_1 & 0 \\ s_1 & 0 & -c_1 & 0 \\ 0 & 1 & 0 & 0 \\ 0 & 0 & 0 & 1 \end{bmatrix}, {}^2T_3 = \begin{bmatrix} c_2 & 0 & s_2 & 0 \\ s_2 & 0 & -c_2 & 0 \\ 0 & 1 & 0 & 0 \\ 0 & 0 & 0 & 1 \end{bmatrix} \\ {}^3T_4 = \begin{bmatrix} c_3 & -\sqrt{3}s_3/2 & s_3/2 & -\sqrt{3}L_1s_3/2 \\ s_3 & \sqrt{3}c_3/2 & -c_3/2 & \sqrt{3}L_1c_3/2 \\ 0 & 1/2 & \sqrt{3}/2 & L_1/2 \\ 0 & 0 & 0 & 1 \end{bmatrix} \\ {}^4T_5 = \begin{bmatrix} c_4 & 0 & s_4 & 0 \\ s_4 & 0 & -c_4 & 0 \\ 0 & 1 & 0 & 0 \\ 0 & 0 & 0 & 1 \end{bmatrix}, {}^5T_6 = \begin{bmatrix} c_5 & 0 & s_5 & 0 \\ s_5 & 0 & -c_5 & 0 \\ 0 & 1 & 0 & L_2 \\ 0 & 0 & 0 & 1 \end{bmatrix} \\ {}^6T_7 = \begin{bmatrix} c_6 & 0 & s_6 & 0 \\ s_6 & 0 & -c_6 & 0 \\ 0 & 1 & 0 & 0 \\ 0 & 0 & 0 & 1 \end{bmatrix}, {}^7T_8 = \begin{bmatrix} c_7 & 0 & s_7 & L_3c_7 \\ s_7 & 0 & -c_7 & L_3s_7 \\ 0 & 1 & 0 & 0 \\ 0 & 0 & 0 & 1 \end{bmatrix} \end{cases} \quad (17.2)$$

式中:s_i 表示 $\sin(\theta_i)$,c_i 表示 $\cos(\theta_i)$。因此,正向运动学是关节变量和外骨骼四肢长度的函数。

表 17.1　上肢外骨骼的 D-H 参数

序号	$\theta_i/(°)$	$\alpha_i/(°)$	a_i/mm	d_i/mm	ROM_ADL/(°)	ROM_EXO/(°)
1	$\theta_1/180$	90	0	0	130~245	150~240
2	$\theta_2/-60$	90	0	0	-195~-35	-180~-45
3	$\theta_3/-90$	***	***	***	-135~45	-120~30
4	$\theta_4/-90$	90	0	0	-180~-45	-165~-45
5	$\theta_5/0$	90	0	L2	-90~75	-85~60
6	$\theta_6/90$	90	0	0	80~115	80~120
7	$\theta_7/0$	90	L3	0	-30~55	-30~60

为了分析可访问的工作空间,基于正向运动学模型使用了蒙特卡罗方法[24],其描述如下:

$$W = \{P | \theta_{i\min} \leq \theta_i \leq \theta_{i\max} \quad (i=1,2,\cdots,n)\} \quad (17.3)$$

式中:$\theta_{i\min}$ 和 $\theta_{i\max}$ 分别为第 i 个联合变量的上限和下限。

通过使用伪随机均匀度数 RAND(·)$\in[0,1]$,随机联合变量可以显示为

$$\theta_i^k = \theta_{i\min} + (\theta_{i\max} - \theta_{i\min})\text{RAND} \quad (i=1,2,\cdots,7; k=1,2,\cdots,\lambda) \quad (17.4)$$

式中:λ 是随机样本的总数。

首先将外骨骼的连接长度设置为 $L_1 = 320\text{mm}, L_2 = 250\text{mm}, L_3 = 85\text{mm}$,并将随机样本总数设置为 $\lambda = 6000$;然后可以计算并显示外骨骼的可访问工作空间,如图 17.3 所示。

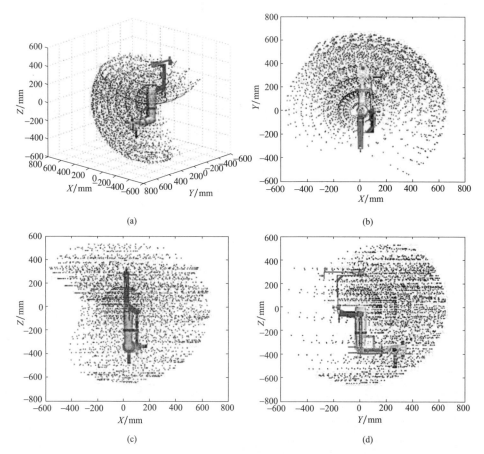

图 17.3 基于 Monte Carlo 的上肢康复外骨骼的可访问工作空间
(a)外骨骼的三维可访问工作空间;(b)$X-Y$平面可访问的工作空间;
(c)$X-Z$平面可访问的工作空间;(d)$Y-Z$平面可访问的工作空间。

异位是机器人机械结构的重要特征。在这种外骨骼机器人中,两个球形铰链关节分别由肩关节和腕关节各提供的 3 个自由度组成,如图 17.2 所示,称为点 S 和 W。在这两个点会形成单一配置,因为 3 个旋转轴是共面的,所以会导致自由度下降。点 S 在这里使用轴单位矢量的混合乘积来分析外骨骼的异位水平,可以表示为

$$S = 1 - |z_1 \cdot (z_2 \times z_3)| \tag{17.5}$$

式中:S 为异位构型;z_1、z_2 和 z_3 为肩关节的单位向量。

当轴共面时,异位级别为 1,外骨骼处于异位位置。随着轴彼此垂直的变化,异位水平将为 0。此时,操作空间最大。

为了避免出现异位位置,如图 17.4 所示,在肩关节中使用优化方法。轴 z_1 和水平面之间的角度更改为 30°,以避免与由 z_2 和 z_3 组成的平面垂直。假设这两种方案的运动范围相同,则分析异位分布特征,结果如图 17.5 所示。由于优化方案的异位位置分布在工作空间的顶部边缘,该方案比前一种异位位置分布单个位置占据工作空间的中心部分更为合理。

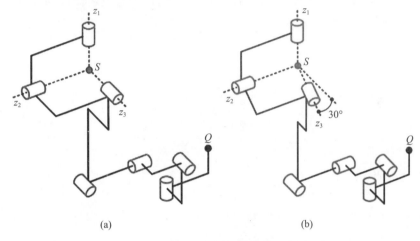

图 17.4　肩关节旋转轴的结构示意图
(a)垂直方案;(b)优化方案。

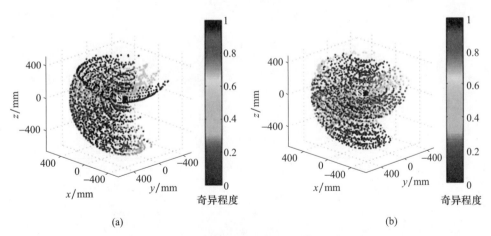

图 17.5　(见彩图)外骨骼的奇异构造特征
(a)垂直方案的奇异程度;(b)优化方案的奇异程度。

17.4 外骨骼动力学

外骨骼机器人的动态模型如图 17.6 所示。该模型有几个潜在的限制。首先,假设外骨骼的各个部分是刚性的。每个部分的长度保持不变。其次,假设零件的几何形状是轴向对称的,因此将外骨骼简化为具有 6 连杆机构的模型,并且每个零件的质量都应该集中在连杆的一端。最后,连杆的惯性在移动时不会改变。图 17.6 中参数的几种定义见表 17.2。

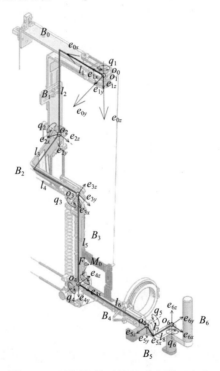

图 17.6 （见彩图）系统的动态模型参数

表 17.2 参数定义

参数	定义
$o_i(e_{ix}, e_{iy}, e_{iz})$	D-H 方法构建的轴
B_i	刚体 i
m_i	B_i 的质量
l_i	连杆的长度
q_i	回转角度

凯恩方法可描述如下:将 u_r 定义为具有 n 个自由度的系统的广义速度,其中 r 的值为 $1 \sim n$。然后可以计算每个刚体的分速度和分角速度,也可以计算出广义作用力和广义惯性力。假设对应于某些广义速度的广义作用力和广义惯性力的总和为零,将获得 n 个标量方程,Kane 方法称为运动方程。Kane 方程的一般形式为

$$F^{(r)} + F^{*(r)} = 0, r = 1, 2, \cdots, n \tag{17.6}$$

式中:$F^{(r)}$ 为广义作用力;$F^{*(r)}$ 为广义惯性力。

外骨骼机器人由 7 个刚性连杆 $B_i(i = 0, 1, \cdots, 6)$ 组成。注意,B_2 和 B_3 之间存在 30°夹角,并且其他两个连杆在初始状态下彼此垂直。

在外骨骼顶部将固定参考框架构建为 (O_0, e_1),并且可以使用旋转中心线作为 z 轴,将主体框架定义为 $(O_r, e_r)(r = 1, 2, \cdots, 6)$。由于刚体结构不是由标准形状的零件组成,因此无法轻易确定质心位置。分析将点 O_r 用作质量和惯性集中点。q_r 用于表示相邻刚体之间的相对旋转角度,因此可以通过推导 q_r 来获得广义速度 u_r:

$$u_r = q_r \quad (r = 1, 2, \cdots, 6) \tag{17.7}$$

u_r 被合并在一起成为一个矩阵:

$$u = [u_1, \cdots, u_r]^T \quad (r = 1, 2, \cdots, 6) \tag{17.8}$$

将 p_r 定义为每个旋转轴的单位矢量。因此,q_r 是绕 e_r 旋转的角度。p_r 形成矩阵:

$$p = [p_1, \cdots, p_r]^T \quad (r = 1, 2, \cdots, 6) \tag{17.9}$$

使用递归方法求解每个质心的速度和角速度的公式如下:

$$\begin{cases} \begin{cases} v_1 = 0 \\ \omega_1 = u_1 e_{1z} \end{cases} \\ \begin{cases} v_2 = u_1(l_1 cq_1 e_{1x} + l_1 sq_1 e_{1y} + l_2 e_{1z}) \\ \omega_2 = \omega_1 + u_2 e_{2z} \end{cases} \\ \begin{cases} v_3 = v_2 + u_2(l_3 cq_2 e_{2x} + l_3 sq_1 e_{2y} + l_4 e_{2z}) \\ \omega_3 = \omega_2 + u_3 e_{3z} \end{cases} \\ \begin{cases} v_4 = v_3 + u_3\left(\dfrac{\sqrt{3}}{2} l_5 cq_3 e_{3x} + \dfrac{\sqrt{3}}{2} l_5 sq_3 e_{3y} + \dfrac{1}{2} l_5 e_{3z}\right) \\ \omega_4 = \omega_3 + u_4 e_{4z} \end{cases} \\ \begin{cases} v_5 = v_4 + u_4(l_6 cq_4 e_{4x} + l_6 sq_4 e_{4y}) \\ \omega_5 = \omega_4 + u_5 e_{5z} \end{cases} \\ \begin{cases} v_6 = v_5 + u_5(l_7 cq_5 e_{5x} + l_7 sq_5 e_{5y} + l_8 e_{5z}) \\ \omega_6 = \omega_5 + u_6 e_{6z} \end{cases} \end{cases} \tag{17.10}$$

轴 e_i 与 e_{i-1} 之间的关系:

$$e_i = R(q) e_{i-1} \tag{17.11}$$

式中:$R(q)$为旋转变换矩阵。

相对于广义速度 u_r 的分速度 v_i 和分角速度 ω_i 可以通过下式求解:

$$\begin{cases} v_i^{(r)} = \dfrac{\partial v_i}{u_r} \\ \omega_i^{(r)} = \dfrac{\partial \omega_i}{u_r} \end{cases} (i,r=1,2,\cdots,6) \tag{17.12}$$

然后,通过相对于时间 t 求导数,使用下式计算每个刚体的质心加速度和角加速度:

$$\begin{cases} \dot{v}_i^{(r)} = \dfrac{\mathrm{d}v_i}{\mathrm{d}t} \\ \dot{\omega}_i^{(r)} = \dfrac{\mathrm{d}\omega_i}{\mathrm{d}t} \end{cases} (i=1,2,\cdots,6) \tag{17.13}$$

广义作用力等于通过 r 的分速度和分角速度作用在刚体简化中心上的主力矢量和主力矩的乘积之和。用于计算广义作用力的公式如下:

$$F^{(r)} = F \cdot v_O^{(r)} + M \cdot \omega^{(r)} \tag{17.14}$$

广义惯性力可以用下式表示:

$$F^{*(r)} = F^* \cdot v_O^{(r)} + M^* \cdot \omega^{(r)} \tag{17.15}$$

式中:F^* 为主矢量;M^* 为作用在系统上的主力矩。

注意,3 上有一条连接皮带,机械结构中使用了两个重力平衡系统,包括自由长度弹簧和辅助平行连杆,重力平衡系统的原理已在先前的工作中显示[21],因此此分析只是用 F_0 和 M_0 的值简化了作用在关节 4 上的力和力矩。

B_i 的质量为 m_i,由重力引起的主矢量和主力矩可以通过下式得出:

$$\begin{cases} F_i = m_i g e_{0x} \\ M_i = 0 \end{cases} (i,r=1,2,\cdots,6) \tag{17.16}$$

由 F_0 和 M_0 引起的主矢量和主矩为

$$\begin{cases} F_0 = F_0 e_{0x} \\ M_0 = M_0 e_{4z} \end{cases} \tag{17.17}$$

假设围绕 e_{iz} 的主惯性矩为 J_i,则主矢量和惯性力的主矩可描述如下:

$$\begin{cases} F_i^* = m_i \dot{v}_l \\ M_i^* = J_i \dot{\omega}_l \end{cases} (i,r=1,2,\cdots,6) \tag{17.18}$$

将 F_i、M_i、F_i^*、M_i^* 的值转换为轴 e_0。

根据 Kane 方程,广义力和对应于广义速度的广义惯性力之和为 0:

$$F \cdot v_O^{(r)} + M \cdot \omega^{(r)} + F^* \cdot v_O^{(r)} + M^* \cdot \omega^{(r)} = 0 \tag{17.19}$$

将参数代入 Kane 方程,则可以得到系统的动力学方程。

17.5 导纳控制策略

为了诱导患者的积极参与,本文开发了准入患者主动控制策略。所建议的控制策略如图 17.7 所示。

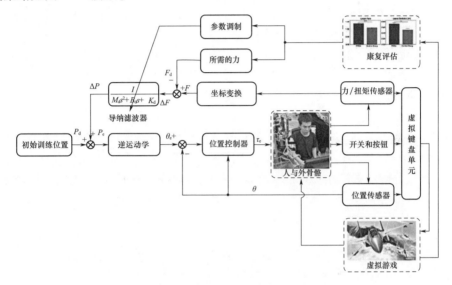

图 17.7 拟议的导纳控制策略的整体框图

导纳模型可以定义如下:

$$M_d(\ddot{P}_c - \ddot{P}_d) + B_d(\dot{P}_c - \dot{P}_d) + K_d(P_c - P_d) = F - F_d \quad (17.20)$$

式中:F、F_d 分别为实际的人机交互作用力和所需的交互作用力;$\ddot{P}_d$、$\dot{P}_d$、P_d 分别为末端执行器的所需位置、加速度和速度;$\ddot{P}_c$、$\dot{P}_c$、P_c 分别为末端执行器的相应控制位置、加速度和速度;M_d、B_d、$K_d \in R^3$ 是导纳滤波器的目标惯性矩阵、阻尼矩阵和刚度矩阵。

可以在频域中重新表达所需的导纳特性,即

$$\frac{P_c(s) - P_d(s)}{F(s) - F_d(s)} = \frac{\Delta P(s)}{F(s) - F_d(s)} = \frac{1}{M_d s^2 + B_d s^2 + K_d s^2} \quad (17.21)$$

$$F_d(s) = F(s) - \Delta F(s) = F(s) - \Delta P(s)[M_d s^2 + B_d s + K_d] \quad (17.22)$$

式中:ΔP 表示位置调节值。

位置控制器是在我们先前的研究[25]中开发的模糊滑模控制器的基础上开发的。在虚拟环境模块中,来自力/转矩传感器、位置传感器以及开关和按钮的反馈信号安装在末端执行器上的组件将传输到在 Visual C 编程环境中开发的虚拟键盘单元中,以处理在虚拟环境中运行的游戏。虚拟键盘单元是佩戴者与虚拟游戏之间的接口。可以通过游戏结果来分析康复训练的有效性。应合理选择所需的导纳参数和相互作用力,以调整虚拟游戏的难度等级和训练强度。

男性健康受试者进行的初步实验证明了所提出的控制策略的有效性。要求受试者操纵末端执行器以沿基本坐标系的 x 轴执行水平往复运动。末端执行器的所需位置即 P_d 已预先定义为图 17.2 所示的机器人配置。位置偏差 Δx 的范围限制在 $[-400\text{mm}, 400\text{mm}]$。为了比较不同导纳参数的训练效果,对三组不同参数进行了实验。更具体地说,将第一组导纳参数设置为:$M_d = \text{diag}[0.06, 0.06, 0.06]\text{Ns}^2/\text{mm}$,$B_d = \text{diag}[0.06, 0.06, 0.06]\text{Ns/mm}$,$K_d = \text{diag}[0.06, 0.06, 0.06]\text{N/mm}$。第二组导纳参数设置为:$M_d = \text{diag}[0.025, 0.025, 0.025]\text{Ns}^2/\text{mm}$,$B_d = \text{diag}[0.025, 0.025, 0.025]\text{N}\cdot\text{s/mm}$,$K_d = \text{diag}[0.025, 0.025, 0.025]\text{N/mm}$。第三组导纳参数设置为:$M_d = \text{diag}[0.015, 0.015, 0.015]\text{Ns}^2/\text{mm}$,$B_d = \text{diag}[0.015, 0.015, 0.015]\text{N}\cdot\text{s/mm}$,$K_d = \text{diag}[0.015, 0.015, 0.015]\text{N/mm}$。实验结果如图 17.8 所示。由图可以看出,在积极的康复训练中,位置偏差值与相互作用力成正相关。此外,导纳参数的增加可能会在执行相同的训练任务时导致较大的运动阻力和训练强度。

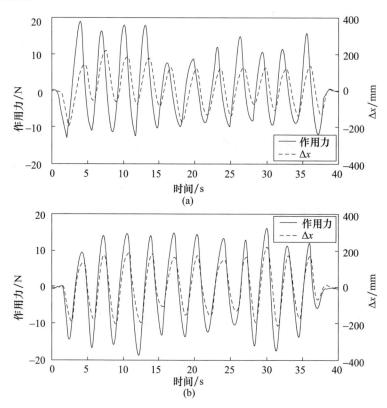

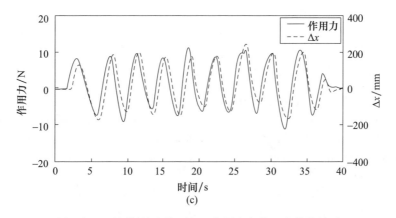

图17.8 不同导纳参数下相互作用力与位置变化的关系
(a)第一组导纳参数的实验结果;(b)第二组导纳参数的实验结果;(c)第三组导纳参数的实验结果

17.6 小结

在这项研究中,开发了一种用于康复用途的上肢外骨骼机器人系统,介绍了机械结构。然后建立运动学和动力学模型,用D-H法和Kane法进行动力学分析。提出了一种基于导纳的控制器,以提供患者主动的康复训练并促使受试者积极参与。进行了初步实验,以验证所开发的康复外骨骼和控制算法的可行性。

参考文献

[1] Le,F.,Markovsky,I.,Freeman,C. T.,Rogers,E.:Identifification of electrically stimulated muscle models of stroke patients. Control Eng. Pract. 18(4),396-407(2010)

[2] Tormene,P.,Giorgino,T.,Quaglini,S.,Stefanelli,M.:Matching incomplete time series with dynamic time warping:an algorithm and an application to post-stroke rehabilitation. Artif. Intell. Med. 45(1),11-34(2009)

[3] Song,A.,Pan,L.,Xu,G.,Li,H.:Adaptive motion control of arm rehabilitation robot based on impedance identifification. Robotica 33(9),1795-1812(2015)

[4] Giovacchini,F.,et al.:A light-weight active orthosis for hip movement assistance. Robot. Auton. Syst. 73,123-134(2015)

[5] Zoss,A. B.,Kazerooni,H.,Chu,A.:Biomechanical design of the Berkeley lower extremity exoskeleton(BLEEX). IEEE/ASME Trans. Mechatron. 11(2),128-138(2006)

[6] Dollar,A. M.,Herr,H.:Lower extremity exoskeletons and active orthoses:challenges and state-

of – the – art. IEEE Trans. Robot. 24(1),144 – 158(2008)

[7] Mohammed, S., Amirat, Y.: Towards intelligent lower limb wearable robots: Challenges and perspectives – state of the art. In: 2008 IEEE International Conference on Robotics and Biomimetics, ROBIO 2008, pp. 312 – 317(2008)

[8] Nef, T., Mihelj, M., Riener, R.: ARMin: a robot for patient – cooperative arm therapy. Med. Biol. Eng. Comput. 45(9),887 – 900(2007)

[9] Wu, Q. C., Wang, X. S., Du, F., Zhang, X.: Design and control of a powered hip exoskeleton for walking assistance. Int. J. Adv. Robot. Syst. 12,18(2015)

[10] Zierath, J., Woernle, C.: Multibody Dynamics Computational Methods and Applications, vol. 28. Springer, Berlin(2013)

[11] Omar, M.: Multibody dynamics formulation for modeling and simulation of roller chain using spatial operator. In: MATEC Web of Conferences, vol. 3, pp. 1 – 8(2016)

[12] Schiehlen, W.: Multibody system dynamics: roots and perspectives. Multibody Syst. Dyn. 1(2), 149 – 188(1997)

[13] Zhou, L., Li, Y., Bai, S.: A human – centered design optimization approach for robotic exoskeletons through biomechanical simulation. Robot. Auton. Syst. 91,337 – 347(2017)

[14] Hernandez, S., Raison, M., Baron, L.: Refinement of exoskeleton design using multibody modeling: an overview, pp. 1 – 10(2015)

[15] Carignan, C. R., Naylor, M. P., Roderick, S. N.: Controlling shoulder impedance in a rehabilitation arm exoskeleton. In: Proceedings of IEEE International Conference on Robotics and Automation, pp. 2453 – 2458(2008)

[16] Jiang, X. Z., Huang, X. H., Xiong, C. H., Sun, R. L., Xiong, Y. L.: Position control of a rehabilitation robotic joint based on neuron proportion – integral and feedforward control. J. Comput. Nonlinear Dyn. 7(2),024502(2012)

[17] Frisoli, A., Sotgiu, E., Procopio, C., Bergamasco, M., Rossi, B., Chisari, C.: Design and implementation of a training strategy in chronic stroke with an arm robotic exoskeleton. In: Proceedings of IEEE International Conference on Rehabilitation Robotics, pp. 1 – 8(2011)

[18] Pehlivan, A. U., Losey, D. P., OrMalley, M. K.: Minimal assist – as – needed(mAAN) controller for upper limb robotic rehabilitation. IEEE Trans. Robot. 32(1),113 – 124(2016)

[19] Luna, C. O., Rahman, M. H., Saad, M., Archambault, P. S., Ferrer, S. B.: Admittance – based upper limb robotic active and active – assistive movements. Int. J. Adv. Robot. Syst. 12, 117 (2015)

[20] Duygun, E., Mallapragada, V., Sarkar, N., Taub, E.: A new control approach to robot assisted rehabilitation. In: Proceedings of IEEE International Conference on Rehabilitation Robotics, pp. 323 – 328(2005)

[21] Wu, Q. C., Wang, X. S.: Design of a gravity balanced upper limb exoskeleton with bowden cable actuators. In: Proceedings of IFAC Symposium on Mechatronic Systems, pp. 679 – 683(2013)

[22] Wu, Q. C., Wang, X. S., Chen, L., Du, F. P.: Transmission model and compensation control of double – tendon – sheath actuation system. IEEE Trans. Ind. Electron. 62 (3), 1599 – 1609 (2015)

[23] Spong, M. W., Hutchinson, S., Vidyasagar, M.: Robot Modeling and Control. Wiley, New York (2006)
[24] Qingxuan, L., Gang, C.: Calculation of space robot workspace by using Monte Carlo method. Spacecr. Eng. 4(14), 79 – 85(2011)
[25] Wu, Q. C., Wang, X. S., Du, F. P.: Modeling and position control of a therapeutic exoskeleton targeting upper extremity rehabilitation. P I Mech. Eng. C – J. Mech. 231, 4360 – 4373(2016)

内 容 简 介

随着物联网和互联网的日益普及,分布式环境下的多传感器集成与信息融合显得越发重要。如何将感兴趣的被观测目标状态与传感器的感知模型之间可能存在的各种约束关系恰如其分地体现到数据融合中,既要保证融合的质量又要关注融合应用相关的可行性约束条件,是本书的重点。

本书系统介绍了基于协方差处理异常的通用融合框架等基础理论,以及船舶监控系统中使用多个紧凑型高频表面波雷达的贝叶斯目标定位等具体应用实例。

本书可供从事人工智能、大数据、物联网等行业,研究具有高度自主性和可靠性的智能机器人、智能车辆等设计、研发、制造等工作的科学研究人员和工程技术人员,相关领域的高校教师、研究生、高年级本科生,先进软件、模型的开发及验证人员,以及希望从传感器角度理解人工智能深度学习的其他科研工作者学习参考。

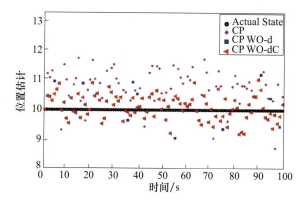

图 1.5　3 种传感器融合后的状态估计存在不一致的估计

Actual State 为实际状态；CP 为协方差映射；CP WO–d 为基于置信测度距离的
协方差映射；CP WO–dC 为基于置信测度与相关性距离的协方差映射。

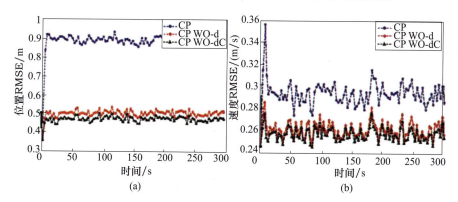

图 1.6　分布式多传感器数据融合存在不一致的估计情况
（a）位置误差；（b）速度误差。

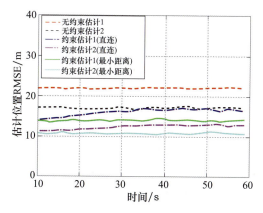

图 3.2　每个传感器有约束与无约束估计位置的均方根误差

彩1

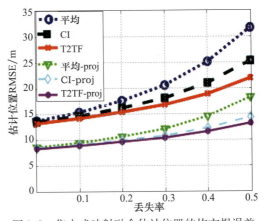

图 3.3 集中式映射融合估计位置的均方根误差

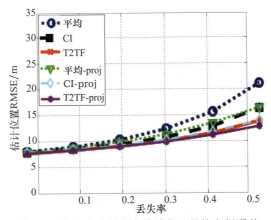

图 3.4 分布式映射融合估计位置的均方根误差

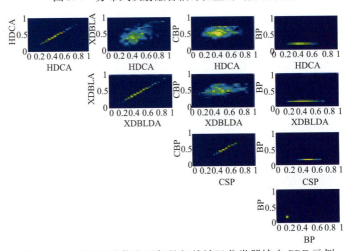

图 4.4 与其互相关信息近似的相关神经分类器输出 PDF 示例

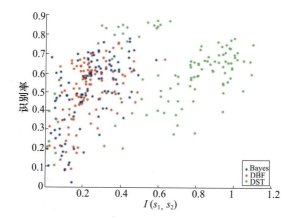

图 4.5 神经分类器之间的互相关信息和最终融合性能之间的关系的散点图

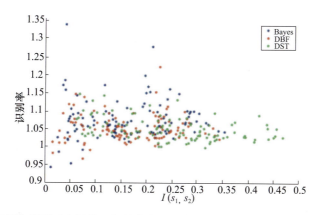

图 4.6 神经分类器对之间的互相关信息和最终融合性能提升之间的关系的散点图

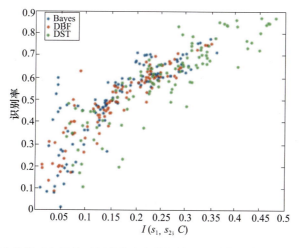

图 4.7 神经分类器对之间的互相关信息与类标签以及最终融合性能提升之间的关系

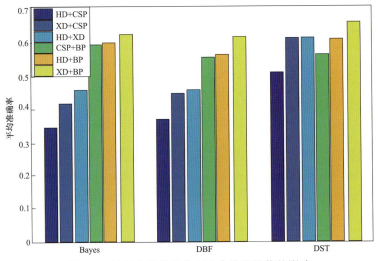

图4.8 神经分类器组合对融合输出性能的影响

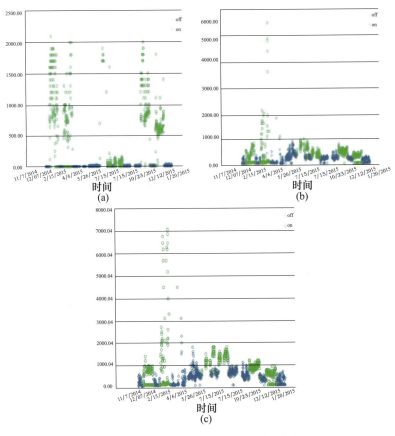

图5.12 反应堆开/关时的流出物测量

(a) Ar-41；(b) Cs-138；(c) Xe-13。

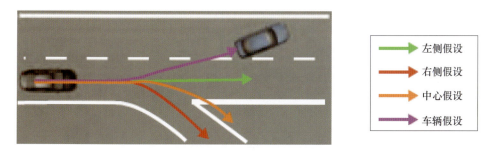

图 6.1 在 4 种输入信息下车道检测假设

图 6.2 多个场景下,从相机和合理假设中得到的左侧(绿)与右侧(红)的路沿标记
(a)H;(b){左侧假设};(c){右侧假设};(d){中心假设};(e){车辆假设};(f)ϕ。

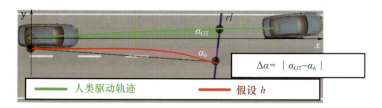

图 6.4 假设轨迹 h 与人类驱动轨迹之间的角度差 $\Delta\alpha$[5]

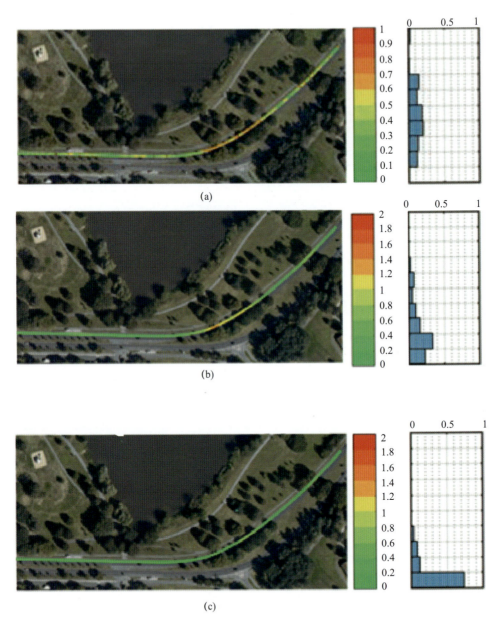

图6.5 利用差分GPS对不同测量方法下的人类驱动轨迹与详细地图进行比较[5]
(a)位置测量误差 $\Delta d/m$；(b)角度测量误差 $\Delta \alpha_H$；(c)改进后的测角误差 $\Delta \alpha$

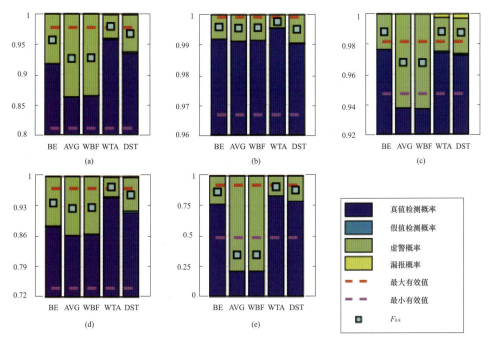

图 6.9 不同融合策略[6]下的可靠性感知融合的最终性能
（a）整体；（b）公路；（c）城市；（d）乡间；（e）连接口。

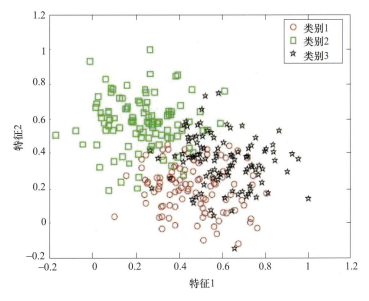

图 8.3 子空间特征$[f_1, f_2]$中样本的分布

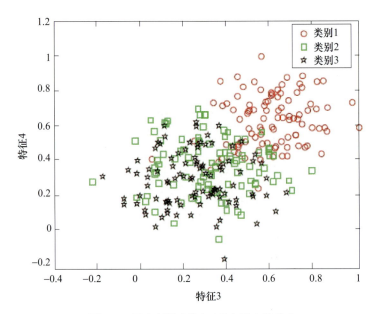

图 8.4 子空间特征 $[f_3, f_4]$ 中样本的分布

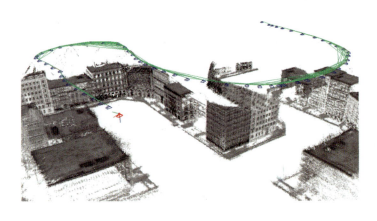

图 10.2 LSD – SLAM 输出的可视化。UAS 的飞行轨迹由蓝色关键帧和它们之间的图像约束来描述。当前相机姿态用红色及其坐标系轴表示

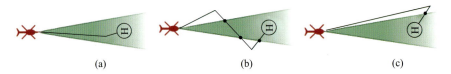

图 10.4 三种建议情况。该算法研究图形(黑线)和最大漂移光线
(外部绿线,跨越绿色区域)之间的交点(红星)
(a)照射区内连接;(b)跨照射区斩连接;(c)沿着照射方向连接。

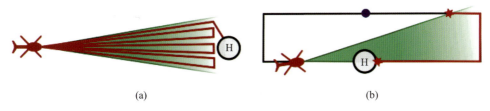

图 10.7 次优规划
(a)视觉里程表漂移区域内的连接(绿色)可能导致大的弯路;
(b)在可视化场景中,规划将导致在标记边缘(红色)上的某个点处重新定位。
一个最佳的解决方案将使用一个临时目标(蓝色)规划绕行

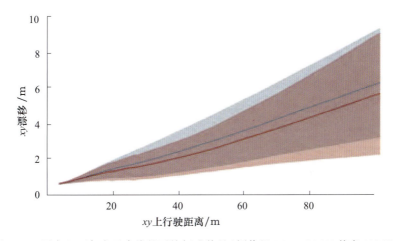

图 10.9 露台上两条水平直线的平均标准偏差(摄像机 LSD – SLAM 偏离 100 MC)

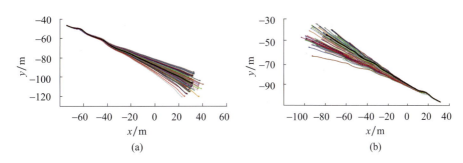

图 10.12 在现实世界中,摄像机的路径可视化只有 LSD – SLAM 漂移
(这两个图显示了与 INS 路径(黑色)和 MC 运行(颜色)的直线飞行)

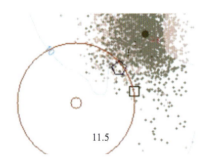

图 11.6　船舶位置预估示意图

程序中的符号如表 11.2 所列。粒子用小点表示,在当前迭代过程中,较亮的点被丢弃。大点表示粒子云的平均值。INS 位置预估由一个圆表示,其中较大的圆随时间变大以表示位置不确定性;INS 制造商保证船舶位于较大的圆内。正确的位置用正方形表示,KF 位置预估用五边形表示。因此,希望五边形尽可能地靠近正方形

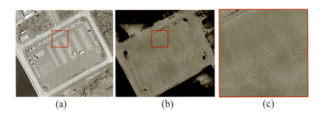

图 12.3　谷歌地图图像和使用未校准的激光雷达相应的图像

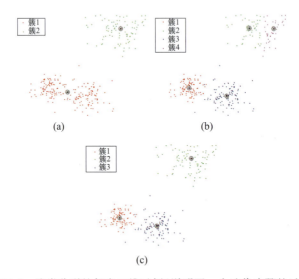

图 13.3　聚类分裂的任意二维示例(说明了一个迭代步骤的过程)

(a) 来自上一个迭代步骤的初始集群配置(并非所有簇都标记为完整);(b) 通过分裂产生新的集群;(c) 迭代步骤结束时的群集配置。由于 $B_{1,q} > B_{\lim}$,新的簇 1 和 3 保持不变。因为 $B_{2,q} < B_{\lim}$,主簇 2 被恢复。

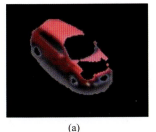
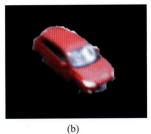

(a)   (b)

图 13.5　对比基于 RGB 通道的前景检测和基于 HSV 空间色相和饱和度通道的前景检测(利用 RGB 通道检测汽车挡风玻璃上的反射作为背景,检测汽车周围的阴影作为前景。通过使用色相和饱和度通道,这些问题得到了最广泛的解决)

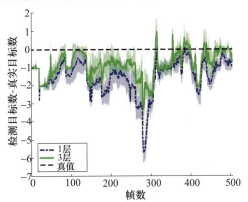

图 13.7　传统的 1 层粒子滤波方法与 3 层粒子滤波方法的比较(基于真实目标数与被检测目标数的差异。大多数情况下,3 层方法比传统的 1 层方法更接近基本事实。半透明的颜色表示 20 分的标准偏差)

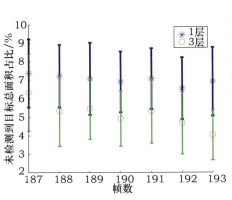
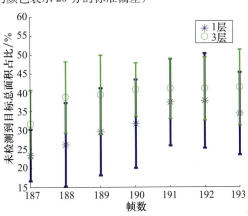

图 13.8　基于未检测到目标总面积,比较了传统的 1 层粒子滤波法和 3 层粒子滤波法的优缺点(在所提出的所有帧中,当使用 3 层方法时,未检测到的目标区域的总和平均较小。误差线表示 60 次运行的标准偏差)

图 13.9　比较了传统的 1 层粒子滤波法和 3 层粒子滤波法在检测对象剩余面积总和的基础上的优缺点(在所有提出的帧中,当使用 1 层方法时,剩余检测对象区域的总和平均较小。误差线表示 60 次运行的标准偏差)

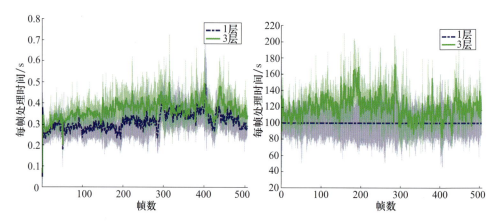

图 13.10 传统 1 层和 3 层粒子过滤器的运行时比较（半透明的颜色显示了 20 次运行的标准差）

图 13.11 传统 1 层和 3 层粒子过滤器之间的百分比运行时比较（半透明的颜色表示 20 次运行的标准差）

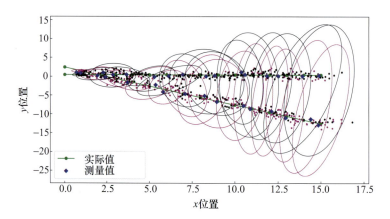

图 14.1 含混合标签预测集合的采样协方差（实际值、测量值）

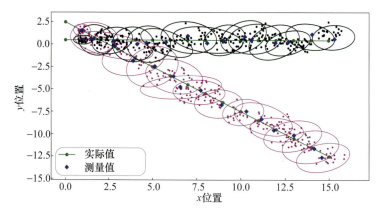

图 14.2 应用重标号算法预测集合的样本协方差（实际值、测量值）

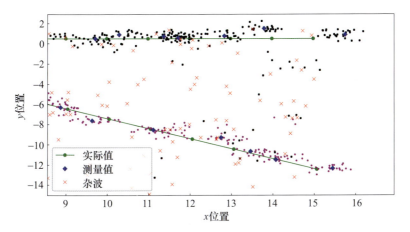

图 14.3 包括绘制的每个时间步的杂波的示例。一些粒子失去了踪迹，不太可能被回收（实际值、测量值、杂波）

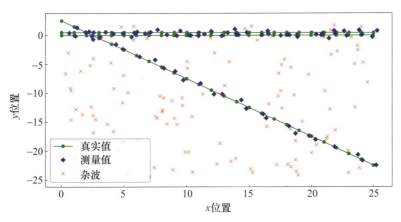

图 14.4 3 个物体按照 NCV 模型移动，每个时间步进平均有 5 个错误检测的测试场景（实际值、测量值、杂波）

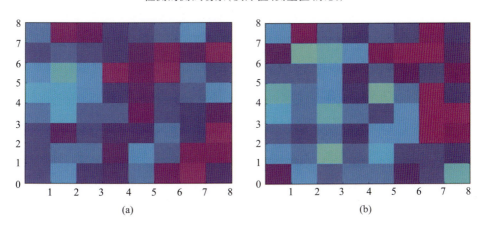

(a)　　　　　　　　　　　　　(b)

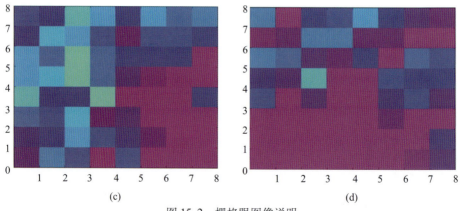

图 15.2 栅格眼图像说明

（a）栅格眼的视野中没有人；（b）站在右手边的人；（c）从右手边摔下来的人；（d）一个人躺在栅格眼前。

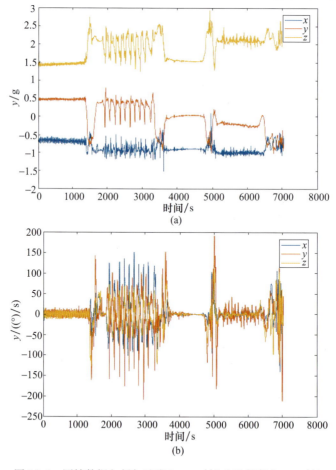

图 16.4 原始数据包括加速度（x、y、z 轴）和陀螺仪（x、y、z 轴）

（a）部分显示了与四个动作有关加速度的连续数据；（b）部分显示了四个动作有关陀螺仪的连续数据。

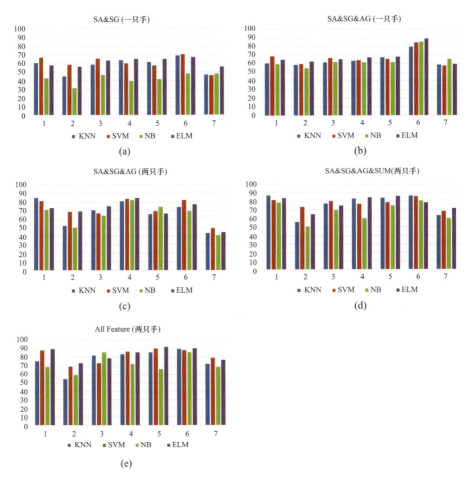

图 16.5 蓝色是 k–NN 算法的结果,红色是 SVM 算法的结果,绿色是 NB 算法的结果,紫色是 ELM 算法的结果。(a)加速度和陀螺仪的一种特性;(b)加速度和陀螺仪角度的一种特性;(c)加速度、陀螺仪和角度的第二种特性;(d)加速度、陀螺仪和角度的第二种特性;(e)谱熵特征

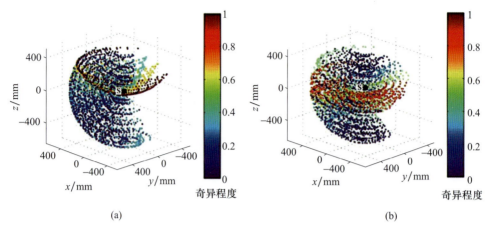

(a)   (b)

图 17.5 外骨骼的奇异构造特征
(a)垂直方案的奇异程度;(b)优化方案的奇异程度。

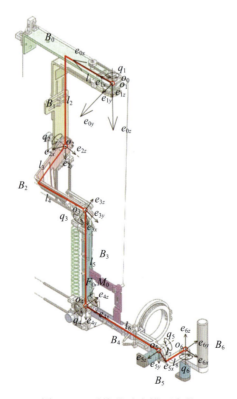

图 17.6 系统的动态模型参数